高职高专"十二五"建筑及工程管理类专业系列规划教材

房屋建筑学（第2版）

主　编　曹长礼　孙晓丽

副主编　崔春霞　赵冬梅

西安交通大学出版社

XI'AN JIAOTONG UNIVERSITY PRESS

内 容 提 要

　　本书是根据高等职业技术院校房屋建筑学课程的教学要求编写的，按照高职教育"必需、够用"的原则，内容以基本概念和基本理论为主，尽量做到理论与工程实际相结合，体现职业教育教材的特点。

　　全书的内容主要包括：绪论，民用建筑构造概述，地基与基础，墙体，楼地层，楼梯，屋顶，门窗，变形缝，工业建筑构造概述与结构构件，建筑设计的内容、依据和程序，建筑平面设计，建筑剖面设计，建筑体型和立面设计。

　　本书适用于高职高专院校建筑工程技术、建筑工程管理、建筑工程造价、建筑经济与管理等专业的课程教学，也可作为土木建筑类函授教育、自学考试、执业资格考试、在职人员的培训教材，以及其他相关技术人员的参考书。

第2版前言
Foreword

为了满足高职高专院校建筑工程类专业的教学需要,培养从事建筑工程施工、管理及一般房屋建筑设计的高层次工程技术人才,根据土建类高职高专建筑工程技术专业教学的基本要求,本教材内容以"必需、够用"为原则,并依据新规范、新标准编写。

针对职业教育的特点,《房屋建筑学(第2版)》在第1版的基础上,根据建设部颁布的相关最新规范、规程和标准,以实用性为主导,理论联系实际,突出了新材料、新技术、新方法的运用。利用此次再版机会,编者对全书进行了一些修改、补充和订正:根据国家有关标准规范使用了最新符号,并对书中的部分章节内容进行了完善和修订;补充了国家有关标准规范中的新增内容;订正了之前存在的一些疏漏;为了帮助学生克服对工程实践不熟悉,编者为部分章节增加了图片,使本书更加图文并茂。

本书重点介绍了民用建筑设计原理和构造,工业建筑仅作一般介绍。本书力求体现高职高专教育的特色,紧密结合现行的国家标准、规范,并吸取近年来建筑领域在科研、施工、教学等方面的先进成果,贯彻"少而精"的原则,注重加强学生的基本理论知识和工程实际能力的训练。考虑到教学的需要和提高教学质量的要求,编者通过多年的教学改革和教学实践,形成了一套具有建筑工程类专业特点的、系统的、完整的教学体系,本书即是其一定程度上的体现。全书在表述上尽量做到基本理论深入浅出、设计方法清晰明确、语言表达通俗易懂,概念清楚、重点突出。为了加深学生理论基础的学习,培养其解决实际问题的能力,本书在每章正文之后附有思考题和部分课程设计题。

全书的主要内容包括:绪论,民用建筑构造概述,地基与基础,墙体,楼地层,楼梯,屋顶,门窗,变形缝,工业建筑构造概述与结构构件,建筑设计的内容、依据和程序,建筑平面设计,建筑剖面设计,建筑体型和立面设计。

本书由西安铁路职业技术学院曹长礼任主编,石家庄城市职业学院孙晓丽任第二主编、石家庄铁路职业技术学院崔春霞任第一副主编、石家庄城市职业学院赵冬梅任第二副主编。编写成员及编写的具体分工为:绪论、第1章、第4章和第5章课程设计习题,由西安铁路职业技术学院曹长礼编写;第2章由石家庄城市职业学院孙晓丽编写;第3章由石家庄铁路职业技术学院崔春霞编写;第4章由石家庄城市职业学院赵冬梅编写;第5章由陕西能源职业技术学院梁博编写;第6章由四川水利职业技术学院蒲凯编写;第7章由西安职业技术学院王觅编写;第8章由咸阳职业技术学院许方伟编写;第9章由西安铁路职业技术学院牛欣欣编写;第10章由石家庄城市职业学院李晶编写;第11章由河北沧州职业技术学院袁金艳编写;第12章由石家庄城市职业学院喇海霞编写;第13章由石家庄城市职业学院贾小盼编写。本书由曹长礼最后统稿、定稿。

本书的编写工作得到了多所院校领导和多位教师的支持和帮助,在此表示感谢;同时参考和借鉴了许多国内同类教材和文献资料,特向有关作者致以谢意。

由于编者水平有限,书中错误和不足之处在所难免,敬请读者批评指正。

编　者
2014 年 7 月

目 录
Contents

绪　论

本章学习要点

1. 了解本课程的内容、特点、学习方法
2. 掌握建筑的构成要素、分类、等级划分
3. 掌握建筑模数协调统一标准
4. 掌握标志尺寸、构造尺寸、实际尺寸

0.1　房屋建筑学研究的主要内容

0.1.1　课程的内容组成

1. 房屋建筑学

房屋建筑学是研究房屋的建筑构造组成、构造原理、构造方法及建筑设计的一般原理的一门课程,分为民用和工业建筑两部分,每一部分又包括建筑构造组成和设计原理。

2. 建筑构造

建筑构造是研究建筑物各组成部分的构造原理和构造方法的学科。

建筑构造原理是研究房屋各组成部分的要求以及满足这些要求的理论。

构造方法是研究在构造原理的指导下,研究如何运用建筑材料和制品构成构件和配件,以及构配件之间连接的方法。

3. 建筑设计原理

建筑设计原理是研究一般房屋的设计原则和设计方法,它包括总平面布置、平面设计、剖面设计、立面设计等方面的问题。

0.1.2　课程的任务

(1)了解一般房屋建筑设计的原则和原理,掌握建筑设计的基本知识,正确理解设计意图;能按照设计意图绘制建筑方案图。

(2)掌握房屋构造的基本理论,选择合理的构造方案;初步掌握建筑的一般构造作法和构造详图的绘制方法。

(3)能识读一般的工业与民用建筑施工图,并能按照设计意图绘制建筑施工图。

0.1.3 课程学习方法

(1)掌握建筑构造原理。

(2)理论联系实际。

(3)学习查阅相关资料。

(4)训练识图和绘图能力。

0.2 建筑及构成建筑的基本要素

0.2.1 建筑

建筑是建筑物和构筑物的总称。建筑物指是供人们在其中生产、生活或其他活动的房屋或场所,如住宅、办公楼等。构筑物是指人们不在其中生产、生活的建筑,如水塔、烟囱等。本书主要研究建筑物,简称"建筑",就其本质而言,建筑是一种人工创造的空间环境,是人们生活、生产的场所。我国的建筑方针是全面贯彻实施"适用、安全、经济、美观"。这个方针又是评价建筑优劣的基本准则。

0.2.2 建筑的构成要素

1. 建筑功能

建筑功能即建筑的实用性,它是建筑三个基本要素中最重要的一个。

(1)满足人体尺度和人体活动所需的空间尺度。

(2)满足人的生理要求。要求建筑应具有良好的朝向、保温、隔声、防潮、防水、采光及通风的性能,这也是人们进行生产和生活活动所必须的条件。

(3)满足不同建筑有不同使用特点的要求。不同性质的建筑物在使用上有不同的特点,例如火车站要求人流、货流畅通;影剧院要求听得清、看得见和疏散快;工业厂房要求符合产品的生产工艺流程;某些实验室对温度、湿度的要求等等,都直接影响着建筑物的使用功能。

满足功能要求也是建筑的主要目的,在构成的要素中起主导作用。

2. 建筑技术

建筑技术是建造房屋的手段,如建筑材料技术、结构技术、施工技术和建筑设备等。

3. 建筑形象

构成建筑形象的因素有建筑的体型、立面形式、细部与重点的处理、材料的色彩和质感、光影和装饰处理等等,建筑形象是功能和技术的综合反映。建筑形象处理得当,就能产生良好的艺术效果,给人以美的享受。有些建筑使人感受到庄严雄伟、朴素大方、简洁明朗等等,这就是建筑艺术形象的魅力。

不同社会和时代、不同地域和民族的建筑都有不同的建筑形象,它反映了时代的生产水平、文化传统和民族风格等特点。

建筑三要素相互联系、约束,又是不可分割的。在一定功能和技术条件下,充分发挥设计者的主观作用,可以使建筑形象更加美观。历史上优秀的建筑作品,都体现了三要素的辩证统一。

建筑功能、建筑技术和建筑形象三者是辩证统一,又相互制约。建筑功能常起着主导作用,建筑技术是手段,而建筑功能和技术手段在一定条件下,需要和形象协调,有时建筑形象处于主导地位。

0.3 建筑的分类与分级

0.3.1 建筑的分类

1. 按照使用性质分类

建筑按其使用性质不同通常分为民用建筑和生产性建筑。生产性建筑又可分为工业建筑、农业建筑。

2. 按照结构类型分类

建筑按照结构不同通常可分为砌体结构、框架结构、钢筋混凝土板墙结构、特种结构。

3. 按照建筑层数或总高度分类

建筑按照建筑层数或总高度不同通常分为低层建筑(1~3层)、多层建筑(4~6层)、中高层建筑(7~9层)、高层建筑(10层以上住宅、公共建筑及综合性建筑总高度超过24 m为高层)和超高层(超过100 m)。

4. 按照承重结构的材料分类

建筑按照承重结构的材料不同可分为砖混结构、钢筋混凝土结构、钢结构、土木结构和砖木结构。

5. 按照施工方法分类

建筑按照施工方法的不同可分为现浇、预制装配、部分现浇部分装配。

6. 按照规模和数量分类

建筑按照规模和数量的不同可分为建筑物按其规模和数量通常分为大型性建筑、大量性建筑。

0.3.2 建筑的等级划分

1. 按建筑物的耐久年限划分

建筑物耐久等级的指标是耐久年限。耐久年限的长短是依据建筑物的性质决定的。影响建筑寿命长短的主要因素是结构构件的选材和结构体系。按耐久等级,建筑物分为一级、二级、三级、四级等四个级别,其中一级耐久年限为100年以上,二级耐久年限为50~100年,三级耐久年限为25~50年,四级耐久年限为5年以下。。

2. 按建筑物的重要性和规模大小划分

建筑物可划分为特级、1级、2级、3级、4级、5级共六个级别。

3. 耐火等级

根据建筑材料和构件的燃烧性能及耐火极限,把建筑物的耐火等级划分为四级。

建筑构件的燃烧性能是指建筑构件在明火或高温辐射的情况下,能否燃烧及燃烧的难易程度。建筑构件按材料的燃烧性能把材料分为非燃烧体、难燃烧体、燃烧体三类。

构件的耐火极限是指构件从受到火的作用起,到失去支持能力,或完整性破坏,或失去阻火作用时止的这段时间,单位为小时表示。

0.4 建筑模数协调统一标准

建筑模数是选定的尺寸单位,作为尺寸协调中的增值单位,也是建筑物、建筑构配件、建筑制品以及建筑设备尺寸之间相互协调的基础。

0.4.1 基本模数

基本模数的数值规定为 100 mm,符号为 M,即 1M＝100 mm。目前世界上大部分国家均以此为基本模数。

0.4.2 导出模数

导出模数包括扩大模数和分模数。其基数应符合下列规定:

1. 扩大模数

扩大模数是基本模数的整数倍。水平扩大模数的基数为 3M,6M,12M,15M,30M,60M 共 6 个,其相应的尺寸分别为 300,600,1200,1500,3000,6000 mm;竖向扩大模数的基数为 3M 与 6M,其相应的尺寸为 300 mm 和 600 mm。

2. 分模数

分模数是基本模数的分数值。分模数基数为 $\frac{M}{10},\frac{M}{5},\frac{M}{2}$ 共三个,其相应的尺寸为 10,20,50 mm。

0.4.3 模数数列及其应用

模数数列是由基本模数、扩大模数、分模数为基础扩展成的一系列尺寸。模数数列的幅度及适用范围如下:

(1)水平基本模数的数列幅度为(1～20)M,主要适用于门窗洞口和构配件断面尺寸。

(2)竖向基本模数的数列幅度为(1～36)M,主要适用于建筑物的层高、门窗洞口、构配件等尺寸。

(3)水平扩大模数数列的幅度:3M 为(3～75)M;6M 为(6～96)M;12M 为(12～120)M;15M 为(15～120)M;30M 为(30～360)M;60M 为(60～360)M;必要时幅度不限。水平扩大模数主要适用于建筑物的开间或柱距、进深或跨度、构配件尺寸和门窗洞口尺寸。

(4)竖向扩大模数数列的幅度不受限制,主要适用于建筑物的高度、层高、门窗洞口尺寸。

(5)分模数数列的幅度:M/10 为(1/10～2)M;M/5 为(1/5～4)M;M/2 为(1/2～10)M。分模数主要适用于缝隙、构造节点、构配件断面尺寸。

0.5 几种尺寸

为保证建筑制品、构配件等有关尺寸间的统一与协调,在建筑模数协调中尺寸分为标志尺寸、构造尺寸和实际尺寸,如图 0-1 所示。

(1)标志尺寸。标志尺寸是用以标注建筑定位轴线之间的距离(如开间或柱间距、进深或跨度、层高等),以及建筑构配件、建筑组合件、建筑制品、设备等界限之间的尺寸,应符合模数数列的规定。

(2)构造尺寸。构造尺寸是指建筑构配件、建筑组合件、建筑制品等的设计尺寸。一般情况下,构造尺寸加上预留的缝隙尺寸等于标志尺寸。

(3)实际尺寸。实际尺寸是指建筑构配件、建筑组合件、建筑制品等生产制作后的实有尺寸。实际尺寸与构造尺寸的差值,应为允许的建筑公差数值。

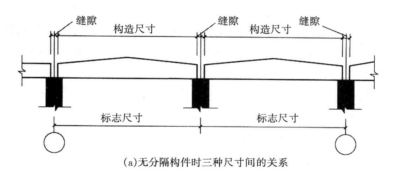

(a)无分隔构件时三种尺寸间的关系

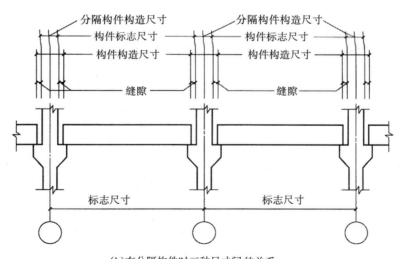

(b)有分隔构件时三种尺寸间的关系

图 0-1 三种尺寸间的关系

思考题

1. 影响建筑构成的因素有哪些？
2. 建筑物的耐久等级是什么？
3. 民用建筑的耐火等级是如何划分的？
4. 什么是建筑模数？

第1章
民用建筑构造概述

本章学习要点

1. 了解建筑构造的研究对象
2. 了解影响建筑构造的因素
3. 掌握建筑物的基本构造组成以及各组成部分的作用和要求
4. 了解建筑构造设计的基本原则
5. 掌握建筑定位轴线及编号

建筑构造是研究建筑各组成部分的构造原理和构造方法的学科,是建筑设计不可分割的一部分,其任务是根据建筑的功能、材料、性能、受力情况、施工方法和建筑艺术等要求选择经济合理的构造方案,以作为建筑设计中综合解决技术问题及进行施工图设计的依据。

1.1 民用建筑的构造组成

一幢建筑,一般是由基础、墙和柱、楼板层和地坪、楼梯、屋顶和门窗等六大部分所组成(如图1-1所示)。

1. 基础

基础是建筑物最下部的承重构件,其作用是承受建筑物的全部荷载,并将这些荷载传给地基。因此,基础必须具有足够的强度,并能抵御地下各种有害因素的侵蚀。

2. 墙和柱

墙是建筑物的承重构件和围护构件。作为承重构件的外墙,其作用是抵御自然界各种因素对室内的侵袭;内墙主要起分隔空间及保证舒适环境的作用。

柱也是建筑物的竖向构件和承重构件,作用是承受屋顶和楼板层传来的荷载并传给基础。

框架或排架结构的建筑物中,柱起承重作用,墙仅起围护作用。因此,要求墙体具有足够的强度、稳定性,保温、隔热、防水、防火、耐久及经济等性能。

3. 楼板层和地坪

楼板是水平方向的承重构件,按房间层高将整幢建筑物沿水平方向分为若干层,楼板层承受家具、设备和人体荷载以及本身的自重,并将这些荷载传给墙或柱,同时对墙体起着水平支撑的作用。因此要求楼板层应具有足够的抗弯强度、刚度和隔声、防潮、防水的性能。

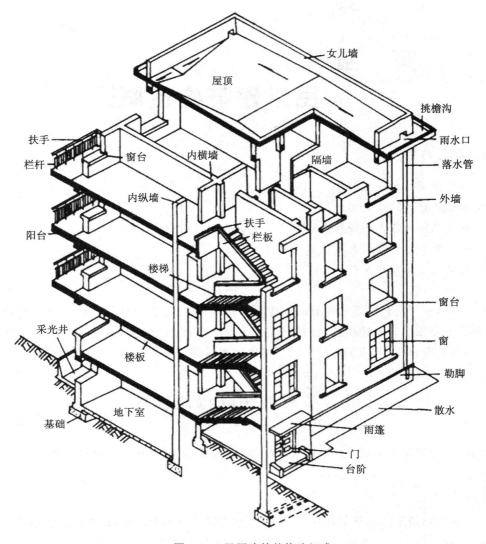

图 1-1 民用建筑的构造组成

地坪是底层房间与地基土层相接的构件,起承受底层房间荷载的作用。要求地坪具有耐磨防潮、防水、防尘和保温的性能。

4.楼梯

楼梯是建筑的垂直交通设施,其作用是供人们上下楼层和紧急疏散之用。故要求楼梯具有足够的通行能力,并且防滑、防火,且能保证安全使用。

5.屋顶

屋顶是建筑物顶部的围护构件和承重构件。屋顶用以抵抗风、雨、雪、冰雹等的侵袭和太阳辐射热的影响;又承受风雪荷载及施工、检修等屋顶荷载,并将这些荷载传给墙或柱。故屋顶应具有足够的强度、刚度及防水、保温、隔热,等性能。

6. 门与窗

门与窗均属非承重构件,也称为配件。门主要供人们内外交通和分隔房间之用,窗主要起通风、采光、分隔、眺望等围护作用。处于外墙上的门窗又是围护构件的一部分,要满足热工及防水的要求;某些有特殊要求的房间,门、窗应具有保温、隔声、防火的功能。

一座建筑物除上述六大基本组成部分以外,对不同使用功能的建筑物,还有许多特有的构件和配件,如阳台、雨篷、台阶、排烟道等。

1.2 影响建筑构造的因素

1.2.1 外界环境的影响

1. 外力作用的影响

作用在建筑物上的各种外力统称为荷载。荷载可分为恒荷载(如结构自重)和活荷载(如人群、家具、风雪及地震荷载)两类。荷载的大小是建筑结构设计的主要依据,也是结构选型及构造设计的重要基础,起着决定构件尺度、用料多少的重要作用。

2. 气候条件的影响

我国各地区地理位置及环境不同,气候条件有许多差异。太阳的辐射热,自然界的风、雨、雪、霜、地下水等构成了影响建筑物的多种因素。故在进行构造设计时,应该针对建筑物所受影响的性质与程度,对各有关构、配件及部位采取必要的防范措施,如防潮、防水、保温、隔热,设伸缩缝、设隔蒸汽层等等,以防患于未然。

3. 各种人为因素的影响

人们在生产和生活活动中,也会遇到火灾、爆炸、机械振动、化学腐蚀、噪声等人为因素的影响,故在进行建筑构造设计时,必须针对这些影响因素,采取相应的防火、防爆、防振、防腐、隔声等构造措施,以防止建筑物遭受不应有的损失。

1.2.2 建筑技术条件的影响

由于建筑材料技术的日新月异,建筑结构技术的不断发展,建筑施工技术的不断进步,建筑构造技术也不断翻新、丰富多彩。例如悬索、薄壳、网架等空间结构建筑、玻璃幕墙、彩色铝合金等新材料的吊顶,采光天窗中庭等现代建筑设施的大量涌现,可以看出,建筑构造没有一成不变的固定模式,因而在构造设计中要以构造原理为基础,在利用原有的、标准的、典型的建筑构造的同时,不断发展或创造新的构造方案。

1.2.3 经济条件的影响

随着建筑技术的不断发展和人们生活水平的日益提高,人们对建筑的使用要求也越来越高。建筑标准的变化带来建筑的质量标准、建筑造价等也出现较大差别。对建筑构造的要求也将随着经济条件的改变而发生很大的变化。

1.3 建筑构造设计的基本原则

进行建筑构造设计时,必须综合运用有关技术知识,并遵循以下基本原则:

1. 满足建筑物的各项功能要求

建筑物所处的位置不同、使用性质不同,进行建筑设计时必需满足不同的使用功能要求,进行相应的构造处理。

2. 结构坚固、耐久

除按荷载大小及结构要求确定构件的基本断面尺寸外,对阳台、楼梯栏杆、顶棚、门窗与墙体的连接等构造设计,都必须保证建筑物构、配件在使用时的安全。

3. 技术先进

在进行建筑构造设计时,应大力改进传统的建筑方式,从材料、结构、施工等方面引入先进技术,并注意因地制宜。

4. 合理降低造价

各种构造设计,均要注重整体建筑物在经济、社会和环境三个方面的效益,即综合效益。在经济上注意节约建筑成本,降低材料的能源消耗,又必须保证工程质量,不能单纯追求效益而偷工减料,降低质量标准,应做到合理降低造价。

5. 美观大方

建筑物的形象除了取决于建筑设计中的体型组合和立面处理外,一些建筑细部的构造设计对整体美观也有很大影响。

1.4 民用建筑定位轴线及编号

定位轴线是确定建筑物主要结构或构件位置及标志尺寸的基准线。它既是建筑设计的需要,也是施工中定位、放线的重要依据。为了实现建筑工业化,尽量减少预制构件的类型,达到构件标准化、系列化、通用化和商品化,充分发挥投资效益,就应当合理确定定位轴线。为此,我国颁布了相应的技术标准,分别对砖混结构建筑和大型板材结构建筑的定位轴线划分原则作了具体规定。以下介绍砖混结构建筑定位轴线的划分原则。

1.4.1 墙体的平面定位轴线

1. 承重内墙的定位轴线

应使顶层墙身中线位于该墙的定位轴线上,见图 1-2,图中 t 为顶层墙体的厚度。

2. 承重外墙的定位轴线

承重外墙顶层墙身的内墙皮距该墙的定位轴线间距为 120 mm,如图 1-3 所示。

3. 非承重的定位轴线

非承重内、外墙的定位亦可以按图 1 - 2、图 1 - 3 处理,也可使内墙皮与定位轴线重合。

4. 带内壁柱外墙和带外壁柱外墙的定位轴线

带内壁柱外墙和带外壁柱外墙的定位方法,既可以使墙身内皮与定位轴线重合,见图 1 - 4,也可以使距墙身内皮 120 mm 处与平面定位轴线重合见图 1 - 5。

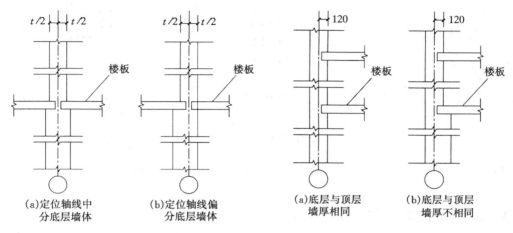

图 1 - 2　承重内墙的定位轴线　　　　图 1 - 3　承重外墙的定位轴线

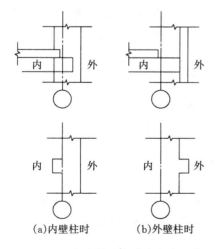
图 1 - 4　定位轴线与墙身内缘重合

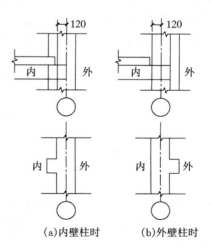
图 1 - 5　定位轴线距墙身内缘 120 mm

1.4.2　墙体的竖向定位轴线

(1)砖墙楼(地)面竖向定位应与楼(地)面面层上表面重合,如图 1 - 6 所示。由于结构构件的施工先于楼(地)面面层进行,因此,要根据建筑专业的竖向定位确定结构构件的控制高程。一般情况下,建筑标高减去楼(地)面面层构造厚度等于结构标高。

（2）屋面竖向定位应为屋面结构层上表面与距墙内缘 120 mm 的外墙定位轴线的相交处，如图 1-7 所示。

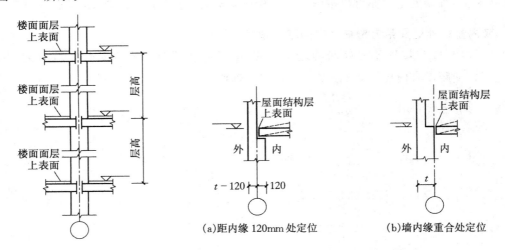

图 1-6 楼层的竖向定位

（a）距内缘 120mm 处定位   （b）墙内缘重合处定位

图 1-7 屋面的竖向定位

1.4.3 定位轴线的编号

横向定位轴线的编号应从左至右用阿拉伯数字注写。纵向定位轴线的编号应自下向上用拉丁字母编写，如图 1-8 所示。其中 I、O、Z 不得用于轴线编号，以免与数字 1、0、2 混淆。如字母数字不够，可用 A_A，B_A…或 A_1，B_1…标注。当建筑规模较大时，定位轴线也可采取分区编号，编号的注写形式应为"分区号—该区轴线号"。

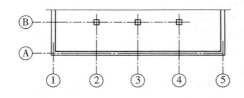

图 1-8 定位轴线编号

在建筑设计中经常将一些次要的建筑部件用附加轴线进行编号，如非承重墙、装饰柱等。附加定位轴线的编号可用分数表示，采用在轴线圆圈内画一通过圆心的 45°斜线的方式，并按下列规定编写：

（1）两根轴线之间的附加轴线，应以分母表示前一轴线的编号，分子表示附加轴线的编号，编号宜用阿拉伯数字按顺序编写。

（2）1 号轴线或 A 号轴线之前的附加轴线应以分母 01 或 0A 分别表示位于 1 号轴线或 A 号轴线之前的轴线。

当一个详图适用于几根定位轴线时，应同时注明各有关轴线的编号，注法如图 1-9 所示。通用详图中的定位轴线，应只画圆，不注写轴线编号。

(a)用于两根轴线　　　(b)用于三根或三根以上轴线　(c)用于三根以上连续编号的轴线

图 1-9　详图的定位轴线

思考题

1. 民用建筑的主要组成部分有哪些？各部分有哪些作用？
2. 影响建筑构造的因素有哪些？
3. 建筑构造设计的原则有哪些？

第2章
地基与基础

本章学习要点

1. 了解地基和基础的关系
2. 掌握基础埋置深度的影响因素
3. 重点掌握基础的类型

2.1 地基与基础的基本知识

基础是指建筑物中,与土壤直接接触,埋入地下并直接作用在土壤层上的承重构件。它承受建筑物上部结构传递下来的全部荷载,并把这些荷载连同基础的自重一起传到地基上。

地基是指支撑建筑物重量的土壤层,它不是建筑物的组成部分,它只是承受建筑物荷载的土层。有时,为了提高地基的承载力须对地基进行加固,人工加固地基的方法有压实法、换填法、化学加固法和强夯法等。

2.1.1 基础与地基的关系

地基每平方米所能承受的最大压力,称为地基允许承载力,即地耐力,用 $f(\text{kN}/\text{m}^2)$ 表示。具有一定的地耐力,直接支撑基础的土层称为持力层,持力层以下的土层称为下卧层。地基承受基础传来的压力是由上部结构至基础顶面的竖向力和基础自重以及基础上部土层组成。全部荷载是通过基础的底面传给地基的。地基土层在荷载作用下产生的变形,随着土层深度的增加而减少,到了一定的深度则可忽略不计。因此,当荷载一定时,加大基础底面积可以减少单位面积地基上所受到的压力。如以 $N(\text{kN})$ 表示建筑物的总荷载,$A(\text{m}^2)$ 表示基础底面积,则可列出如下关系式:

$$A \geqslant N/f$$

由上式可以看出当地基承载力不变时,建筑总荷载越大,基础底面积也要求越大。当建筑总荷载不变时,地基承载力愈小,基础底面积将愈大。

2.1.2 地基的分类

按土层性质不同,地基可以分为天然地基和人工地基两大类。

天然地基是指天然土层具有足够的承载能力,不须经人工改善或加固便可作为建筑物地基。作为建筑地基的土层分为岩石、碎石土、砂石土、黏土等。

若建筑物上部的荷载较大或者地基的承载能力较弱,缺乏足够的稳定性,须预先对土体进行人工加固后才能作为建筑地基的即为人工地基。人工加固地基通常有压实法、换填法、打桩法、胶结法和强夯法等。

压实法是在建筑物基础施工前对地基土层加载预压,使地基土预先被压实,以便提高地基土的抗剪强度和压缩模量。

换填法是用砂石素土、矿渣等强度比较高的材料替换地基浅层的软弱土,在回填的同时,利用机械逐层压实。

化学加固法是利用某些化学溶液注入地基土中,通过化学反应生成胶凝物质或使土颗粒表面活化,在接触处胶结固化,以增强土颗粒间的连结,提高土体力学强度的方法。

强夯法指的是为提高软弱地基的承载力,用重锤自一定高度下落夯击土层使地基迅速固结的方法。强夯对地基土有加密作用,从而提高地基承载力,降低压缩性。

2.2 基础的埋置深度及影响因素

2.2.1 基础埋置深度的定义

基础的埋置深度是指从室外设计地面至基础底面的垂直距离,如图 2 - 1 所示。

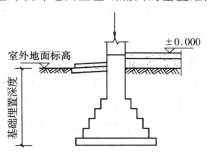

图 2 - 1 基础埋置深度

基础可根据埋置深度不同分为深基础(基础埋深大于 5 m)、浅基础(基础埋深小于 5 m)和不埋基础(基础直接做在自然地坪表面上)。

基础的埋置深度是从室外地坪算起的。室外地坪分自然地坪和设计地坪,自然地坪是施工地段的现有地坪,而设计地坪是指按设计要求工程竣工后室外场地经垫起或开挖后的地坪。

2.2.2 影响基础埋深的因素

影响基础埋深的因素很多,主要有以下几点:

1. 地基土质的好坏

基础底面应尽量选在常年未经扰动而且坚实平坦的土层或岩石上,俗称"老土层"。

2. 地下水位的高低

因为地下水位的上升和降落会影响建筑物的下沉,在地下水位较高的地区,宜将基础底面设在当地最低地下水位以下不小于 200 mm 处,如图 2 - 2 所示。一般情况下为避免地下水位的变化影响地基承载力及减少基础施工的困难,应将基础埋在最高地下水位以上。

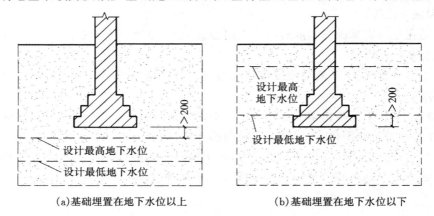

(a)基础埋置在地下水位以上　　　(b)基础埋置在地下水位以下

图 2-2　地下水位对埋深基础的影响

3. 土的冰冻深度

地面以下冻结土与非冻结土的分界线称为冰冻线。

土的冻结深度取决于当地的气候条件。地基土冻结后,对建筑物会产生不良影响,冻胀时,将使建筑物向上拱起;解冻后,基础下沉,使建筑物产生变形甚至破坏。基础底面应埋在冰冻线以下 200 mm 处,如图 2-3 所示。

4. 新旧相邻建筑物的交接关系

新建建筑物基础埋深不宜大于原有相邻建筑物基础埋深,当埋深大于原有建筑物基础时,基础间的净距应根据荷载大小和性质等确定,一般为相邻基础底面高差的 1~2 倍,如图 2-4 所示。如不满足时,应采取加固原有地基或分段施工、设临时加固支撑、打板桩、地下连续墙等施工措施。

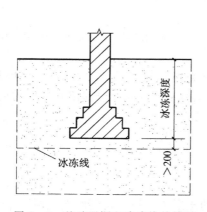

图 2-3　基础埋深和冰冻线的关系

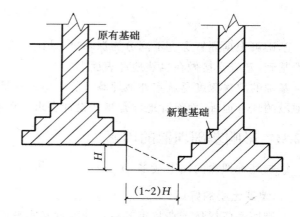

图 2-4　基础埋深与相邻基础关系

5. 建筑物上部荷载的大小

一般高层建筑的基础埋深为地面以上建筑物总高度的 1/10,同时必须满足使用要求,地下室或半地下室基础的埋深则要按建筑设计的要求确定。为保护基础,一般要求基础顶面低于设计室外地面不少于 0.1 m。

2.3 基础的分类

基础的类型很多。按所用材料及受力特点可分为刚性基础和非刚性基础。刚性基础包括砖基础、毛石基础、素混凝土基础等;非刚性基础也称为柔性基础,即钢筋混凝土基础。基础按构造形式又分为独立基础、条形基础、筏形基础、箱型基础、桩基础等。

2.3.1 按材料及受力特点分类

1. 刚性基础

刚性基础是指由砖石、毛石、素混凝土等刚性材料制作的基础,这种基础抗压强度高而抗拉、抗剪强度低。为满足地基允许承载力的要求,需要加大基础底面积,基础底面宽度 B 一般大于上部墙宽,尺寸的放大效应根据材料的刚性角来决定。

刚性角是指基础的挑出长度与高度应在材料容许范围内控制,这个控制范围的夹角叫刚性角,见图 2-5 中的 α 角。

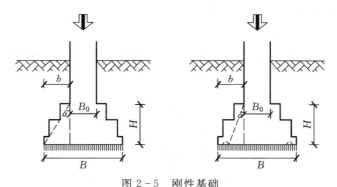

图 2-5 刚性基础

当基础 B 很宽时,挑出长度 b 就很长,若基础没有足够的高度 H,基础材料又是刚性的,基础就会因为受弯或受剪而破坏。

凡受刚性角限制的基础为刚性基础;为设计施工方便,将刚性角换算成 α 正切值 b/H 的容许值。

刚性基础的刚性角既与基础材料的性能有关,也与基础所受的荷载有关,而与地基的情况无关。刚性基础常用于荷载不太大的建筑,一般用于 2~3 层混合结构的房屋。

2. 非刚性基础(柔性基础)

当建筑物的荷载较大但是地基承载力相对较小时,基础底面积需加宽,若仍然采用刚性基础必然会加大基础的深度。如果在混凝土的底部配上钢筋,钢筋不仅能承受很大的压应力,而且还能承受很大的弯矩,并能抵抗弯矩变形。因此把钢筋混凝土基础称为柔性基础,如图 2-6 所示。这种基础不受刚性角的限制,为了节约材料,钢筋混凝土基础通常制成锥形,但最薄弱处不应小于 200 mm,也能做成阶梯形,台阶每步高 300~500 mm,为了保证钢筋混凝土基础施工时,钢筋不至于陷入泥土中,须在基础与地基之间设置混凝土垫层,这种基础适用于荷载较大的多、高层建筑。

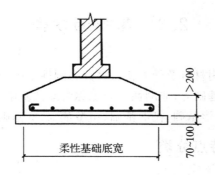

图 2-6　钢筋混凝土基础

2.3.2　按基础的构造形式分类

基础的构造形式根据建筑物上部结构形式、荷载大小及地基土质情况而定。在一般情况下,上部结构形式直接影响基础的形式,但当上部荷载增大,且地基承载能力有变化时,基础形式也随之变化。常见的基础有以下几种:

1. 条形基础(带形基础)

建筑物上部结构若采用砖墙或石墙承重时,基础沿墙身设置,多做成连续的长条形,这种基础称条形基础,如图 2-7 所示。

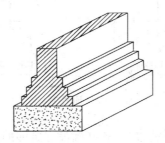

图 2-7　条形基础

2. 独立基础

当建筑物上部结构采用框架结构或单层排架结构及门架结构承重时,常采用矩形或方形的单独基础,这种基础称独立基础。独立基础的形式有台阶形、锥形、杯型等。独立基础主要用于柱下,如图 2-8 所示。

3. 井格式基础

当地基条件较差又采用框架结构时,为了提高建筑物的整体性,避免各柱子之间产生不均匀沉降,常将柱下基础沿纵、横方向连接起来,做成"十"字交叉的井格基础,故又称十字带形基础,如图 2-9 所示。

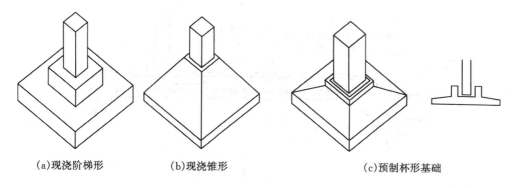

(a)现浇阶梯形　　　　(b)现浇锥形　　　　(c)预制杯形基础

图 2-8　单独柱式基础

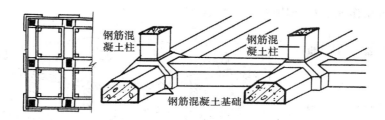

图 2-9　井格式基础

4. 筏形基础

当建筑物上部荷载特别大,而地基又较弱时,若采用简单的条形基础或井格基础已不能满足地基变形的需要,通常将墙下或柱下基础连成一片,形成整体的连续的钢筋混凝土板式基础,使建筑物的荷载作用在一块整板上,这种满堂式的板式基础称为筏形基础。筏形基础可分为柱下筏形基础和墙下筏形基础,筏形基础可以减少不均匀沉降。

筏形基础有平板式和梁板式之分。如图 2-10 所示为梁板式筏形基础,如图 2-11 所示为不埋板式基础。不埋板式基础是在天然地表上,将场地平整并用压路机将地表土碾压密实后,在较好的持力层上,浇灌钢筋混凝土平板,这一平板便是建筑物的基础。在结构上,基础如同一只盘子反扣在地面上承受上部荷载。这种基础适宜于较弱地基(但必须是均匀条件)的情况,特别适宜于 5～6 层整体刚度较好的居住建筑。

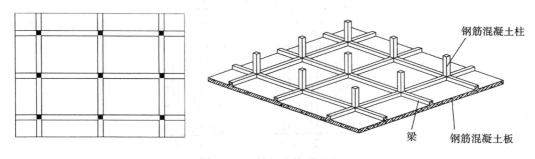

图 2-10　梁板式筏形基础

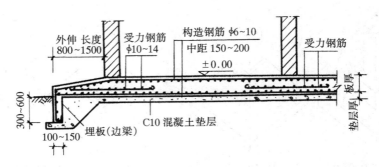

图 2-11 不埋板式基础

5. 箱型基础

箱型基础是由钢筋混凝土底板、顶板和若干纵横隔墙交叉组成的形如箱子的基础结构,基础的中空部分可用作地下室,如图 2-12 所示。

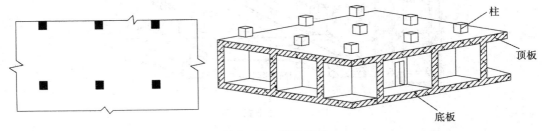

图 2-12 箱型基础

箱型基础整体性好,空间刚度大,对地基的不均匀沉降有显著的调整和减小作用,常用于高层建筑或在软弱地基上建造的重型建筑物。

6. 桩基础

当建筑物上部荷载较大,而且地基的软弱土层较厚,浅层地基承载力不能满足要求,则可采用桩基础。桩基础是由多根设置在土壤中的桩和承接上部结构荷载的承台两部分组成,如图 2-13 所示。桩基础的类型很多,根据材料不同有木桩、钢筋混凝土桩和钢桩;按施工方式则可分为预制桩和灌注桩两种;根据受力性能不同有端承桩和摩擦桩。

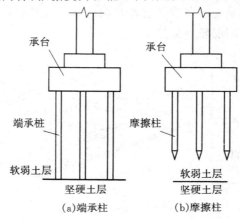

图 2-13 桩基础的组成

思考题

1. 地基与基础的不同之处是什么？它们之间有什么关系？
2. 基础埋置深度指的是什么？影响基础埋置深度的因素是什么？
3. 刚性基础和刚性角的特点是什么？
4. 什么是柔性基础？它有什么特点？

第3章
墙 体

本章学习要点

1. 了解墙体的基本知识以及墙体设计的内容
2. 重点掌握砖墙、砌块墙的细部构造
3. 掌握隔墙的构造以及墙面装修方法
4. 了解地下室的构造组成,并掌握其防水防潮做法

墙体是房屋的重要组成部分。在一般砌体结构房屋中,墙体是主要的承重构件。其重量约占建筑物总重量的 40%~45%,造价约占全部建筑造价的 30%~40%。在其他结构类型的建筑中,墙体既可能是承重构件,也可能是围护构件,但其所占的造价比重也较大。因而,在工程设计中,合理地选择墙体材料、结构方案及构造做法十分重要。

3.1 墙体的基本知识

3.1.1 墙体的作用

墙体在建筑中的作用有以下四点:

(1)承重作用,承受建筑物自重和人及设备的荷载,又承受风荷载、地震荷载等。

(2)围护作用,抵御自然界风、雪、雨等的侵袭,防止太阳辐射和噪声的干扰等。

(3)分隔作用,墙体可以把房间分隔成若干个小空间或小房间。

(4)装修作用,墙体还是建筑装修的重要部分,墙面装修对整个建筑物的装修效果作用很大。

3.1.2 墙体的分类

作为建筑的重要组成部分,墙体在房屋中分布广泛,其作用和要求也不相同,通常根据墙体的承重情况、砌墙材料、墙体在建筑中的位置和走向以及与门窗洞口的关系,墙体的施工方式和构造进行分类。

1. 按墙体的承重情况分类

墙体根据结构受力情况可分为承重墙和非承重墙。承重墙承受屋顶和楼板等构件传下来的垂直荷载和风力、地震力等水平荷载。由于承重墙所处的位置不同,又分为承重内墙和承重外墙,墙下有条形基础。非承重墙包括自承重墙和隔墙。自承重墙承受墙体自身重量而不承受屋顶、楼板等竖直荷载,墙下亦有条形基础。隔墙起着分隔大房间为若干小房间的作用,隔

墙应满足隔声的要求,这种墙不做基础。

2. 按砌墙材料分类

常见的有砖墙、土墙、石墙、钢筋混凝土墙等。砖墙一般有普通黏土砖、黏土多孔砖、黏土空心砖、灰砂砖、焦碴砖等。加气混凝土砌块墙所用砌块一般是由水泥、砂子、磨细矿渣、粉煤灰等材料,用铝粉作发泡剂,经蒸养而成。加气混凝土具有体积质量轻、可切割、隔音、保温性能好等特点。石材墙主要用于山区和产石地区。板材墙所用板材以钢筋混凝土、加气混凝土板材为主,玻璃幕墙用玻璃板材。

3. 按墙体所在位置分类

墙体按在平面中所处位置及方向不同一般分为外墙和内墙,沿建筑四周边缘布置的墙体为外墙,被外墙所包围的墙体为内墙。建筑物又各有纵、横两个方向,这样形成四种墙体,即外纵墙、外横墙(又称山墙)、内纵墙、内横墙。在一片墙上,窗与窗或门与窗之间的墙为窗间墙,门窗洞口上下的墙体为窗上墙或窗下墙。

4. 按构造做法分类

按照构造方式不同墙体可以分为实心墙、空心墙和组合墙。实心墙是由单一材料(砖、石块、混凝土和钢筋混凝土等)或复合材料(钢筋混凝土与加气混凝土分层复合、黏土砖与焦渣分层复合等)砌筑的不留空隙的墙体。空心墙多为黏土空心砖墙,这种墙体使用的黏土空心砖和普通黏土砖的烧结方法一样。这种黏土空心砖的竖向孔洞虽然减少了砖的承压面积,但是砖的厚度增加,砖的承重能力与普通砖相比还略有增加。它的密度为 $1350\ kg/m^3$(普通黏土砖的密度为 $1800\ kg/m^3$),由于有竖向孔隙,所以保温能力有提高。空斗墙在我国民间流传很久,这种墙体的材料是普通黏土砖。它的砌筑方法为竖放与平放相配合,砖竖放叫斗砖,平放叫眠砖。空斗墙不宜在抗震设防地区中使用。

3.1.3 墙体厚度

1. 砖墙

我国标准黏土砖的规格是 $240\ mm\times115\ mm\times53\ mm$(长×宽×厚)。同时在 1 m 长的砌体中有 4 个砖长、8 个砖宽、16 个砖厚,这样在 $1\ m^3$ 的砌体中的用砖量为 $4\times8\times16=512$(块),所用砂浆量为 $0.26\ m^3$。墙厚与砖规格的关系如图 3-1 所示。

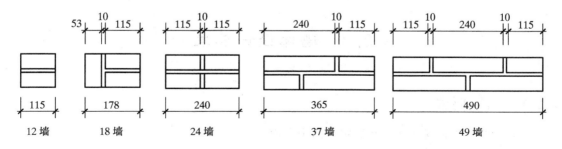

图 3-1 墙厚与砖规格的关系

2. 其他墙体

其他墙体,如钢筋混凝土板墙、加气混凝土墙体等均应符合模数的规定。钢筋混凝土板墙用作承重墙时,其厚度为 160 mm 或 180 mm;用作隔断墙时,其厚度为 50 mm。加气混凝土墙体用于外围护墙时常用厚度为 200~250 mm;用于隔断墙时,其厚度常取 100~150 mm。

3.1.4 墙体的砌筑方法

1. 砖墙砌筑

砖墙的砌筑是指砖块在砌体中的排列。砖墙在砌合时,应满足横平竖直、砂浆饱满、错缝搭接、避免通缝等基本要求,以保证墙体的强度和稳定性。常见的墙体组砌方式有全顺式、一顺一丁式、多顺一丁式、顺丁相间式等,如图 3-2 所示。

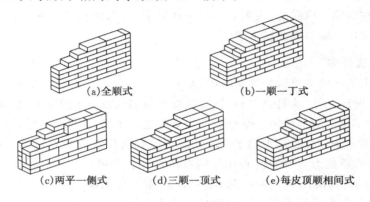

(a)全顺式   (b)一顺一丁式

(c)两平一侧式   (d)三顺一顶式   (e)每皮顶顺相间式

图 3-2 砖的砌筑方式

2. 砌块墙砌筑

用砌块砌筑墙体时,要力求排列整齐、有规律性,以便施工;上下皮错缝搭接,避免通缝;纵横墙交接处和转角处砌块也应彼此搭接,有时还应加筋,以提高墙体的整体性,保证墙体强度和刚度;当采用混凝土空心砌块时,上下皮砌块应孔对孔、肋对肋,使其之间有足够的接触面,扩大受压面积;尽可能减少镶砖,必须镶砖时,应分散、对称布置,以保证砌体受力均匀;优先采用大规格的砌块,尽量减少砌块规格,充分利用吊装机械的设备能力。要通过试排来发现和分析设计与施工间的矛盾,并给予解决。

3.2 墙体设计要求

3.2.1 结构要求

结构要求主要表现在强度和稳定性两个方面。

1. 墙体设计的强度

墙体的强度多采用验算的方法进行。墙体的强度实质上是砌体的抗压强度,它取决于块体和砂浆的材料强度等级分为。《砌体结构设计规范》(GB 50003—2001)中规定:烧结普通砖、烧结多孔砖等的强度等级分为：MU30，MU25，MU20，MU15 和 MU10；蒸压灰砂砖、蒸压粉煤灰砖的强度等级：MU25，MU20，MU15 和 MU10；砌块的强度等级：MU20，MU15，MU10，MU7.5 和 MU5；石材的强度等级：MU100，MU80，MU60，MU50，MU40，MU30 和 MU20；砂浆的强度等级：M15，M10，M7.5，M5 和 M2.5。

2. 稳定性和刚度

矩形截面砖墙的稳定性和刚度一般采取验算高厚比的方法进行。

3.2.2　热工要求

外墙是建筑围护结构的主体，其热工性能的好坏对建筑的使用及能耗带来直接的影响。墙体的保温因素，主要表现在墙体阻止热量传出的能力和防止在墙体表面和内部产生凝结水的能力两大方面。

1. 建筑热工设计分区及要求

按照《民用建筑热工设计规范》(GB 50176—93)的规定，我国共划分五个热工计算分区。

2. 冬季保温设计要求

(1)建筑物宜设在避风、向阳地段，尽量争取主要房间有较多日照。

(2)建筑物的外表面积与其包围的体积之比(体型系数)应尽可能地小。平、立面不宜出现过多的凹凸面。

(3)室温要求相近的房间宜集中布置。

(4)严寒地区居住建筑不应设置外廊和开敞式楼梯间；公共建筑主入口处应设置转门、热风幕等避风设施。寒冷地区居住建筑和公共建筑宜设置门斗。

(5)严寒和寒冷地区北向窗户的面积应予控制，其他朝向的窗户面积不宜过大。应尽量减少窗户缝隙长度，并加强窗户的密闭性。

(6)严寒和寒冷地区的外墙和屋顶应进行保温验算，保证不低于所在地区要求的总热阻值。

(7)热桥部分(主要传热渠道)通过保温验算，并作适当的保温处理。

3. 夏季防热设计要求

(1)建筑物的夏季防热应采取环境绿化、自然通风、建筑遮阳和围护结构隔热等综合性措施。

(2)建筑物的总体布置，单体的平、剖面设计和门窗的设置，应有利于自然通风，并尽量避免主要使用房间受东、西日晒。

(3)南向房间可利用上层阳台、凹廊、外廊等达到遮阳目的。东、西向房间可适当采用固定式或活动式遮阳设施。

(4)屋顶，东、西外墙的内表面温度应通过验算，保证满足隔热设计标准要求。

(5)为防止潮霉季节地面泛潮，底层地面宜采用架空做法。地面面层宜选用微孔吸声材料。

3.2.3　防火要求

作为建筑墙体的材料及厚度，应满足有关防火规范中对燃烧性能和耐火极限的要求。当建筑的单层建筑面积或长度达到一定指标时，应划分防火分区(见表 3-1、表 3-2)，以防止火灾蔓延。防火分区一般利用防火墙进行分隔。

表 3-1　民用建筑的耐火极限、层数、长度和面积

耐火等级	最多允许层数	防火分区间		备　注
		最大允许长度（m）	单层最大允许建筑面积（m²）	
一、二级		150	2500	1. 体育馆、剧院等的长度及面积可以放宽 2. 托儿所、幼儿园的儿童用房不应设在四层及四层以上
三级	5 层	100	1200	1. 托儿所、幼儿园的儿童用房不应设在三层及三层以上 2. 电影院、影剧院、礼堂、食堂不应超过二层 3. 医院、疗养院不应超过三层
四级	2 层	60	600	学校、食堂、菜市场、托儿所、幼儿园、医院等不应超过一层

注：①重要的公共建筑应采用一、二级耐火等级的建筑。
　　②建筑物的长度，系指建筑物各分段中线长度的总和，如遇不规则的平面有各种不同量法时，应用较大值。

表 3-2　高层建筑每个防火分区允许最大建筑面积

建筑类型	每个防火分区建筑面积（m²）
一类建筑	1000
二类建筑	1500
地下室	500

注：①设有自动灭火系统的防火分区，其允许最大建筑面积可按本表增加 1.00 倍。当局部设置自动灭火系统时，增加面积可按局部面积的 1.00 倍计算。
　　②一类建筑的电信楼，其防火分区允许最大建筑面积可按本表增加 50%。

3.2.4　隔声要求

墙体是在建筑水平方向划分空间的构件，为了使人们获得安静舒适的工作和生活环境，提高私密性，避免相互干扰，墙体必须要有足够的隔声能力，并符合国家有关隔声标准的要求。

声音是以空气和固体两种介质传递的。墙体对空气传声具有足够的阻隔能力。增加墙体材料的面密度和厚度，选用面密度大的墙体材料，设置中空墙体均是提高墙体隔声能力的有效手段。

3.2.5　防震要求

按照《建筑抗震设计规范》（GB 50011—2010）的规定，墙体抗震要求概括起来有以下四个方面：

1. 一般规定

(1)限制房屋总高度和层数;

(2)限制建筑体型高宽比;

(3)选择合理的房屋结构体系;

(4)设置防震缝;

(5)限制横墙最大间距;

(6)限制房屋的细部尺寸。

2. 增设圈梁

圈梁的作用是增强楼层平面的整体刚度,防止地基的不均匀沉降并与构造柱一起形成骨架,以提高抗震能力。

3. 增设构造柱

构造柱的作用是与圈梁一起形成骨架,提高砌体结构的抗震能力。

4. 后砌砖墙与先砌墙体的拉接

砌体结构中的隔墙大多为后砌砖墙。在与先砌墙体连接时,应在先砌墙体内加设拉接钢筋。

3.3 墙体的细部构造

3.3.1 砖墙的细部构造

墙体作为建筑物主要的承重或围护构件,不同部位必须进行不同的处理,才可能保证其耐久、适用。墙身的细部构造一般是指墙身上的细部做法,其中包括散水和明沟、勒脚、防潮层、窗台、过梁等内容。

1. 散水和明沟

为保证建筑地下部分不受雨水侵蚀,控制基础周围土壤的含水率,确保基础的使用安全,常采用在建筑外墙根部周围设置散水和明沟,将建筑物上部落下的雨水排走。

(1)散水。散水是建筑外墙周围设置的向外倾斜的排水坡。其作用是为了迅速排除从屋檐下落的雨水,防止因积水渗入地基而造成建筑物的下沉。

散水宽度一般为 600~1000 mm,坡度一般在 5% 左右,散水的宽度应稍大于屋檐的挑出尺寸,散水的常用材料为混凝土、砖、炉渣等,构造做法如图 3-3 所示。

(2)明沟。明沟又称阳沟、排水沟。明沟一般在降雨量较大的地区采用,布置在建筑物的四周,作用是把屋面下落的雨水引导至排水管道。明沟常采用混凝土浇筑,也可以用砖、石砌筑,并用水泥砂浆抹面。沟底应设微坡,坡度为 0.5%~1%,使雨水流向窨井。明沟的构造做法如图 3-4 所示。

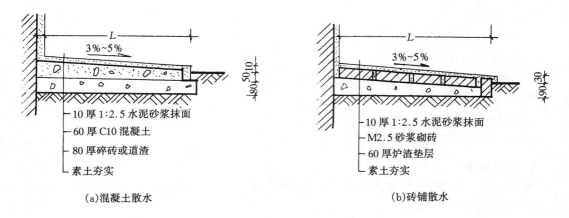

图 3-3　散水构造做法

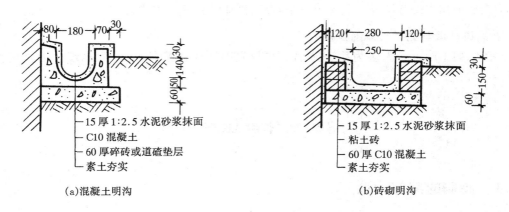

图 3-4　明沟构造做法

2. 勒脚

勒脚是外墙接近室外地面的部位。由于它常易遭到雨水的浸溅及受到土壤中水分的侵蚀,影响房屋的坚固、耐久、美观和使用,因此此部位要采取一定的防潮、防水措施,如图 3-5 所示。

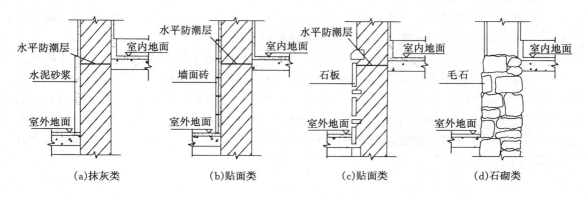

图 3-5　勒脚的构造做法

3. 防潮层

由于砖或其他砌块基础的毛细管作用,土壤中的水分易从基础墙处上升,腐蚀墙身,因此必须在内、外墙脚处设置防潮层以隔绝地下水对墙体的影响,提高建筑物的耐久性,保持室内干燥卫生。防潮层分水平防潮层和垂直防潮层两种。

(1)水平防潮层。水平防潮层的位置应至少高出室外地面 150 mm 以上,以防止雨水溅湿墙面。具体位置是在室内地坪与室外地坪之间,以地面垫层中部为最理想。根据不同的室内地面构造,防潮层的标高有以下几种情况。

当地面垫层为混凝土等密实材料时,水平防潮层设在垫层范围内,并低于室内地坪 60 mm(即一皮砖)处,同时还应至少高于室外地面 150 mm(如图 3 - 6(a)所示)。当室内地面垫层为炉渣、碎石等透水材料时,水平防潮层的位置应平齐或高于室内地面 60 mm(即一皮砖)(如图 3 - 6(b)所示)。

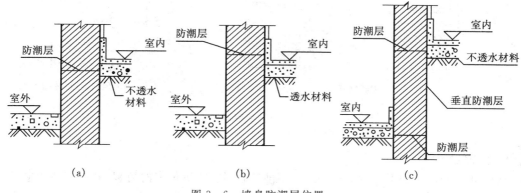

图 3 - 6 墙身防潮层位置

(2)垂直防潮层。当内墙两侧室内地面有标高差时,应在两不同标高的室内地坪以下 60 mm(即一皮砖)的位置设置两道水平防潮层,并在两道防潮层之间的墙内侧设垂直防潮层(如图 3 - 6(c)所示)。

防潮层所用的材料有以下几种:

(1)防水砂浆防潮层。具体做法是抹一层 20 mm 的 1∶3 水泥砂浆加 5% 防水粉拌合而成的防水砂浆。另一种是用防水砂浆砌筑 4 皮至 6 皮砖,位置在室内地坪上下。

(2)油毡防潮层。在防潮层部位先抹 20 mm 厚的砂浆找平层,然后干铺油毡一层或用热沥青粘贴油毡一层。油毡的宽度应与墙厚一致,或稍大一些,油毡沿长度铺设,搭接长度不小于 100 mm。油毡防潮较好,但使基础墙和上部墙身断开,减弱了砖墙的抗震能力。

(3)混凝土防潮层。由于混凝土本身具有一定的防水性能,常把防水要求和结构做法合并考虑。即在室内外地坪之间浇注 60 mm 厚的混凝土防潮层,内放 3 根 $\phi 6$ 或 $\phi 8$ 的钢筋。

4. 踢脚

踢脚是外墙内侧或内墙两侧的下部和室内地坪交接处的构造,目的是防止扫地时污染墙面。踢脚的高度一般在 120～150 mm。常用的材料有水泥砂浆、水磨石、木材、缸砖、油漆等,选用时一般应与地面材料配套或一致。

5. 窗台

窗台是位于窗洞口下部的建筑构件。根据窗子的安装位置可形成内窗台和外窗台。外窗台作用是为了防止在窗洞底部积水流向室内。内窗台作用则是为了排除窗上的凝结水,以保护室内墙面,及存放东西、摆放花盆等。

窗台可用砖砌挑出,也可采用钢筋混凝土窗台的形式。砖砌窗台的做法是将砖侧立斜砌或平砌,并悬挑出外墙面 60 mm,然后表面抹水泥砂浆,或做贴面处理,或可做成水泥砂浆勾缝的清水窗台,窗台表面应做成一定的排水坡度。窗台下必须抹滴水槽避免雨水污染墙面。预制钢筋混凝土窗台构造特点与砖窗台相同。窗台构造如图 3-7 所示。

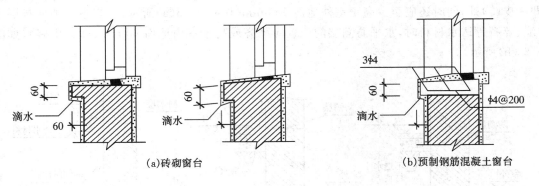

(a)砖砌窗台　　　　　　　　　　　　(b)预制钢筋混凝土窗台

图 3-7　窗台构造做法

6. 门窗过梁

当墙体上开设门窗洞口时,为承受门窗洞口上部砌体所传来的荷载,并把这些荷载传到门窗两侧的墙体上,以免压坏门窗框,常在门窗洞口上部设置横梁,即门窗过梁。由于砖在砌筑时相互咬合,会在砌体内部产生"内拱"作用,因此,过梁并不承担其上部墙体的全部荷载,而是只承担了其中的一部分,这部分荷载约为洞口跨度 1/3 高度范围内墙体的重量。

过梁种类很多,一般常用的有砖砌平拱过梁、钢筋砖过梁、钢筋混凝土过梁三种。

(1)砖砌平拱过梁。砖砌过梁历史较长,有平拱、弧拱两种。砖砌平拱过梁在建筑中采用较多。这种过梁是采用竖砌的砖作成拱券。砖强度等级不应低于 MU7.5,砂浆强度等级不低于 M2.5。这种平拱的适用跨度多为 1.2m 之内。为使砖拱能更好地工作,平拱的中心应比拱的两端略高,约为跨度 l 的 1/50~1/100,如图 3-8 所示。

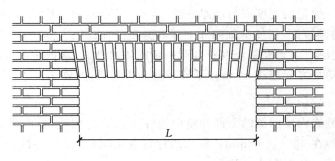

图 3-8　砖砌平拱过梁

（2）钢筋砖过梁。钢筋砖过梁又称苏式过梁。钢筋砖过梁是在砖缝里配置钢筋,形成可以承受荷载的加筋砖砌体。这种过梁的用砖应不低于 MU7.5,砂浆不低于 M2.5。钢筋直径为 φ6,间距小于 120 mm。钢筋伸入两端墙内的长度为 1～1.5 倍砖长,且不小于 240 mm。钢筋砖过梁跨度不超过 2m,高度不应少于 5 皮砖,且不小于 1/5 洞口跨度。该种过梁的砌法是先在门窗顶支模板,铺水泥砂浆 20～30 mm 厚,按要求在其中配置钢筋,然后砌砖。钢筋砖过梁如图 3-9 所示。

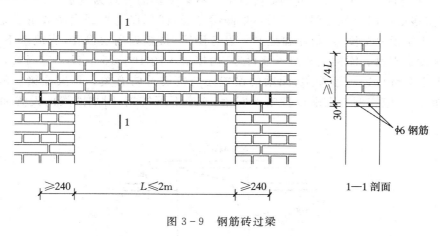

图 3-9　钢筋砖过梁

（3）钢筋混凝土过梁。当门窗洞口较大或洞口上部有集中荷载时常应用钢筋混凝土过梁,其坚固耐用,施工简便。钢筋混凝土过梁有现浇和预制两种做法,现浇钢筋混凝土过梁在施工现场支模,轧钢筋,浇筑混凝土。预制装配式过梁事先预制好后直接进入现场安装,施工速度快,属最常用的一种方式。

常用的钢筋混凝土过梁有矩形和 L 形两种断面形式,如图 3-10 所示。钢筋混凝土过梁断面尺寸主要根据荷载的多少、跨度的大小计算确定。过梁的宽度一般同墙宽,如 115 mm、240 mm 等,即宽度等于半砖的倍数。过梁的高度可做成 60 mm,120 mm,180 mm,240 mm 等,即高度等于砖厚的倍数。过梁两端搁入墙内的长度不小于 240 mm。矩形断面的过梁用于没有特殊要求的外立面墙或内墙中。L 形断面多用于有窗套或带窗楣板的窗。出挑部分尺寸一般厚度 60 mm,长度 300～500 mm。由于钢筋混凝土的导热性常高于其他砌块,寒冷地区为了避免过梁内产生凝结水,也多采用 L 形过梁。

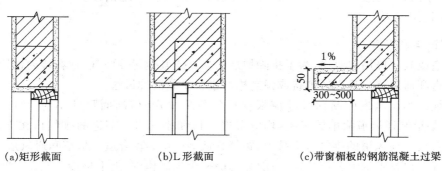

（a）矩形截面　　　　（b）L 形截面　　　　（c）带窗楣板的钢筋混凝土过梁

图 3-10　钢筋混凝土过梁

7. 圈梁

圈梁是沿外墙四周和部分内墙设置的连续、水平、闭合的梁,作用是增加房屋的整体刚度和稳定性,减轻地基不均匀沉降及地震力的影响。圈梁有钢筋混凝土圈梁和钢筋砖圈梁两种,钢筋混凝土圈梁按施工方式又分为整体式和装配式两种。钢筋混凝圈梁宽度同墙厚,高度一般为 180 mm 或 240 mm,钢筋砖圈梁用 M5 砂浆砌筑,高度不小于 5 皮砖,在圈梁中设置 4φ6 通长钢筋,分上下两层布置,做法同钢筋砖过梁。圈梁设置的方式为一般 8 m 以下房屋可只设一道,或按多层民用建筑三层以下设一道圈梁考虑,四层以上根据横墙数量及地基情况,每隔一层或二层设一道圈梁,但屋盖处必须设置圈梁,楼板处隔层设置,当地基不好时在基础顶面也应设置圈梁。圈梁主要沿纵墙设置,内横墙大约 10~15 m 设一道圈梁,屋顶处横墙间距不大于 7 m 设置一道圈梁,圈梁的设置还与抗震设防有关。每层圈梁应闭合,如遇洞口必须断开时,应在洞口上端设置附加圈梁,并应上下搭接,附加圈梁的设置如图 3-11 所示。

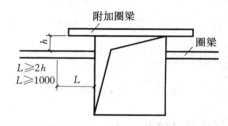

图 3-11 附加圈梁的设置

8. 构造柱

为了增强建筑物的整体性和稳定性,多层砖混结构建筑的墙体中还应设置钢筋混凝土构造柱,并与各层圈梁互相连接,形成能够抗弯抗剪的空间框架,它是防止房屋倒塌的一种有效措施。构造柱的设置部位在外墙四角、错层部位横墙与外纵墙交接处、较大洞口两侧,大房间内外墙交接处等。此外,房屋的层数不同、抗震设防烈度不同,构造柱的设置要求也不一致。构造柱的最小截面尺寸为 240 mm×180 mm,竖向钢筋一般用 4φ12,箍筋间距不大于 250 mm,随着烈度加大和层数增加,建筑四角的构造柱可适当加大截面和钢筋等级。构造柱的施工方式是先砌墙,后浇钢筋混凝土柱,并沿墙高每隔 500 mm 设置 2φ6 拉接钢筋,构造柱做法如图 3-12 所示。构造柱可不单独设置基础,但应深入室外地面以下 500 mm,或锚入浅于 500 mm 的地圈梁内。

9. 烟道与通风道

在住宅或其他民用建筑中,为了排除炉灶的烟气或其他污浊空气,常在墙内设置烟道和通风道。烟道和通风道分为现场砌筑或预制构件进行拼装两种做法。

砖砌烟道和通风道的断面尺寸应根据排气量来决定,但断面尺寸不应小于 120 mm×120 mm。烟道和通风道除单层房屋,均应有进气口和排气口。烟道的排气口在下,距楼板 1 m 左右较合适。通风道的排气口应靠上,距楼板底 300 mm 较合适。烟道和通风道不能混用,以避免串气。混凝土烟道和通风道,一般为每层一个预制构件,上下拼接而成。

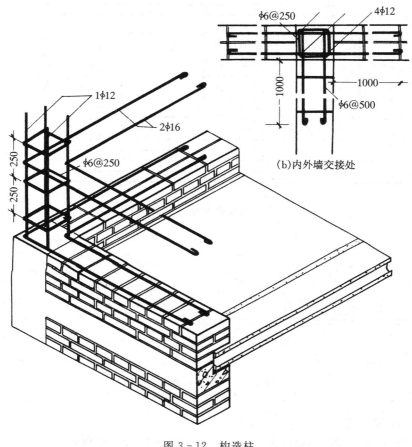

(b)内外墙交接处

图 3-12　构造柱

3.3.2　砌块墙体细部构造

1. 圈梁

圈梁的作用是加强砌块墙体的整体性,可预制和现浇,通常与窗过梁合用。在抗震设防区,圈梁设置在楼板同一标高处,将楼板与之联牢箍紧,形成闭合的平面框架,对抗震有很大的作用。小型砌块排列及圈梁位置示例,如图 3-13 所示。

2. 砌块灰缝

砌块灰缝的宽度大小既要注意施工方便、易于灌浆捣实,又要注意防渗、保温、隔音,还要顾及砌块误差的调整。砌块灰缝有平缝、凹槽缝和高低缝,平缝多用于水平缝,凹槽缝多用于垂直缝,缝宽视砌块尺寸而定,必要时也可作一点调整。小型砌块缝宽 10～15 mm,中型砌块缝宽 15～20 mm,砂浆强度不低于 M5。垂直灰缝若大于 40 mm,必须用 C10 细石混凝土灌缝。

当上下皮砌块出现通缝,或错缝距离不足 150 mm 时,应在水平缝通缝处加钢筋网片,使之拉结成整体,砌块灰缝的处理如图 3-14 所示。

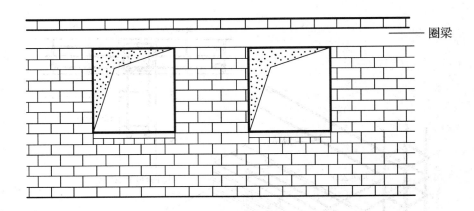

图 3-13　小型砌块排列及圈梁位置

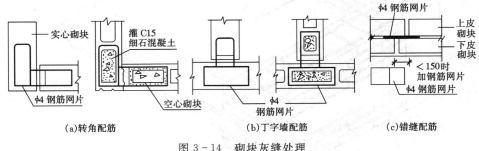

图 3-14　砌块灰缝处理

3. 砌块墙芯柱构造

当采用混凝土空心砌块时应在纵横墙交接处、外墙转角处、楼梯间四角设置墙芯柱,墙芯柱用混凝土填入砌块孔中,并在孔中插入通长钢筋,空心砌块墙芯柱构造如图 3-15 所示。

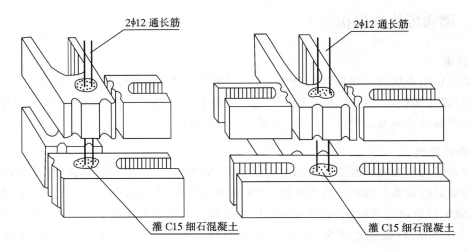

图 3-15　空心砌块墙芯柱构造

4. 门窗部位构造

门窗过梁与阳台一般采用预制钢筋混凝土构件,门窗固定可用预埋木块、铁件锚固,或膨胀木块、膨胀螺栓等固定。

5. 勒脚

砌块建筑的勒脚,根据具体情况确定,硅酸盐、加气混凝土等吸水性较大的砌块,不宜做勒脚。

6. 砌块墙外饰面处理

对能抗水并表面光洁、棱角清楚的砌块可以做清水墙嵌缝。一般砌块宜做外饰面,也可采用带饰面的砌块,以提高墙体的防渗能力,改善墙体的热工性能。

3.4　隔墙构造

建筑中不承重、只起分隔室内空间作用的墙体叫隔断墙。通常人们把到顶板下皮的隔断墙叫隔墙;不到顶、只有半截的叫隔断。

隔墙的作用在于分隔室内空间,不承受外来荷载,其自身重量由楼板和墙下小梁来承担,因此隔墙应具有自重轻、厚度薄、隔声、防潮、耐火性能好、便于安装和拆卸的特点。隔墙的类型很多,按其构造方式可分为块材隔墙、轻骨架隔墙、板材隔墙三大类。

3.4.1　块材隔墙

块材隔墙主要有砖砌隔墙和砌块隔墙两种。

1. 砖砌隔墙

砖砌隔墙是普通民用建筑中应用较为广泛的一种隔墙,一般采用普通砖砌筑,有顺砌半砖隔墙(120 mm)、侧砌 1/4 砖隔墙(60 mm)两种。

半砖隔墙的砌筑砂浆强度等级应高于 M2.5,1/4 砖隔墙的砌筑强度等级应高于 M5。墙体高度超过 3 m,长度超过 5 m 时要考虑墙身的稳定而加固,一般沿高度每隔 0.5 m 砌入 $2\phi4$ 钢筋,或每隔 1.2～1.5 m 设一道 30～50 mm 厚的水泥砂浆层,内放 $2\phi6$ 钢筋。隔墙上部与楼板相接处,用立砖斜砌,使墙和楼板挤紧。隔墙上有门时,要预埋铁件或将带有木楔的混凝土预制块砌入隔墙中以固定门框。1/4 砖隔墙,高度、长度不宜过大,且一般用于不设门洞的次要房间,若隔墙必须开设门洞时,则须将门洞两侧墙垛放宽到半砖墙,或在墙内每隔 1200 mm 设钢筋混凝土小立柱加固,并每隔 7 皮砖砌入 $1\phi6$ 钢筋,且与两端垂直墙相接,如图 3-16 所示为半砖隔墙。

2. 砌块隔墙

砌块隔墙重量轻、块体大。目前常用加气混凝土块、粉煤灰硅酸盐砌块、水泥炉渣空心砖等砌筑隔墙。砌块大多质轻、空隙率大、隔热性能好,但吸水性较强,因此应在砌块下方先砌 3～5 皮黏土砖。砌块隔墙采取的加固措施同砖墙,如图 3-17 所示。

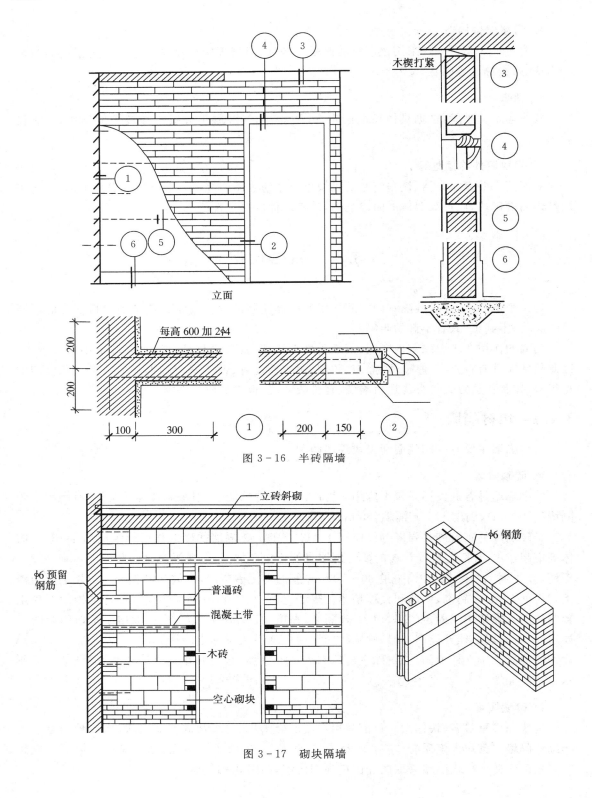

图 3-16 半砖隔墙

图 3-17 砌块隔墙

3.4.2　轻骨架隔墙

轻骨架隔墙由骨架和面层两部分组成,由于是先立墙筋(骨架)后做面层,因而又称为立筋式隔墙。

常用的骨架有木骨架和轻钢骨架。近年来,为节约木材和钢材,出现了不少采用工业废料和地方材料及轻金属制成的骨架,如石棉水泥骨架、浇筑石膏骨架、水泥刨花骨架、轻钢和铝合金骨架等。

1. 木骨架隔墙

灰板条隔墙是在木骨架上钉灰板条,然后抹灰,常在板条上加做钢丝网或钢板网。钢丝网或钢板网变形小、强度高,抹灰面层不易开裂。若用钢板网,则可直接钉在墙筋上,省去板条。

所用木骨架由上槛、下槛、墙筋、斜撑及横档组成,上、下槛及墙筋断面尺寸为(45～50)mm×(70～100)mm,斜撑与横档断面相同或略小些,墙筋间距常用 400 mm,横档间距可与墙筋相同,也可适当放大。

板条抹灰隔墙耗费木材多,施工复杂、湿作业多,难以适应建筑工业化的要求,目前已经很少采用。

2. 轻钢骨架隔墙

所用轻钢骨架是由各种形式的薄壁型钢制成,强度高、刚度大、自重轻、整体性好、易于加工和大批量生产,还可根据需要拆卸和组装。常用的薄壁型钢有 0.8～1 mm 厚槽钢和工字钢。

轻钢骨架隔墙面板多为人造面板,如胶合板、纤维板、石膏板、塑料板等。人造板与骨架的关系有两种:一种是在骨架的两面或一面,用压条压缝或不用压条压缝即贴面式;另一种是将板材置于骨架中间,四周用压条压住,称为镶板式。

人造板在骨架上的固定方法有钉、粘、卡三种。采用轻钢骨架时,往往用骨架上的舌片或特制的夹具将面板卡到轻钢骨架上。这种做法简便、迅速,有利于隔墙的组装和拆卸。

3.4.3　板材隔墙

板材隔墙指单板高度相当房间净高,面积较大,且不依赖骨架,直接装配而成的隔墙。板材大多为条板,如加气混凝土条板、石膏条板、碳化石灰板、蜂窝纸板、水泥刨花板等。

(1)加气混凝土条板隔墙。加气混凝土条板由水泥、石灰、砂、矿渣等加发泡剂(铝粉),经过原料处理,配料浇筑、切割、蒸压养护工序制成。

(2)碳化石灰板隔墙。碳化石灰板是以磨细的生石灰为主要原料,掺 3%～4%(质量比)的短玻璃纤维,加水搅拌,振动成型,利用石灰窑的废气碳化而成的空心板。一般的碳化石灰板的规格为长 2700～3000 mm,宽 500～800 mm,厚 90～120 mm。

(3)增强石膏空心板。增强石膏空心板分为普通条板、钢木窗框条板及防水条板三种,在建筑中按各种功能要求选择使用。石膏空心板能满足防火、隔声及抗撞击的功能要求。

(4)复合板隔墙。用几种材料制成的多层板为复合板。复合板的面层有石棉水泥板、石膏板、铝板、树脂板、硬质纤维板、压型钢板等。夹心材料可用矿棉、木质纤维、泡沫塑料和蜂窝状材料等。

3.5 墙面装修

为了满足建筑物的使用要求,提高建筑的艺术效果,保护墙体免受外界影响,保护结构、改善墙体热功性能,需要对墙面进行装修。墙面装修按其位置分为外墙面和内墙面装修。按做法不同,又分为抹灰类、涂料类、贴面类、裱糊类等。

3.5.1 抹灰类与涂料类墙面

1. 抹灰类墙面

墙面抹灰通常由三层构成,即底层(找平层)、中层(垫层)和面层。

底层的底灰(又叫刮糙)根据基层材料的不同和受水侵蚀的情况而定。一般的砖石基层可采用水泥砂浆或混合砂浆打底。如遇骨架板条基层时,则采用掺入纸筋、麻刀或其他纤维的石灰砂浆做底灰,以加强黏结、防止开裂。中层抹灰材料同底层,起进一步找平的作用。采用机械喷涂时底层与中层可同时进行。面层主要起装饰作用,根据所选材料和施工方法形成各种不同性质与外观的抹灰。面层上的刷浆、喷浆或涂料不属于面灰。

外墙抹灰要先对墙面进行分格,以便于施工接茬、控制抹灰层伸缩和今后维修。分隔线有三种形式:凹线、凸线和嵌线。凹线常用木引条成型,先用水泥砂浆将其临时固定,待做好面层后再将其抽出,即成型。PVC 成品分隔条,抹灰时砌入面层即可。凸线也称线角,外墙面的线角有檐口、腰线、勒脚等,当线角凸出墙面超过 30 mm 时,可将墙身的砖、混凝土出挑,或用其他材料成型后再抹灰。嵌线用于要进行打磨的抹灰墙面,如水磨石等。嵌线材料有玻璃、金属或其他材料。

内墙面抹灰要求大面平整、均匀、无裂痕。施工时,首先要清理基层,有时还需用水冲洗,以保证灰浆与基层黏结紧密,然后拉线找平,做灰饼、冲筋以保证抹灰面层平整。由于阳角处易受损,抹灰前在内墙阳角、门洞转角、柱子四角处用强度较高的水泥砂浆或预埋角钢做护角,然后再做底层或面层抹灰。

几种常用抹灰类饰面的做法见表 3-3。

2. 涂料类墙面

涂料类墙面是在木基层表面或抹灰墙面上,喷、刷涂料涂层的饰面装修。涂料饰面主要以涂层起保护和装饰作用。按涂料种类不同,饰面可分为刷浆类饰面、涂料类饰面、油漆类饰面。涂料类饰面虽然抗腐蚀能力差,但施工简单、省工省时、维修方便,故在饰面装修工程中应用较为方便。几种涂料类墙面的做法及选料见表 3-4。

表 3-3　墙面常用抹灰做法及选料表

部位	做法说明	厚度（mm）	适用范围	备注
内墙面	纸筋石灰墙面 底层:1:2 石灰砂浆加麻刀 15% 中层:1:2 石灰砂浆加麻刀 15% 面层:纸筋浆石灰浆加纸筋 6% 喷石灰浆或色浆	8 8 2	用于一般居住及公共建筑的砖、石基层墙面	普通抹灰将底层中层合并
	水泥砂浆面 底层:1:3 水泥砂浆 中层:1:3 水泥砂浆 面层:1:2.5 水泥砂浆,喷石灰浆或色浆	7 5 3	用于极易受碰撞或受潮的地方,如盥洗室、厨厕墙裙、踢脚线等	
	混合砂浆面 底层:1:0.3:3 水泥石灰砂浆 中层:1:0.3:3 水泥石灰砂浆 面层:1:0:3:3 水泥石灰砂浆,喷石灰浆或色浆	9 6 5	砖石基层墙面	
外墙面	水泥砂浆面 底层:1:0.8:5 水泥石灰砂浆 面层:1:3 水泥砂浆	10 5	砖石基层墙面	用中 8 厘石子,当用小 8 厘石子时比例为 1:1.5,厚度为 8 mm 水刷石面
	底层:1:3 水泥砂浆 中层:1:3 水泥砂浆 面层:1:2 水泥白石子用水刷洗	7 5 10	砖石基层墙面	石子粒径 3～5 mm,做中层时安设计分隔干粘石面
	底层:1:3 水泥砂浆 中层:1:1:1.5 水泥石灰砂浆 面层:刮水泥浆,干粘石压平实	10 7 1	砖石基层墙面	
	斩假石面 底层:1:3 水泥砂浆 中层:1:3 水泥砂浆 面层:1:2 水泥白石子用斧斩	7 5 12	主要用于外墙局部,修饰的地方	

表 3-4 涂料类墙面的做法及选料

分类	名称	做法说明	适用范围	备注
刷浆类	石灰浆	清理基层; 局部刮腻子,砂纸磨平; 石灰浆二遍	多用于室内墙面及顶棚	块石灰和食盐的比例为 100:5
	大白浆	清理基层; 局部刮腻子,砂纸磨平; 石灰浆二遍	多用于室内墙面及顶棚	大白粉和 801 胶的比例为 100:(15~20)
	白水泥浆	清理基层; 局部刮腻子,砂纸磨平; 石灰浆二遍	可用于室内外	白水泥和 801 胶的比例为 100:20
涂料类	过氯乙烯涂料	清理基层; 过氯乙烯腻子批孔缝; 过氯乙烯底漆一遍; 过氯乙烯腻子二遍,砂纸磨平;过氯乙烯面漆二至三遍	水泥地面; 墙面	良好的防腐蚀性能防油、防霉,但不耐温
	瓷釉涂料	清理基层; 满刮 801 水泥腻子一至二遍; 表面打磨平整; 瓷釉底涂料一遍; 瓷釉底涂料二遍	可用于厨房、卫生间、顶棚	耐磨、硬度高、涂料光亮、类似搪瓷
	氯黄化聚乙烯防腐涂料	清理基层; 满刮腻子; 刷底涂料一遍; 喷刷面层涂料	墙面或地面	附着力强、硬度高、耐酸碱
油漆类	调和漆	木基层清理、除污、打磨等; 刮腻子、磨光; 底油一遍; 调和漆二遍	油性调和漆适用于室内外各种木材、金属、砖石表面; 磁性调和漆适用于室内	油性调和漆附着力好,便于涂刷,漆膜软,干燥性差; 磁性调和漆漆膜硬,光亮平滑,但易龟裂
	防锈漆	清理金属面除锈; 防锈漆或红丹一遍; 刮腻子、磨光; 调和漆二遍	金属表面打底	金属表面打底渗透性、润滑性、柔韧性附着力均好

3. 特殊做法的抹灰涂料类墙面

抹灰涂料类墙面根据其用料、构造做法及装饰效果的不同又可分为弹涂墙面、滚涂墙面、拉毛墙面、扫毛抹灰墙面等。

(1) 弹涂墙面。弹涂是采用一种专用的弹涂工具,将水泥彩色浆弹到饰面基层上的一种做法。弹涂墙面分为基层、面层和罩面层,根据墙体材料不同选择基层材料,如水泥砂浆、聚合物水泥砂浆、金属板材、石棉板材、纸质板材等。面层为聚合物水泥砂浆。为了保护墙面、防止污染,一般在弹涂墙面的面层上喷涂罩面层。

(2) 滚涂墙面。滚涂墙面是采用橡皮辊,在事先抹好的聚合砂浆上滚出花纹而形成的一种墙面装修做法。滚涂墙面的基层做法应根据墙体的材料而选择。墙体的面层为 3~4 mm 厚的聚合物水泥砂浆,并用特制的橡皮辊滚出花纹,然后喷涂罩面层。滚涂操作有干滚法与湿滚法两种,干滚不蘸水,湿滚需反复蘸水。

(3) 拉毛墙面。拉毛墙面按材料不同,可分为水泥拉毛、油漆拉毛、石膏拉毛三类。按施工所用工具和操作方式的不同,可形成各式各样的表面。拉毛墙面可以应用于砖墙、混凝土墙、加砌混凝土墙等的内外墙装修,施工简便、价格低廉。

(4) 扫毛抹灰墙面。扫毛抹灰是一种饰面效果仿天然石的装饰性抹灰的做法。这种墙面的面层为混合砂浆,抹在墙面上以后用竹丝扫帚扫出装饰花纹。施工时应注意用木条分块,各块横竖交叉扫毛,富于变化,使之更具天然石材剁斧的纹理。这种墙面易于施工,造价低廉,效果美观大方。

3.5.2 铺贴类墙面

铺贴类墙面多用于外墙及潮湿度较大、有特殊要求的内墙。铺贴类墙面包括陶瓷贴面类墙面、天然石材墙面、人造石材墙面、装饰水泥墙面等。

1. 陶瓷贴面类墙面

(1) 面砖饰面。面砖多由瓷土或陶土焙烧而成,常见的面砖有釉面砖、无釉面砖、仿花岗岩瓷砖、劈离砖等。无釉面砖多用于外墙面砖,其质地坚硬、强度高、吸水率低,是高级建筑外墙装修的常用材料。釉面砖表面光滑、色彩丰富美观、易于清洗、吸水率低,可用于建筑外墙装饰,大多用于厨房、卫生间的墙裙贴面。面砖种类繁多,安装时先将其放入水中浸泡,取出沥干水分。用水泥石灰砂浆或掺有 107 胶的水泥砂浆满刮于面砖背面,其厚度不小于 10 mm,然后将面砖贴于水泥砂浆打底的墙上,轻轻敲实,使其与底灰粘牢。外墙面砖之间常留出一定缝隙,以便湿气排出;内墙安装紧密,不留缝隙。

(2) 陶瓷(玻璃)锦砖饰面。陶瓷(玻璃)锦砖俗称马赛克(玻璃马赛克),是高温烧制而成的小块型材。为了便于粘贴,首先将其正面粘贴于一定尺寸的牛皮纸上,施工时,纸面向上,待砂浆半凝后,将纸洗去,校正缝隙,修正饰面。此类饰面质地坚硬、耐磨、耐酸碱、不易变形,价格便宜,但较易脱落。

2. 石材墙面

(1) 天然石材的种类。

① 花岗岩(岩浆岩),除花岗岩外,还包括安山岩、辉绿岩、辉长岩、片麻岩等。花岗岩构造密实,抗压强度高,空隙率、吸水率小,耐磨、抗腐蚀能力强。花岗岩的色彩较多,色泽可以保持很长时间,是较为理想的高级外墙饰面。

②大理石,质地坚密,但表面硬度不大,易加工打磨成表面光滑的板材。大理石的化学稳定性不太好,一般用于室内。大理石的颜色很多,在表面磨光后,纹理雅致、色泽艳丽,为了使其表面美感保持较长的时间,往往在其表面上光打蜡或涂刷有机硅等涂料,防止其腐蚀。

③青石板,系水成岩,质软、易风化,易于裁割加工,造价不高。色泽质朴、富有野趣。

(2)人造石材的种类。常用人造石材有水磨石、大理石、水刷石、斩假石等,属于复合装饰材料,其色泽纹理不及天然石材,但可人为控制,造价低。

①预制水磨石板。水磨石板一般经过分块、制模、浇制、表面加工等步骤制成,待板达到预定强度后进行安装。预制水磨石板分为普通板与美术板。饰面板材施工时容易破碎,为了防止这类情况发生,预制时应配以 8 号铅丝,或配以 $\phi4$、$\phi6$ 钢筋网。面积超过 0.25 m^2 的板面,一般在板的上边预埋铁件或 U 型钢件。

②人造大理石板。人造大理石板有水泥型、树脂型、复合型、烧结型。

(3)石材墙面的基本构造。石材的自重较大,在安装前必须做好准备工作,如石材品种、颜色、规格的统一编号,天然石材要用电钻打好安装孔,砂浆槽的打凿,石材接缝处的处理等。

(4)石材的安装。

① 拴挂法:先将基层剁毛,打孔,插入或预埋外露 50 mm 以上并弯钩的 $\phi6$ 钢筋,插入主筋和水平钢筋,并绑扎固定。将背后打好孔的板材用双股铜丝或进行过防锈处理的铁件固定在钢筋网上。在板材和墙柱间灌注水泥砂浆,灌浆高度不宜太高,一般少于此块板高的 1/3。待其凝固后,再灌注上一层,依次下去。灌浆完毕后,将板面渗出物擦拭干净,并以水泥砂浆勾缝,最后清洗表面。细部构造如图 3-18 所示。

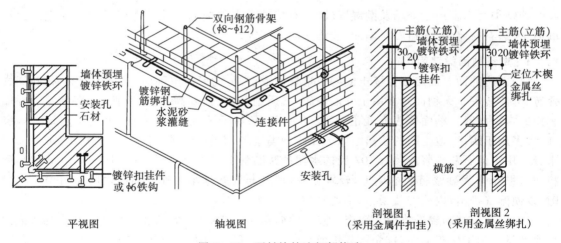

图 3-18 石材拴挂法细部构造

② 连接挂接法:用连接件、扒钉将石材墙板与墙体基层连接的方法。将连接件预埋、锚固或卡在预留的墙体基层导槽内,另一端插入板材表面的预留孔内,并在板材与墙体之间填满水泥砂浆的方式,如图 3-19 所示。

③ 粘贴法:适用于薄型、尺寸不大的板材,此种方法首先要处理好基层,如水泥砂浆打底或涂胶等,然后进行涂抹粘贴。施工时应注意板的就位、挤紧、找平、找正、找直以及钉、卡固定,防止砂浆未达到固化强度时板面移位或脱落伤人。

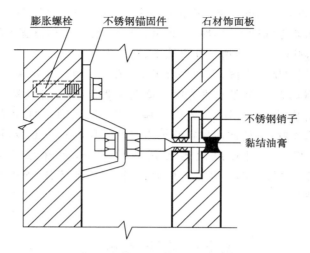

图 3-19 连接挂接法细部构造

3.5.3 板材墙面

板材墙面的种类很多,有木制板材、装饰板材、金属板材、玻璃墙面等,此类墙面的装修不同于抹灰、铺贴墙面等湿作业法的装修,它属于干作业法的装修,其最大的特点是污染小。

1. 木板墙面

木板墙面由木骨架和板材两部分组成。事先应该在墙体内每隔 500~1000 mm 预埋防腐木砖或打入木楔,用来固定龙骨;为了防止板材变形,在墙上刷热沥青一道或改性沥青一道,干铺油毡一层;用钉子将龙骨(墙筋)钉于木砖或木楔上,龙骨间距一般为 450~600 mm,具体尺寸按板材规格确定;用暗钉将木板面材钉于木骨架上,表面刷漆。木板墙面要注意边缝、压顶、板缝等的细部处理。

2. 装饰板材墙面

随着建筑技术、建筑材料的发展,装饰板材墙面种类越来越多,目前常见的有:装饰微薄木贴面板、印刷木纹人造板、聚酯装饰板、覆塑中密度纤维板、纸面石膏板、防火纸面石膏板等。这些板材大多采用骨架连接,其骨架可采用木骨架,也可采用金属骨架,骨架间距参考板材规格确定。其中一些板材也可采用粘结法固定。

3. 金属板材墙面

金属板材墙面由骨架及板材两部分组成。骨架有轻钢骨架和木骨架两种;板材有彩色搪瓷或涂层钢板、不锈钢板、铜板、铝合金花纹板、铝质浅花纹板、铝及铝合金波纹板、铝及铝合金压型板、铝及铝合金冲孔平板等。这些板材大多外形美观、色彩丰富,耐腐蚀性强,有很好的装饰效果。

3.5.4 裱糊类墙面

裱糊类墙面多用于内墙面的装修,饰面材料的种类很多,有墙纸、墙布、锦缎、皮革、薄木等。下面仅介绍最常用的两种形式墙纸与墙布的施工方法。

墙纸可分为普通墙纸、发泡墙纸、特种墙纸三大类。它们各有不同的性能:普通墙纸有单色压花和印花压花两种,价格便宜、经济实用;发泡墙纸经过加热发泡,有装饰和吸声双效功能;特种墙纸有耐水、防火等特殊功能,多用于特殊要求的场所。常用的墙布有玻璃纤维墙布和无纺墙布,玻璃纤维墙布强度大、韧性好、耐水、耐火、可擦洗,但遮盖力较差,且易磨损;无纺布色彩鲜艳不褪色、有弹性有一定透气性可擦洗,施工方便。

糊裱类墙面的基层要坚实牢固、表面平整光洁、色泽一致。在裱糊前要对基层进行处理,首先要清扫墙面、满刮腻子、用砂纸打磨光滑。墙纸和墙布在施工前,要做浸水或润水处理,使其充分膨胀;为了防止基层吸水过快,要先用稀释的107胶满刷一遍,再涂刷粘结剂。然后按先上后下,先高后低的原则,应使饰面材料的长边对准基层的垂直准线,用胶辊或刮板将其赶平压实,排除气泡。相邻面材接缝处若无拼花要求时,可在接缝处将两幅材料重叠20~30 mm,用钢直尺在搭接中部压紧后进行裁切,揭去多余部分,刮平接缝。当饰面有拼花要求时,要使花纹重叠搭接。

3.6　地下室构造

地下室是设在建筑首层以下的使用空间。由于地下室位置特殊,采光通风不易解决。对防潮、防水的要求高,如果处理不好将会对地下室的使用乃至整个建筑产生不良影响。

3.6.1　地下室分类

地下室的分类主要按照其使用功能和与室外地面的位置关系进行分类。

1. 按功能分类

(1)普通地下室。普通地下室是建筑空间在地下的延伸,通常为单层,也有根据需要可以达数层。考虑到普通地下室环境差,一般不用做住宅,但可以布置一些无长期固定适用对象的公共场所或建筑的辅助房间,如营业厅、健身房、库房、设备间、车库等。地下室的疏散和防火要求严格,尽量不要把人流集中的房间设置在地下室。

(2)人防地下室。人防地下室是战争时期人们的隐蔽所,是人防的需要。人流集中的民用建筑必须要附带建设一定面积比例的人防地下室。由于人防地下室是在战争时期使用,因此平面布局、结构、构造、建筑设备等方面均有特殊要求。

2. 按埋入深度分类

按埋入深度不同,地下室可以分为全地下室和半地下室,见图3-20。

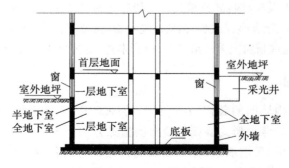

图3-20　地下室示意图

　　(1)全地下室。当地下室房间地坪低于室外地坪面的高度超过该房间净高一半时,称作全地下室。由于其埋入地下较深,周围环境较差,一般多用作建筑辅助房间和设备房间。

　　(2)半地下室。当地下室房间地坪低于室外地坪面的高度超过该房间净高的三分之一,且不超过一半时,称作半地下室。半地下室有较大部分暴露在室外地坪面以上,采光通风比较容易,周边环境较好,可布置一些使用房间,如办公室、客房等。

3.6.2　地下室构造

　　地下室由墙体、顶板、地板、门窗及采光井等部分组成。

1. 墙体

　　地下室的墙体在承担上部结构所有荷载的同时,还要抵抗土壤的侧向压力。所以地下室墙体的强度、稳定性应十分可靠。地下室的墙体在潮湿环境中工作,墙体材料应具有良好的防水、防潮性能。因此多采用实心砖墙、混凝土墙或钢筋混凝土墙。

2. 顶板

　　地下室顶板多为钢筋混凝土板,通常与楼板相同。人防地下室顶板应具有足够的强度和抗冲击能力,以防空袭时炸弹的冲击破坏。人防地下室顶板的厚度、强度应按照不同级别对人防地下室的要求进行确定。

3. 底板

　　地下室的底板应具有良好的整体性、较大的刚度及抗渗能力,地下室底板多采用钢筋混凝土板,还要根据地下水位的情况做好防潮和防水处理。

4. 门窗

　　普通地下室的门窗同其他房间的要求。人防地下室的门窗应满足密封、防冲击的要求。多采用钢门或钢筋混凝土门。平战结合人防地下室,可以采用自动防爆波窗,在平时用于采光和通风,战时封闭。

5. 采光井

　　为改善地下室的室内环境,在规划部门允许的情况下,一般在窗外设置采光井,以增加开窗的面积。

　　采光井由侧墙、底板、避雨或铁格栅组成,侧墙为砖砌,底板多为现浇混凝土板,采光井底部抹灰向外侧倾斜,并在井底低处设置排水管。采光井构造如图 3-20 所示。

3.6.3　地下室的防潮和防水

　　地下室经常受到下渗地表水、土壤中的潮气或地下水的侵蚀,因此防潮、防水问题便成了地下室构造设计中需要解决的一个重要问题。

1. 地下室的防潮

　　当最高地下水位低于地下室地坪且无滞水可能时,地下水不会直接侵入地下室,地下室的外墙和底板只受到土层中潮气的影响,如图 3-21 所示,此时一般只做防潮处理。

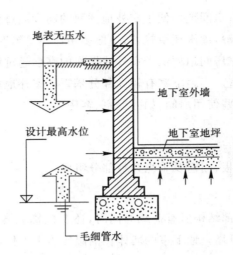

图 3-21 地下室防潮与地下水位关系

地下室防潮是在地下室外墙外侧设置防潮层。其具体做法是在外墙外侧先抹 20 mm 厚 1:2.5 水泥砂浆（高出散水 300 mm 以上），然后涂冷底子油一道和热沥青两道（至散水底），最后在其外侧回填隔水层。隔水层材料北方常采用 2:8 灰土，南方常用炉渣，其宽度不少于 500 mm，如图 3-22 所示。

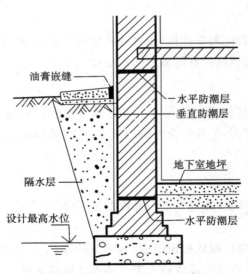

图 3-22 地下室防潮构造做法

2. 地下室防水

当最高地下水位高于地下室地坪时，地下水不仅可以侵入地下室，而且地下室外墙和底板还分别受到地下水的侧压力和浮力作用，这时，对地下室必须采取防水处理，如图 3-23 所示。

地下室防水措施有沥青卷材防水、防水混凝土防水和弹性材料防水等。

（1）沥青卷材防水。沥青卷材防水是以沥青胶为胶结材料粘贴一层或多层卷材做防水层的防水做法。根据卷材与墙体的关系可分为内防水和外防水，地下室卷材外防水做法如图 3-24 所示。

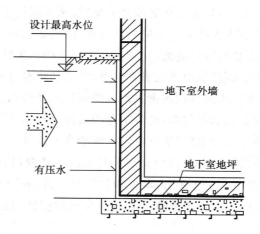

图 3-23　地下室防水与地下水位的关系

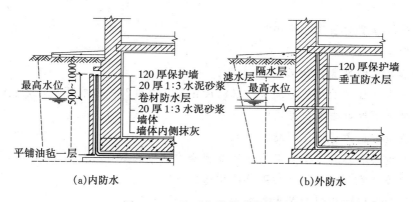

(a)内防水　　　　　　　　(b)外防水

图 3-24　地下室卷材防水构造

　　卷材铺贴在地下室墙体外表面的做法称为外防水或外包防水,具体做法是先在外墙外侧抹 20 mm 厚 1∶3 水泥砂浆找平层,其上刷冷底子油一道,然后铺贴卷材防水层,并与从地下室地坪底板下留出的卷材防水层逐层搭接。防水层的层数应根据地下室最高水位到地下室地坪的距离来确定。当两者的高差小于或等于 3m 时用三层,3～6 m 时用四层,6～12 m 时用五层,大于 12 m 时用六层。防水层应高出最高水位 300 mm,其上应用一层油毡贴至散水底。防水层外面砌半砖保护墙一道,在保护墙与防水层之间用水泥砂浆填实。

　　砌筑保护墙时,先在底部干铺油毡一层,并沿保护墙长度每隔 5～8 m 设一通高断缝,以便使保护墙在土的侧压力作用下,能紧紧压住卷材防水层。最后在保护墙外 0.5 m 的范围内回填 2∶8 灰土或炉渣。

　　此外,还有将防水卷材铺贴在地下室外墙内表面的内防水做法(又称内包防水)。这种防水方案对防水不太有利,但施工方便,易于维修,多用于修缮工程。

　　地下室水平防水层的做法,先在垫层做水泥砂浆找平层,找平层上涂冷底子油,再铺贴防水层,最后做基坑回填隔水层(黏土或灰土)和滤水层(砂),并分层夯实。

　　(2)防水混凝土防水。地下室的地坪与墙体一般都采用钢筋混凝土材料。其防水以采用防水混凝土为佳。防水混凝土的配制与普通混凝土相同,所不同的是借不同的集料级配,以提高混凝土的密实性,或在混凝土内掺入一定量的外加剂,以提高混凝土自身的防水性能。集料集配主要是采用不同粒径的骨料进行级配,同时提高混凝土中水泥砂浆的含量,使砂浆充满于骨料之间,从而堵塞因骨料直接接触出现的渗水通道,以达到防水目的。

掺外加剂是在混凝土中掺入加气剂或密实剂以提高其抗渗性能。目前常采用的外加防水剂的主要成分是氯化铝、氯化钙和氯化铁,是淡黄色的液体。它掺入混凝土中能与水泥水化过程中的氢氧化钙反应,生成氢氧化铝、氢氧化铁等不溶于水的胶体,并与水泥中的硅酸二钙、铝酸三钙化合成复盐晶体,这些胶体与晶体填充于混凝土的孔隙内,从而提高其密实性,使混凝土具有良好的防水性能。防水混凝土的外墙、底板均不宜太薄,外墙厚度一般应在 200 mm 以上,底板厚度应在 150 mm 以上。为防止地下水对混凝土的侵蚀,在墙外侧应抹水泥砂浆,然后涂抹冷底子油。

思考题

1. 确定砖墙厚度的因素有哪些?
2. 常见勒脚有几种做法?
3. 砌块墙的组砌要求有哪些?
4. 墙体中为什么要设水平防潮层?它应设在什么位置?一般有哪些做法?
5. 什么情况下要设垂直防潮层?
6. 窗台构造中应考虑哪些问题?
7. 常见的过梁有哪几种?它们的适用范围和构造特点是什么?
8. 常见隔墙有哪些?简述各种隔墙的构造做法?
9. 试述墙面装修的作用和基本类型。
10. 地下室由哪几部分组成?
11. 如何确定地下室应该采用防潮做法还是防水做法?其构造各有何特点?

课程设计:建筑墙身节点构造详图设计

依据下列给出条件,设计某住宅楼外墙剖面图。

1. 设计条件

住宅楼层高 2.8 m,6 层。室内外高差 0.6 m,窗台距室内地面 0.9 m,窗洞口高 1.5 m,单元入户门洞口高 2.1 m,墙厚 370 mm。

2. 设计要求

沿外墙纵向剖切,从基础以上至屋面板下,绘制墙身剖面图,剖切部位如图 3 - 25 所示。具体要求如下:

(1)画出各节点(墙角及散水、窗台、过梁、楼板等)的构造做法。

(2)图中必须按制图规范,表示出各节点处材料、尺寸及做法。

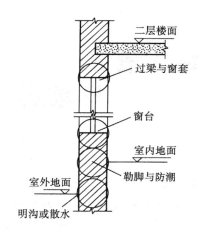

图 3－25　墙身剖面图

（3）标注各节点的控制标高（防潮层、窗台顶面、过梁底、楼层、地坪等）。

（4）对散水和窗台等处应标注尺寸、坡度、排水方向。

（5）用一张竖向 3 号图纸绘制，比例为 1：10。

第4章
楼地层

本章学习要点

1. 了解楼板层的设计要求及组成
2. 掌握不同施工方法的三种钢筋混凝土楼板各自的特点,重点掌握现浇、装配式钢筋混凝土楼板的板型及板缝构造,能根据不同的建筑结构和功能要求进行楼板结构布置,并做出其构造详图
3. 掌握各种楼地面装修的类型及其构造
4. 熟悉常见的顶棚做法
5. 了解阳台的类型、组成和阳台栏杆、雨棚的构造,重点掌握阳台承重结构的布置方式

楼板层是建筑物的重要组成部分,是分隔空间的水平构件,它沿着竖向将建筑物分割成若干部分;楼板层还起承重作用,承受楼面荷载、自重并通过墙和柱把荷载传递到基础;同时它与墙或柱等垂直构件相互依赖,互为支撑,对垂直构件起到水平支撑作用。

地坪层是建筑物与土层相接触的水平构件,承受作用在它上面的各种荷载,并将荷载直接传递给地基。

阳台和雨篷也是建筑物中的水平构件:阳台是楼板层延伸至室外的部分,用作室外活动;雨篷是设置在建筑物外墙出入口上方的构件,用于遮挡雨雪。

4.1 楼地层的设计要求及构造组成

4.1.1 楼板层的设计要求

根据楼地层所处位置和使用功能不同,设计时应满足以下要求:

1. 具有足够的强度和刚度

强度要求是指楼板层应保证在自重和活荷载作用下安全可靠,不发生任何破坏。这主要是通过结构设计来满足要求。刚度要求是指楼板层在一定荷载作用下不发生过大变形,以保证正常使用。结构规范规定楼板的允许挠度不大于跨度的 1/250,可用板的最小厚度按 $\frac{1}{40}l_0$ $\sim \frac{1}{35}l_0$(其中 l_0 为板的计算跨度)来保证其刚度。

2. 具有一定的隔声能力

不同使用性质的房间对隔声的要求不同。对一些特殊性质的房间如广播室、录音室、演播

室等的隔声要求则更高。楼板主要是隔绝固体传声,如人的脚步声、拖动家具、敲击楼板等都属于固体传声,防止固体传声可采取以下措施:

(1)在楼板表面铺设地毯、橡胶、塑料毡等柔性材料。

(2)在楼板与面层之间加弹性垫层以降低楼板的振动,即"浮筑式楼板"。

(3)在楼板下加设吊顶,使固体噪声不直接传入下层空间。

3. 具有一定的防火能力

楼板层应根据建筑物不同的使用要求和质量等级,具有一定的防火能力,要正确选择材料和构造做法,使其燃烧性能和耐火极限符合防火规范的规定。保证在火灾发生时,在一定时间内不至于因楼板塌陷而给生命和财产带来损失。

4. 具有防潮、防水能力

对有水的房间(如厨房、卫生间等)的地面,都应该进行防潮、防水处理,以防止渗漏,影响下层房间的正常使用,还应该防止水渗入墙体,使结构产生冷凝水,破坏墙体结构和内外饰面,影响建筑物的正常使用和使用寿命。

5. 满足各种管线的设置

建筑物中各种设备的水平管线通常是借助楼板层来敷设的,为了保证室内平面布置的灵活性和使用空间的完整性,在有管道、线路要求的楼板层中,必须结合各种管线的敷设走向进行合理设计。

此外,还应考虑经济、美观和建筑工业化等方面的要求。

4.1.2 楼地层的构造组成

1. 楼板层的构造组成

楼板层主要由面层、结构层和顶棚三个部分组成,为了满足不同使用要求,必要时还应设置附加层,如图4-1所示。

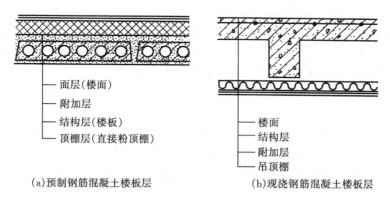

(a)预制钢筋混凝土楼板层　　(b)现浇钢筋混凝土楼板层

图4-1　楼板层的构造组成

(1)面层又称楼面或地面,位于楼板层的最上层,是楼板层中与人和家具设备直接接触的部分,起着保护楼板结构层、承受并传递荷载以及绝缘的作用,同时对室内起美化装饰作用。

(2)结构层又称楼板,位于面层和顶棚层之间,是楼板层的承重部分,包括板和梁。主要功能是承受楼板层上的全部荷载并将这些荷载传给墙或柱;同时还对墙身起水平支撑作用,以加强建筑物的整体刚度。

（3）顶棚又称天花板或天棚,位于楼板层最下层,是楼板层下表面的构造层,也是室内空间上部的装修层。顶棚的主要作用是保护楼板、安装灯具、遮挡各种水平管线,改善使用功能、装饰美化室内空间。

（4）附加层又称功能层,通常设在面层和结构层之间,或结构层和顶棚之间。根据楼板层的具体要求而设置,主要作用是隔声、隔热、保温、防水、防潮、防腐蚀、防静电等。根据需要,有时和面层合二为一,有时又和吊顶合为一体。

2. 地坪层的构造组成

地坪层通常由面层、垫层和基层三部分组成,对于特殊要求的地坪,常在面层和垫层之间增设附加层,如防潮层、防水层、管线敷设层、保温隔热层等,如图 4-2 所示。

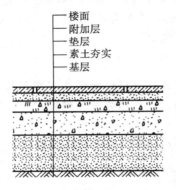

图 4-2 地坪层的构造组成

（1）面层。面层又称地面,是人们日常生活直接接触的表面,与楼板层的面层在构造和要求上一致,均属于室内装修范畴,可根据室内的使用、耐久性和装饰要求,确定面层的材料和做法。

（2）垫层。垫层是地坪层的承重层,也称结构层,位于面层之下用来承受并传递地面荷载,通常采用 C10 或 C15 的混凝土做垫层,厚度一般为 60～100 mm 厚。垫层有刚性垫层和非刚性垫层之分,混凝土垫层属于刚性垫层,受力后不产生塑性变形,多用于对房屋的整体性、防潮、防水要求较高的面层。有时也可以采用非刚性垫层,做法常采用 80～100 mm 厚碎石加水泥砂浆,或 50～70 mm 厚的石灰炉渣,或 70～120 mm 厚三合土等,非刚性垫层受力后会产生塑性变形,常用于块材面层下面。

（3）基层。基层位于垫层之下,用于承受垫层传下来的荷载。通常是将土层夯实来做基层（素土夯实）。当建筑物标准较高或地面荷载较大及室内有特殊要求时,应在素土夯实的基础上,再铺设灰土、三合土、碎砖石、矿渣等材料,以加强地基,但厚度不宜小于 60 mm。

4.2 钢筋混凝土楼板

钢筋混凝土楼板按其施工方法不同,可分为现浇整体式钢筋混凝土楼板、预制装配式钢筋混凝土楼板和装配整体式钢筋混凝土楼板三种类型。

4.2.1 现浇整体式钢筋混凝土楼板

现浇混凝土楼板是在施工现场通过支设模板、绑扎钢筋、浇注混凝土、养护等工序而成型的楼板结构。其优点是整体性好、刚度大、有利于抗震、梁板布置灵活等优点,特别适用于有抗震设防要求的多层房屋和对整体性要求较高的其他建筑,对有管道穿过的房间、平面形状不规整的房间、尺度不符合模数要求的房间和防水要求较高的房间,都适合采用现浇钢筋混凝土楼板。但缺点是模板耗材大、施工进度慢、工期长、湿作业量大、施工受季节限制等。

现浇整体式钢筋混凝土楼板按受力和支撑情况,分为板式楼板、梁板式楼板、无梁楼板和压型钢板组合楼板。

1. 板式楼板

将楼板现浇成一块平板,并直接支撑在墙上,这种楼板称为板式楼板。板式楼板底面平整,便于支模施工,是最简单的一种形式,适用于平面尺寸较小的房间(如住宅中的厨房、卫生间等)以及公共建筑的走廊。

楼板根据其受弯情况可分为单向板和双向板。当板单向支承时,它仅仅在一个方向受弯,当板四边支承,长边尺寸与短边尺寸的比值大于 2 时($l_2/l_1 > 2$),板上的荷载基本沿短边方向传递,称为单向板,板中受力筋沿短边方向布置,此时楼板只有两边支承。当板边支承长跨与短跨之比不大于 2 时($l_2/l_1 \leqslant 2$),板上荷载沿双向传递,称为双向板,沿两个垂直方向配置受力钢筋,如图 4-3 所示板四边支承。

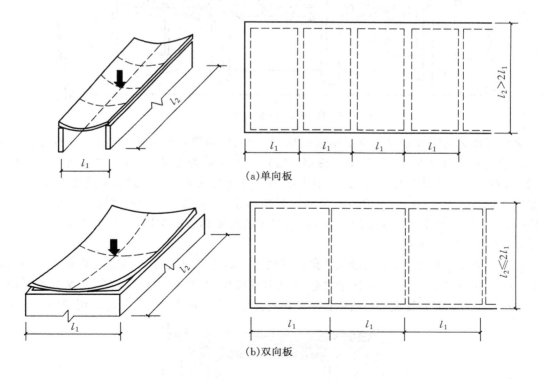

(a)单向板

(b)双向板

图 4-3 板式楼板

2. 梁板式楼板

当房间的开间、进深较大时,若采用板式楼板,板的厚度和板内配筋均会增大,这样既不经济且楼板自重会加大。因此,常采取措施控制板的跨度,常在楼板下设梁以增加板的支点,从而减小板跨。此时,楼板上的荷载先由板传给梁,再由梁传给柱或墙,这种由板和梁组成的楼板称为梁板式楼板,如图4-4所示。梁板式楼板主要适用于平面尺寸比较大的房间或门厅。

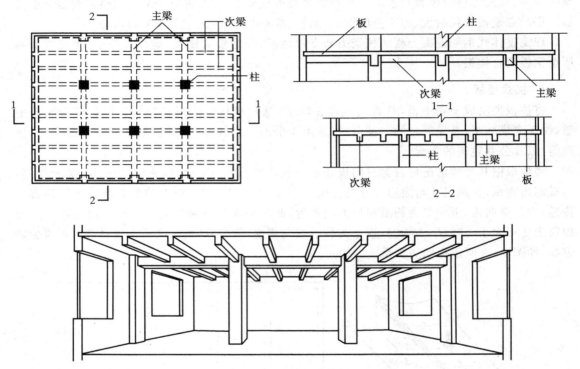

图 4-4　梁板式楼板

梁板式楼板的梁板布置主要由房间的使用要求、平面形状及尺寸、窗洞口位置等因素决定。通常在纵横两个方向都设置梁。沿房间短跨布置的梁为主梁,垂直主梁方向布置的梁为次梁。梁的布置应考虑经济合理性,一般主梁的经济跨度为5~8 m,梁高为跨度的1/12~1/8,梁宽为梁高的1/3~1/2;主梁的间距即次梁的跨度,一般为4~6 m,次梁的高度为跨度的1/18~1/12,次梁的宽度为高度的1/3~1/2;次梁的间距即板的跨度,一般为1.7~2.5 m,板的厚度一般为60~180 mm。

对于平面尺寸较大且平面形状为方形或近似于方形的房间或门厅,常将梁板式楼板中的两个方向的梁等距、等高布置,无主次梁之分,称为井式楼板,如图4-5所示,它是梁板式楼板的一种特殊布置形式。井式楼板可与墙体正交放置或斜交放置。由于井式楼板可以用于较大的无柱

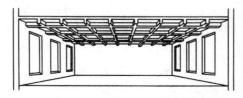

图 4-5　井式楼板

空间,而且楼板底部的井格整齐划一,很有韵律,稍加处理就可形成艺术效果很好的顶棚。

3. 无梁楼板

不设梁,将等厚的钢筋混凝土楼板直接支承于柱上,这种楼板称为无梁楼板,如图4-6所示。无梁楼板分为有柱帽和无柱帽两种:当楼面荷载比较小时,可采用无柱帽无梁楼板;当楼面荷载较大时,应采用有柱帽无梁楼板,以增加板在柱上的支承面积。无梁楼板的柱网一般布置成方形或矩形,以方形柱网较为经济,其经济跨度一般不超过6 m,板厚通常不小于120 mm。

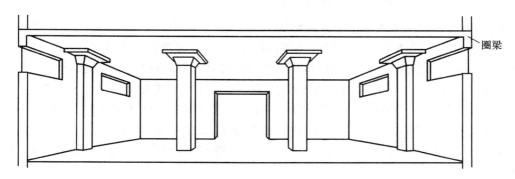

图4-6 无梁楼板

无梁楼板具有室内空间净空大、顶棚平整、施工简便等优点,适用于商店、仓库及书库等荷载较大的建筑中。

4. 压型钢板组合楼板

压型钢板组合楼板是利用截面为凹凸相间的压型钢板做衬板与现浇混凝土面层浇筑在一起支承在钢梁上成为整体性很强的一种楼板,如图4-7所示。

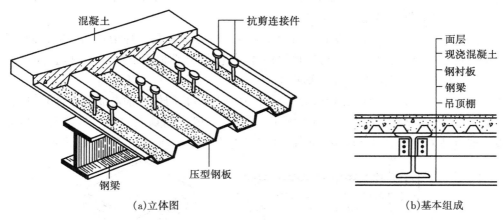

(a)立体图　　　　　　　　　　　　　　　(b)基本组成

图4-7 压型钢板组合楼板

压型钢板组合楼板由压型钢板、现浇混凝土和钢梁三部分组成。其中压型钢板用来承受楼板下部的拉应力,同时也是浇注混凝土的永久性模板,此外,还可以利用压型钢板的空隙敷设管线。这种楼板充分利用了材料性能,简化了施工程序,加快了施工进度,且楼板的整体性、耐久性、强度和刚度都很好,适用于大空间建筑和高层建筑。然而由于压型钢板用钢量大,造价较高,耐火性和耐腐蚀性不如钢筋混凝土楼板,因此目前国内采用较少,但压型钢板是一种很有发展前途的新型楼板,将来会得到广泛应用。

4.2.2 预制装配式钢筋混凝土楼板

预制装配式钢筋混凝土楼板指在构件预制加工厂或施工现场预先制作,然后运到工地进行安装的钢筋混凝土楼板。这可以节省模板、改善劳动条件、提高生产效率、加快施工速度并有利于推广建筑工业化,但其整体性较差,抗震性能不好,在有较高抗震设防要求的地区应慎用。这种楼板适用于非地震区、平面形状较规整的房间中。

1. 预制装配式钢筋混凝土楼板的类型

按施工方式和受力特点的不同,预制钢筋混凝土楼板有预应力和非预应力两种。其中预应力楼板刚度好、自重轻、节约材料、造价经济,和非预应力楼板相比可节约钢材 30%～50%,节约混凝土 30%,常用于板跨较大的房间中,在建筑施工中宜优先采用预应力构件。

预制钢筋混凝土楼板按其截面形式的不同可以分为实心平板、槽形板、空心板三种。

(1)实心平板。实心平板上下表面平整,制作简单,板的两端支承在墙或梁上,规格较小,跨度一般在 2.4 m 以内,板厚一般为 60 mm。由于其跨度小,常用于过道、小房间、卫生间和厨房等。

(2)槽形板。槽形板是一种肋板结合的预制构件,即在实心板的两侧设有边肋,作用在板上的荷载都由边肋来承担,故槽形板的板厚较薄,一般为 25～30 mm,肋高通常为 120～300 mm,板宽为 600～1200 mm,板跨长通常为 3～7.2m。槽形板减轻了板的自重,具有省材料、便于在板上开洞等优点,但隔声效果差。

槽形板有正置(肋向下)和倒置(肋向上)两种设置方式。正置板受力合理,但板底不平整、板面较薄、隔声性能较差,适用于观瞻要求不高的房间,或在其下设置吊顶棚解决美观和隔声等问题;倒置板可使板底平整,但板的受力不甚合理,且需另作面板,当房间对隔声、隔热要求较高时,可在槽内填充保温或隔声材料。

(3)空心板。空心板是将平板沿纵向抽孔而成。空心板也是一种梁板结合的预制构件,其结构计算理论与槽形板相似,两者的材料消耗也相近,但空心板上下板面平整,且隔声效果优于槽形板,因此是目前广泛采用的一种形式。

空心板的抽孔形式有矩形、圆形、椭圆形等,由于圆形孔制作时抽芯脱模方便且刚度好,目前应用最广泛。空心板也用预应力和非预应力两种,一般多用预应力板。目前我国预应力空心板的跨度可达到 6 m、6.6 m、7.2 m 等,板的厚度为 120～300 mm,如图 4-8 所示。

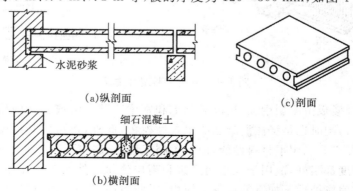

(a)纵剖面

水泥砂浆

(c)剖面

细石混凝土

(b)横剖面

图 4-8 空心板

空心板上不能随意开洞,故不宜用于管道穿越较多的房间。

2. 预制装配式钢筋混凝土楼板的布置和细部构造

(1)板的结构布置。进行板的结构布置时,首先根据房间的使用要求和平面尺寸确定板的支承方式,然后根据楼板的规格进行合理的布置。板的结构布置的原则:

①一般要求板的类型、规格越少越好,以简化板的制作与安装;

②优先选用宽板;

③按照进深的净尺寸计算板的块数,不够整块的尺寸可通过调整板缝、于墙边挑砖或补现浇带等方法解决;

④遇管道穿过楼板处可局部采用现浇混凝土解决;

⑤避免将板的纵长边搁在梁或墙体内,即避免出现三边支承的情况,因预制板是按单向受力状态考虑的,三边支承的板为双向受力状态,在荷载作用下易沿板边竖向开裂。

(2)板的搁置。板的支承方式有两种:一种是板直接搁置在墙上,形成板式结构;另一种是板搁置在梁上,梁支承于墙或柱上,形成梁式结构。

①板在墙上的搁置。板在墙上必须具有足够的搁置长度,外墙不应小于 120 mm,内墙不应小于 100 mm。铺板前,先在墙或梁上用 10～20 mm 厚 M5 水泥砂浆找平(即座浆),然后再铺板,使板与墙或梁有较好的联结,同时也使墙体受力均匀。若采用空心板,安装前,应在板端的圆孔内填塞 C15 混凝土或碎砖(即堵头)。其原因如下:一是避免板端被上部墙体压坏;二是避免端缝灌注时材料流入孔内降低隔声、隔热性能。

为了增加建筑物的整体刚度,可用钢筋将板与墙或板与板之间进行拉结。拉结钢筋的配置视建筑物对整体性的要求及抗震要求而定。

板式结构预制板的布置一般以房间的短边作为板跨度来进行,对于走廊等狭长空间,最好沿走廊横向布置板,这样板跨度尺寸小,且板底平整。板式结构布置适用于横墙较密的住宅、宿舍、办公楼等建筑。

②板在梁上的搁置。当建筑物的进深和开间尺寸都比较大时,采用梁板式布置形式。板搁置在梁上的构造要求和做法与搁置在墙上基本相同,只是板支承于梁上时搁置长度应不小于 80 mm。

板在梁上的搁置方式一般有两种,一种是板直接搁置在梁顶上;另一种是板搁置在花篮梁或十字梁上,如图 4-9 所示。

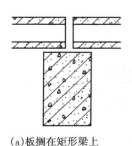
(a)板搁在矩形梁上

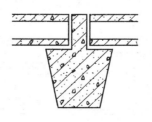
(b)板搁在花篮梁上

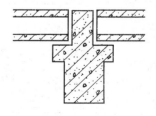
(c)板搁在十字形梁上

图 4-9　板在梁上的搁置方式

梁板式布置形式多用于教学楼等开间和进深尺寸都较大的建筑中。

（3）板缝处理。为了增强楼板的整体性，需要对板缝进行处理，各地区由于抗震设防要求不同，对板缝的处理方法也不相同，一般是用细石混凝土灌缝。预制板板缝起着连接相邻两块板协同工作的作用，使楼板成为一个整体。板间接缝分侧缝和端缝两类。

①侧缝：预制板的侧缝有 V 形缝、U 型缝缝、凹槽缝三种，如图 4 - 10 所示。凹槽缝对板的受力最为有利。板的侧缝一般以细石混凝土灌实，要求较高时可以在板缝中加配钢筋。

a. 当剩余板缝隙小于 60 mm 时，可适当加大各板缝的宽度（将板缝控制在 30 mm 以内），并灌 C20 细石混凝土灌实来解决；

b. 当板缝差在 60～120 mm 之间时，可沿墙边挑两皮砖来解决；

c. 当缝隙在 120～200 mm 之间时，可设现浇钢筋混凝土板带，且将板带设在墙边或有穿管的部位；

d. 当缝隙大于 200 mm 时，需重新调整板的规格。

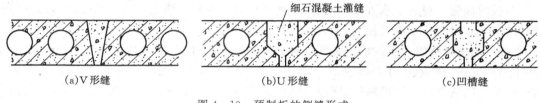

| (a)V 形缝 | (b)U 形缝 | (c)凹槽缝 |

图 4 - 10　预制板的侧缝形式

②端缝：一般只需将板缝内填实细石混凝土，使之相互连接，对于整体性、抗震性要求较高的房间，可将板端外露的钢筋交错搭接在一起，然后浇注细石混凝土灌缝。

4.2.3　装配整体式钢筋混凝土楼板

装配整体式钢筋混凝土楼板，是将楼板中的部分构件预制，然后在现场安装，再通过现场浇筑的办法连接成整体。它综合了预制装配式楼板和现浇整体式楼板的双重优点，整体性好，又可节省模板，施工速度也比较快。

1. 装配整体式密肋楼板

装配整体式密肋楼板由填充快的密肋小梁及面板叠合而成，是在现浇（或预制）密肋小梁间安放预制空心砌块并现浇面板而制成的楼板结构。填充块与肋和面板相接触的部位带有凹槽，用来与现浇的肋和板咬接，使楼板的整体性更好，如图 4 - 11 所示。

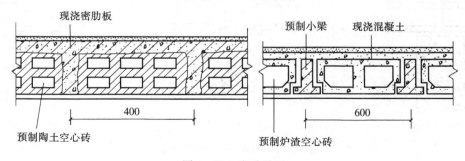

图 4 - 11　密肋楼板

密肋楼板底面平整,隔声、保温、隔热效果好,可充分利用材料的性能,整体性强且模板利用率高,且有利于敷设管道。这种楼板能适应不同跨度和不规整的楼板,但不适用于有震动的建筑。

2. 预制薄板叠合楼板

预制薄板叠合楼板是由预制钢筋混凝土薄板与现浇混凝土面层叠合而成的装配整体式楼板。预制混凝土薄板为现浇混凝土叠合层的永久模板,承受施工荷载,又是楼板结构的组成部分;板面现浇混凝土叠合层一般采用C20混凝土,厚度70～120 mm。

预制薄板叠合楼板的经济跨度一般为4～6 m,最大可达9 m,通常以5.4m以内较为经济。预应力薄板厚50～70 mm,板宽1.1～1.8 m。为了保证预制薄板与叠合层有较好的连接,薄板上表面需做处理,常见的有两种:一是在上表面作刻槽处理,刻槽直径50 mm,深20 mm,间距150 mm;另一种是在薄板表面露出较规则的三角形的结合钢筋,如图4-12所示。

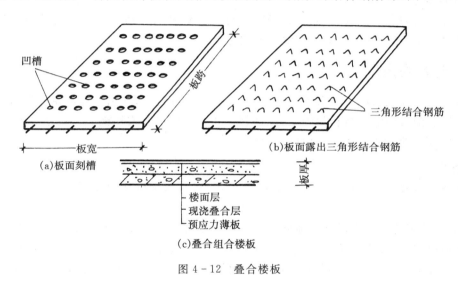

图4-12 叠合楼板

预制薄板叠合楼板的整体性好,刚度大,可节省模板,而且板的上下表面平整,有利于饰面层装修,适用于对整体刚度要求较高的高层建筑和开间大的建筑。

4.3 楼地面构造

楼面(楼板层的面层)和地面(地坪层的面层)一样,都是直接承受上部荷载,并将荷载均匀地传递给下面的结构层或垫层,两者构造要求和做法基本相同,均属于室内装修范畴,统称为地面。

4.3.1 地面设计要求

建筑地面是人们日常工作、生活和生产时必须接触的部位,也是建筑中直接承受荷载,经常受到摩擦、清扫和冲洗的部分,其构造设计应满足下列要求:

1. 具有足够的坚固性

在家具、设备等作用下不易被磨损和破坏,且表面平整、光洁、易清洁和不起灰。

2. 保温性能好

要求地面材料的导热系数小,给人以温暖舒适的感觉,冬季时走在上面不致感到寒冷。

3. 具有一定的弹性

当人们行走时不致有过硬的感觉,同时有弹性的地面对防撞击声有利。

4. 具有一定的装饰性

地面是建筑内部空间的重要组成部分,对室内装饰起着重要作用,应使人在室内活动时感到舒适、协调。

5. 其他要求

对经常有水的房间,地面应防水、防潮;对有火灾隐患的房间,应防火、耐燃烧;有酸、碱等腐蚀性介质作用的房间,则要求具有耐腐蚀的能力等。

4.3.2 地面的构造

地面的材料和施工做法应根据房间的使用要求和装修要求并结合经济条件加以选用。地面的名称是依据面层所用材料和施工方法而命名的,按材料形式和施工方式分为四大类:整体地面、板块地面、卷材地面和涂料地面。

1. 整体地面

用现浇法做成整片的地面称为整体地面。常用的有水泥砂浆地面、水泥石屑地面、水磨石地面等。

(1)水泥砂浆地面。水泥砂浆地面是用水泥砂浆抹压而成的整体式地面。做法通常有单层和双层两种:单层做法只抹一层 20～25 mm 厚 1：2 或 1：2.5 水泥砂浆;双层做法是增加一层 10～20 mm 厚 1：3 水泥砂浆找平,表面再抹 5～10 mm 厚 1：2 水泥砂浆抹平压光。

水泥砂浆地面构造简单、坚固、能防潮防水而造价又较低,但蓄热系数大,冬天感觉冷,而且表面起灰,不易清洁,装饰效果差,一般用于标准较低的建筑物中。

(2)水泥石屑地面。水泥石屑地面是将水泥砂浆里的中粗砂换成 3～6 mm 的石屑,或称豆石地面或瓜米石地面。水泥石屑地面构造有一层和两层做法之别,一层做法是在垫层或结构层上直接做 25 mm 厚 1：2 水泥石屑,水灰比不大于 0.4,刮平拍实,碾压多遍,出浆后抹光;两层做法是增加一层 15～20 mm 厚 1：3 水泥砂浆找平层,面层铺 15 mm 厚 1：2 水泥石屑,提浆抹光即可。这种地面性能接近于水磨石,表面光洁,不起尘,易清洁,造价只是水磨石地面的 50% ,但强度高。

(3)水磨石地面。水磨石地面是用水泥作胶结材料,大理石或白云石等中等硬度石料的石屑作骨料做成水泥石屑浆,浇抹硬结后,经磨光打蜡而成。

水磨石地面做法:先用 18 mm 厚的 1：3 水泥砂浆找平,再用 12 mm 厚 1：1.5～1：2 水泥石碴(石碴粒径为 8～10 mm)抹面,待水泥凝结到一定硬度后,用磨光机打磨,再由草酸清洗,打蜡保护。水磨石地面常用铜条或玻璃条分缝,分格条一般高 10 mm,用 1：1 水泥砂浆固定,如图 4-13 所示,水磨石地面分格的作用是将地面划分成面积较小的区格,防止因温度变化而导致面层变形开裂,减少开裂的可能,分格条形成的图案增加了地面的美观,同时也方便了维修。

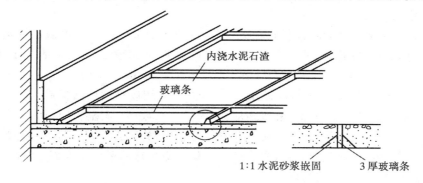

内浇水泥石渣

玻璃条

1:1水泥砂浆嵌固   3厚玻璃条

图4-13 水磨石地面构造

水磨石地面具有良好的耐磨性、耐久性和防水防火性能,并具有质地美观、表面光洁、不起尘、易清洁等优点。常用于人流量较大的交通空间和房间,如公共建筑的门厅、走廊、楼梯以及营业厅、候车厅等,对于装修要求较高的建筑,可用彩色水泥或白水泥加入各种染料代替普通水泥,与彩色大理石石屑做成各种色彩和图案的地面,比普通的水磨石地面有更好的装饰性,但造价较高。

2. 板块地面

板块地面是指利用板材或块材铺贴而成的地面,按地面材料不同有陶瓷板块地面、石板地面、塑料板块地面和木地面等。

(1)陶瓷板块地面。用作陶瓷板块地面的陶瓷板块有陶瓷锦砖、缸砖、陶瓷彩釉砖等各种陶瓷地砖。

陶瓷锦砖(马赛克)是以优质瓷土烧制而成的小块瓷砖。陶瓷锦砖地面的常见做法是先在混凝土垫层或钢筋混凝土楼板上用15~20 mm厚1:3的水泥砂浆找平,再将拼贴在牛皮纸上的陶瓷锦砖用5~8 mm厚1:1的水泥砂浆粘贴,在表面的牛皮纸清洗后,用白水泥浆擦缝。陶瓷锦砖地面质地坚硬、色彩丰富、面层薄、自重轻、不易踩碎、耐磨、防水、耐腐蚀、易清洁,适用于防滑要求较高的卫生间、浴室等房间的地面。

缸砖是陶土加矿物颜料烧制而成的一种无釉砖块,主要有红棕色和深米黄色两种。缸砖地面构造做法:15~20 mm厚1:3水泥砂浆找平,5~10 mm厚1:1水泥砂浆粘贴缸砖,用素水泥浆擦缝。缸砖质地细密坚硬,强度较高,耐磨、耐水、耐油、耐酸碱,易于清洁不起灰,施工简单,因此广泛应用于卫生间、盥洗室、浴室、厨房、实验室及有腐蚀性液体的房间地面。

陶瓷彩釉砖和陶瓷无釉砖是较理想的新型地面装修材料,规格一般较大。构造做法与缸砖相同,各项性能都优于缸砖,且色彩图案丰富,装饰效果好,造价也较高,多用于装修标准较高的建筑物地面,如门厅、餐厅、营业厅等。

(2)石板地面。石板地面包括天然石地面和人造石地面。

常用的天然石板指大理石和花岗石板,由于它们质地坚硬,色泽丰富艳丽,属高档地面装饰材料,一般多用于高级宾馆、会堂,公共建筑的大厅、门厅等处。石板地面的做法是在基层上刷素水泥浆一道后,用30 mm厚1:3干硬性水泥砂浆找平,再用5~10 mm厚1:1水泥砂浆粘贴石板,最后用干水泥浆擦缝。

人造石板有预制水磨石板、人造大理石板等,其规格尺寸及地面构造做法与天然大理石基本相同,而价格低于天然石板。

(3)塑料板块地面。塑料地面材料种类很多,目前应用最广泛的是聚氯乙烯塑料地面,可加工成块材,也可加工成卷材,其材质有软质和半硬质两种,我国应用较多的是半硬质聚氯乙烯块材,规格尺寸一般为 100 mm×100 mm~500 mm×500 mm,厚度为 1.5~2 mm。构造做法是先用 15~20 mm 厚 1∶2 的水泥砂浆找平,干燥后再用胶粘剂粘贴塑料板。

塑料板块地面具有一定的弹性和吸声能力,因导热系数小,脚感舒适温暖,它色彩丰富,可获得较好的装饰效果,而且耐磨性、耐湿性和耐燃性较好,施工方便,易于保持清洁。缺点是耐高温性和耐刻划性较差,易老化,日久失光变色。塑料板块地面适用于人们长时间逗留且要求安静的房间或清洁要求较高的房间。

(4)木地面。木地面是指表面有木板铺钉或胶合而成的地面。木地面按其构造方式有空铺式、实铺式和粘贴式三种。

①空铺式木地面是将支承木地板的搁栅架空搁置。木搁栅可搁置于墙上,当房间尺寸较大时,也可搁置于地垄墙或砖墩上。空铺木地板要组织好架空层的通风,这样可以防止木板受潮变形或腐烂,通常在外墙勒脚处开设通风洞,有地垄墙时,地垄墙上也应留洞,使地板下的潮气通过空气对流排至室外。

空铺式木地面构造复杂,耗费木材较多,因而采用较少,常用于底层地面,主要用于舞台、运动场等有弹性要求的地面,如图 4-14 所示。

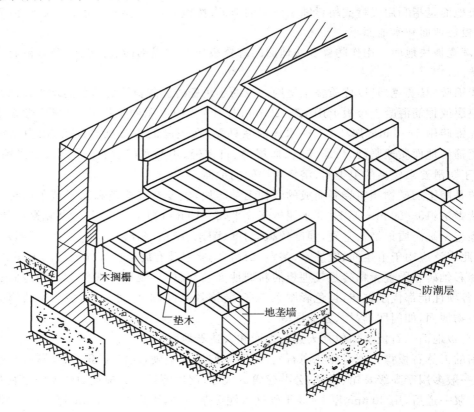

图 4-14 空铺式木地板

②实铺木地面是将木搁栅搁置在混凝土垫层或钢筋混凝土楼板上的水泥砂浆或细石混凝土找平层上,在木搁栅上铺钉木地板。木搁栅可用预埋镀锌铁丝固定在结构层上。底层地面为了防潮、防腐,可在结构层上刷冷底子油和热沥青,搁栅及地板背面满涂防腐油或煤焦油。另外,还应在踢脚板处设置通风口,使地板下的空气疏通,以保持干燥。木搁栅为 50 mm×60 mm方木,中距 400 mm,40 mm×50 mm 横撑,中距 1000 mm 与木搁栅钉牢。

实铺木地面可用单层木板铺钉,也可用双层木板铺钉,如图 4-15(a)、(b)所示。

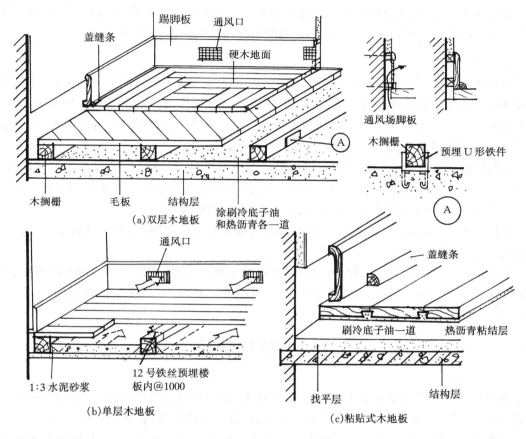

图 4-15 实铺木地面构造

③粘贴木地面是将木地板用胶结材料直接粘贴在找平层上。粘贴木地面的做法:先在钢筋混凝土基层上采用沥青砂浆找平,然后刷冷底子油一道,热沥青一道,用 2 mm 厚沥青胶环氧树脂乳胶等随涂随铺贴 20 mm 厚硬木长条地板。

粘贴木地面省去了木搁栅,构造简单如图 4-15(c)所示,节约木材,造价较低,但应注意保证基层平整和粘贴质量。

3. 卷材地面

卷材地面是用成卷的卷材铺贴而成。常见的地面卷材有软质聚氯乙烯塑料地毡、油地毡、橡胶地毡和地毯等。

软质聚氯乙烯塑料地毡可用胶粘剂粘贴在水泥砂浆找平层上,也可干铺。软质聚氯乙烯塑料地毡的拼接方法是将板缝先切割成 V 形,然后用三角形塑料焊条,电热焊枪焊接,并均匀加压。

油地毡一般可不用胶粘剂,直接干铺在找平层上即可。

橡胶地毡可以干铺,也可用胶粘剂粘贴在水泥砂浆找平层上。

地毯类型较多,有化纤地毯、羊毛地毯和棉织地毯等。地毯可以满铺也可以局部铺设,其铺设方法有固定和不固定两种:不固定式是将地毯直接摊铺在地面上;固定式通常是将地毯用胶粘剂粘贴在地面上,或用倒刺板将地毯四周固定。地毯具有良好的弹性以及吸声、隔声和保温性能,脚感舒适,美观大方,施工简便,是理想的地面装饰材料,但价格较高。

4. 涂料地面

涂料地面是利用涂料涂刷或涂刮而成。它是水泥砂浆地面的一种表面处理形式,用以改善水泥砂浆地面在使用和装饰方面的不足。涂料地面的常见做法是先用 $10\sim20$ mm 厚 $1:3$ 的水泥砂浆找平后,再在其面上涂刷或涂刮涂料。地面涂料的类型较多,有溶剂型、水溶型和水乳型等。溶剂型和水乳型涂料具有较好的防水性能。

涂料地面施工方便,造价较低,可以提高地面的耐磨性,耐腐蚀性及耐水防潮性,整体性好,易清洁,不起灰,弥补了水泥砂浆和混凝土地面的缺陷,易于推广。但部分涂料施工时会散发有害气体,污染环境,而且涂层较薄,人流量大时,磨损较快。

为保护墙面,防止外界碰撞损坏墙面,或擦洗地面时弄脏墙面,通常在墙面靠近地面处设踢脚线(又称踢脚板)。

踢脚线的材料一般与地面相同,故可看作是地面的一部分,即地面在墙面上的延伸部分。踢脚线通常凸出墙面,也可与墙面平齐或凹进墙面,其高度一般为 $100\sim150$ mm。

4.4　顶棚构造

顶棚是指建筑物屋顶和楼层的下表面,又称天花板或天棚,是建筑物主要装修部位之一。顶棚起着保护楼板、安装灯具、遮挡各种水平管线,改善使用功能、装饰美化室内空间的作用。

顶棚要求光洁、美观,能通过反射光照来改善室内采光及卫生状况,对某些特殊要求的房间,还要求顶棚具有隔声、防水、保温和隔热等功能。

按照饰面和基层的关系,顶棚可分为直接式顶棚和悬吊式顶棚两大类。

4.4.1　直接式顶棚

直接式顶棚是直接在钢筋混凝土屋面板或楼板下表面直接喷浆、抹灰或粘贴装修材料的一种构造方法。直接式顶棚构造简单,施工方便,造价较低,但没有供隐蔽管线和设备的内部空间,常用于装饰要求不高的一般建筑。直接式顶棚包括直接喷刷涂料顶棚和直接抹灰顶棚及直接贴面顶棚三种。

1. 直接喷刷顶棚

直接喷刷顶棚是在楼板底面填缝刮平后直接喷、刷大白浆或 106 涂料,以增加顶棚的反射光照作用,通常用于观瞻要求不高的房间。

2. 直接抹灰顶棚

在楼板底面勾缝或刷素水泥浆后进行抹灰装修,抹灰表面可喷刷涂料,适用于一般装修标准的房间。

抹灰顶棚一般有麻刀石灰浆(或纸筋灰)顶棚、水泥砂浆顶棚和混合砂浆顶棚等,其中麻刀石灰浆顶棚应用最普遍,做法是先用混合砂浆打底,再用麻刀石灰浆罩面。

3. 直接贴面顶棚

直接贴面顶棚是在楼板底面用砂浆打底找平后,用胶粘剂粘贴墙纸、泡沫塑胶板或装饰吸声板等。一般用于楼板底部平整、不需要顶棚敷设管线而装修要求又比较高的房间,或对吸声、保温隔热有要求的房间。

此外,有的将屋盖结构暴露出来,不另外做顶棚,称为结构顶棚。如网架结构建筑。

4.4.2 悬吊式顶棚

由于顶棚是采用悬吊方式支承于屋顶结构层或楼板层的梁板之下,所以悬吊式顶棚也被称之为吊顶。吊顶构造复杂、施工麻烦、造价较高,一般用于装修标准较高而楼板底部不平整或在楼板下面敷设管线的房间,以及有特殊要求的房间。

1. 悬吊式顶棚的构造组成

吊顶由吊筋、龙骨和面板三部分组成。

(1)吊筋。吊筋也称吊杆,是连接龙骨和承重结构的承重传力构件。同时,还可以调整、确定悬吊式顶棚的空间高度。吊杆有金属吊杆和木吊杆两种,一般多用钢筋或型钢制作的金属吊杆。

(2)龙骨。龙骨分为主龙骨与次龙骨。由主龙骨、次龙骨形成的网格架体承受面层的重量并通过吊筋传递到楼板或屋面板上,主龙骨通过吊筋固定在楼板结构上,次龙骨用同样的方法固定在主龙骨上,次龙骨主要用于固定面板。

龙骨可用木材、轻钢、铝合金等材料制作,其断面大小视其材料品种、是否上人和面层构造做法等因素而定。主龙骨断面比次龙骨大,间距约为 2 m。悬吊主龙骨的吊筋为 $\phi 8 \sim \phi 10$ 钢筋,间距不超过 2 m。次龙骨间距视面层材料而定,间距一般不超过 600 mm。

(3)面板。顶棚面层主要作用是装饰室内空间,并且还兼有吸声、反射和隔热等特殊的功能。面层分为抹灰面层和板材面层两大类。抹灰面层为湿作业施工,费工费时;板材面层,既可加快施工速度,又容易保证施工质量,板材吊顶有木质板材、矿物板材、金属板材、塑料板材和玻璃板材等。

2. 木质板材吊顶构造

吊顶龙骨一般用木材制作,龙骨布置成格子状,分格大小应与板材规格相协调,如图 4-16 所示。为了防止植物板材因吸湿而产生凹凸变形,面板宜锯成小块板铺钉在次龙骨上,板块接头必须留 3~6 mm 的间隙作为预防板面翘曲的措施。板缝缝形根据设计要求可做成密缝、斜槽缝、立缝等形式,如图 4-16 所示。

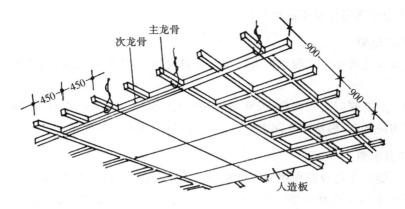

图 4 - 16　木质板材吊顶构造

3. 矿物板材吊顶构造

矿物板材吊顶常用石膏板、石棉水泥板、矿棉板等板材作面层,轻钢或铝合金型材作龙骨。这类吊顶的优点是自重轻、施工安装快、无湿作业、耐火性能优于植物板材吊顶和抹灰吊顶,故在公共建筑或高级工程中应用较广。

轻钢和铝合金龙骨的布置方式有两种:

(1)龙骨外露的布置方式。这种布置方式如图 4 - 17 所示。主龙骨采用槽形断面的轻钢型材,次龙骨为 T 形断面的铝合金型材。次龙骨双向布置,板材置于次龙骨翼缘上,次龙骨露在顶棚表面形成方格,方格大小在 $500\ mm^2$ 左右。悬吊主龙骨的吊挂件为槽形断面。次龙骨与主龙骨的连接采用 U 形连接吊钩。

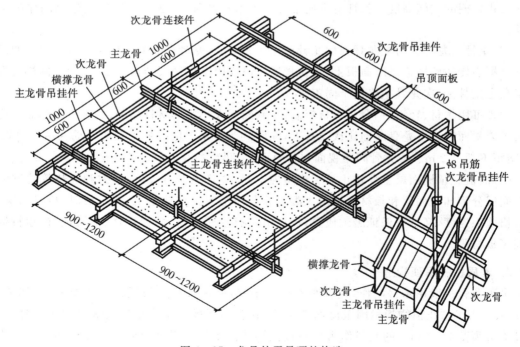

图 4 - 17　龙骨外露吊顶的构造

（2）不露龙骨的布置方式。这种布置方式的主龙骨仍采用槽形断面的轻钢型材,但次龙骨采用 U 形断面轻钢型材,用专门的吊挂件将次龙骨固定在主龙骨上,面板用自攻螺钉固定于次龙骨上,如图 4－18 所示。

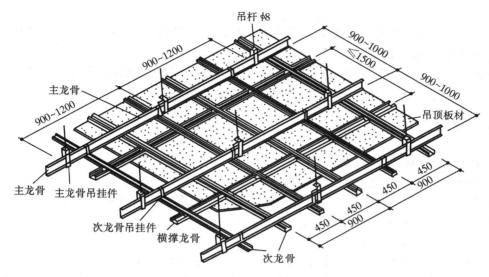

图 4－18　不露龙骨吊顶的构造

4. 金属板材吊顶构造

金属板材吊顶最常用的是以铝合金条板作面层,龙骨采用轻钢型材。

密铺铝合金条板吊顶,当吊顶无吸音要求时,条板采取密铺方式,不留间隙,如图4－19所示。

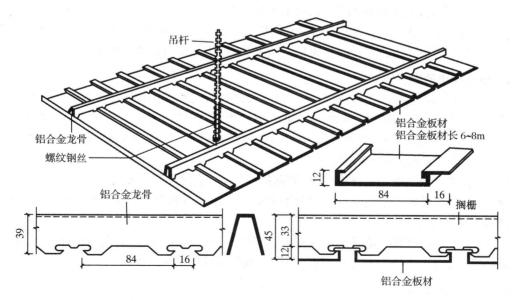

图 4－19　密铺铝合金条板吊顶

4.5 阳 台 与 雨 篷

阳台是连接室内的室外平台,给居住在建筑里的人们提供一个舒适的室外活动空间,是多层住宅、高层住宅和旅馆等建筑中不可缺少的一部分。

雨篷位于建筑物出入口的上方,用来遮挡雨雪,保护外门免受侵蚀,给人们提供一个从室外到室内的过渡空间,并起到保护门和丰富建筑立面的作用。

4.5.1 阳台

1. 阳台的类型和设计要求

(1)阳台的类型。阳台按其与外墙面的关系分为挑阳台、凹阳台、半挑半凹阳台;按其在建筑中所处的位置可分为中间阳台和转角阳台。阳台按使用功能不同又可分为生活阳台(靠近卧室或客厅)和服务阳台(靠近厨房)。

(2)阳台的构造设计应满足以下要求:

①安全适用。悬挑阳台的挑出长度不宜过大,应保证在荷载作用下不发生倾覆现象,以1.2～1.8 m为宜。低层、多层住宅阳台栏杆净高不低于1.05 m,中高层住宅阳台栏杆净高不低于1.1 m,但也不大于1.2 m。阳台栏杆形式应防坠落(垂直栏杆间净距不应大于110 mm),防攀爬(不设水平栏杆),以免造成恶果。放置花盆处,也应采取防坠落措施。

②坚固耐久。阳台所用材料和构造措施应经久耐用,承重结构宜采用钢筋混凝土,金属构件应做防锈处理,表面装修应注意色彩的耐久性和抗污染性。

③排水顺畅。为防止阳台上的雨水流入室内,设计时要求将阳台地面标高低于室内地面标高60 mm左右,并将地面抹出5‰的排水坡将水导入排水孔,使雨水能顺利排出。

还应考虑地区气候特点。南方地区宜采用有助于空气流通的空透式栏杆,而北方寒冷地区和中高层住宅应采用实体栏杆,并满足立面美观的要求,为建筑物的形象增添风采。

2. 阳台结构的布置方式

(1)挑梁式。从横墙内外伸挑梁,其上搁置预制楼板,这种结构布置简单、传力直接明确、阳台长度与房间开间一致。挑梁根部截面高度h为$(1/5—1/6)l$,l为悬挑净长,截面宽度为$(1/2—1/3)h$。为美观起见,可在挑梁端头设置面梁,既可以遮挡挑梁头,又可以承受阳台栏杆重量,还可以加强阳台的整体性。

(2)挑板式。当楼板为现浇楼板时,可选择挑板式,悬挑长度一般为1.2 m左右。即从楼板外延挑出平板,板底平整美观而且阳台平面形式可做成半圆形、弧形、梯形、斜三角等各种形状。挑板厚度不小于挑出长度的1/12。

(3)压梁式。阳台板与墙梁现浇在一起,墙梁的截面应比圈梁大,以保证阳台的稳定,而且阳台悬挑不宜过长,一般为1.2 m左右,并在墙梁两端设拖梁压入墙内。

3. 阳台细部构造

(1)阳台栏杆。栏杆的形式按阳台栏杆空透的情况不同有实心栏杆、空花栏杆和部分空透的组合式栏杆,如图4-20所示。按阳台栏杆使用的材料不同可分为砖砌栏杆、钢筋混凝土栏杆和金属栏杆,如图 4 - 21 所示。

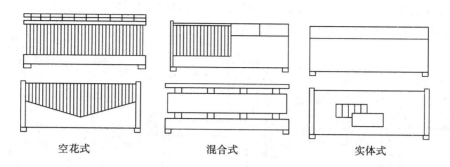

图 4 - 20　阳台栏杆形式

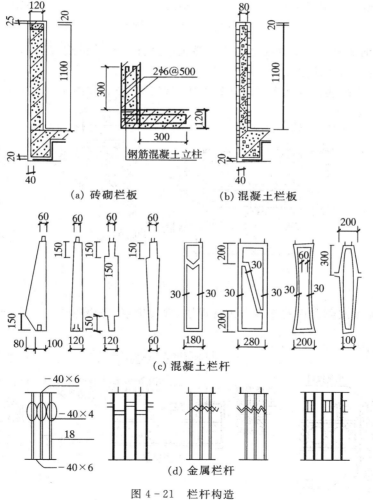

图 4 - 21　栏杆构造

(2)栏杆扶手。栏杆扶手有金属栏杆扶手和钢筋混凝土栏杆扶手两种。

金属栏杆扶手一般为钢管与金属栏杆焊接。钢筋混凝土栏杆扶手用途广泛,形式多样,有不带花台、带花台、带花池等,如图 4-22 所示。

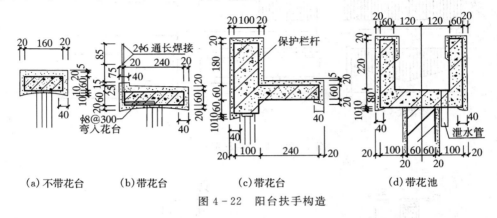

(a)不带花台　(b)带花台　(c)带花台　(d)带花池

图 4-22　阳台扶手构造

(3)阳台的细部构造。阳台细部构造主要包括栏杆与扶手的连接、栏杆与面梁(或称止水带)的连接、栏杆与墙体的连接等。

①栏杆与扶手的连接方式有预埋铁件焊接、现浇等方式,如图 4-23 所示。

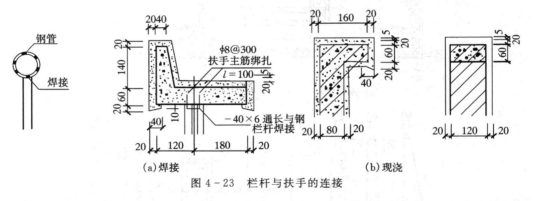

(a)焊接　　　　　　　　　　　(b)现浇

图 4-23　栏杆与扶手的连接

②栏杆与面梁或阳台板的连接方式有焊接、榫接坐浆、现浇等连接方式,如图 4-24 所示。

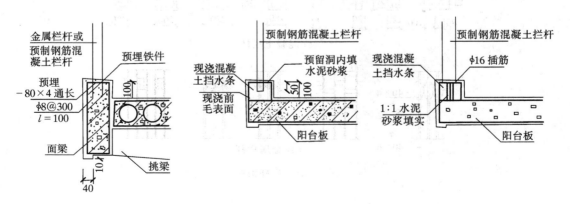

图 4-24　栏杆与面梁或阳台板的连接

③扶手与墙体的连接,应将扶手或扶手中的钢筋伸入外墙的预留洞中,用细石混凝土或水泥砂浆填实固牢。现浇钢筋混凝土栏杆与墙体连接时,应在墙体内预留 240 mm×240 mm×120 mm 的洞,从中伸出 2φ6,长 300 mm,与扶手中的钢筋绑扎后再浇注 C20 细石混凝土,如图 4-25 所示。

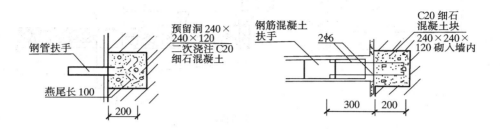

图 4-25 扶手与墙体的连接

(4)阳台隔板。阳台隔板用于连接双阳台,有砖砌隔板和钢筋混凝土隔板两种。砖砌隔板板厚一般采用 60 mm 和 120 mm 两种,由于荷载较大且整体性较差,所以现多采用钢筋混凝土隔板。隔板采用 60 mm 的 C20 细石混凝土,下部预埋铁件与阳台预埋铁件焊接,其余各边伸出的 φ6 钢筋与墙体、挑梁和阳台栏杆、扶手相连,如图 4-26 所示。

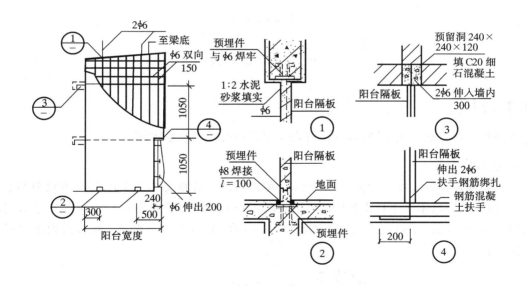

图 4-26 阳台隔板构造

(5)阳台排水。阳台排水有外排水和内排水两种。外排水适用于低层和多层建筑,即在阳台外侧设置泄水管将水排出。内排水适用于高层建筑和高标准建筑,即在阳台内侧设置排水立管和地漏,将雨水直接排入地下管网,保证建筑立面美观,如图 4-27 所示。

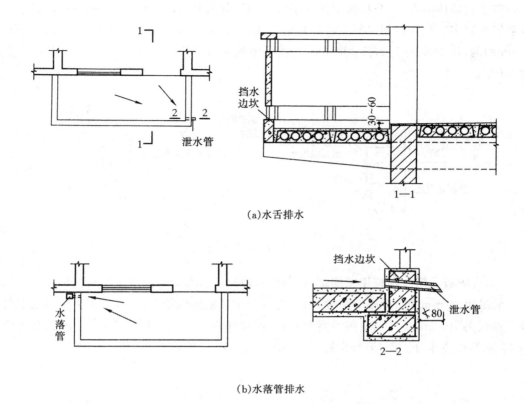

（a）水舌排水

（b）水落管排水

图 4-27　阳台排水构造

4.5.2　雨篷

雨篷板根据支承方式不同,可分为挑板式雨篷和梁板式雨篷两种。

1. 挑板式雨篷

挑板式雨篷外挑长度一般为 1～1.5m,挑板式雨篷一般做成变截面形式,即挑板根部厚端部薄,根部厚度一般不小于挑出长度的 1/12 和 80 mm,板端部厚度不小于 60 mm,雨篷宽度比门洞每边宽 250 mm,雨篷顶面距过梁顶面 250 mm 高,如图 4-28 所示。挑板式雨篷多用于次要出入口。

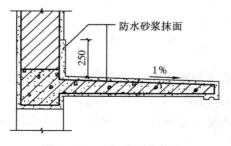

图 4-28　悬板式雨篷构造

2. 梁板式雨篷

当门洞口尺寸较大,雨篷挑出尺寸也较大时,雨篷常采用梁板式结构,梁从门厅两侧墙体上挑出或由室内进深梁直接挑出。为使板底平整,可将挑梁上翻,做成倒梁式。当雨篷外伸尺寸更大时,其支承方式可采用立柱式,即在入口两侧设柱支承雨篷,形成门廊,如图 4-29 所示。

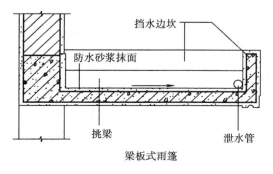

图 4-29 梁板式雨篷构造

雨篷顶面应做好防水和排水处理。通常采用防水砂浆(1:2 水泥砂浆内掺 5% 防水剂)抹面,厚度一般为 20 mm,并应上翻至墙面形成泛水,其高度不小于 250 mm。同时还应沿排水方向做出排水坡,雨篷排水方式可采用无组织排水和有组织排水两种,作为出入口上方的构件,采用有组织排水较好,做法为沿雨篷外缘做上翻的挡水边坎,并在一端或两端设泄水管将雨水集中排出。

思考题

1. 楼板层和地坪层各有哪些部分组成?每部分各起什么作用?
2. 简述现浇梁板式楼板的荷载传递途径。
3. 为什么预制板不宜出现三边支承?
4. 预制装配式钢筋混凝土楼板搁置在墙和梁上构造要点各是什么?板缝如何处理?
5. 装配整体式钢筋混凝土楼板有何特点?什么是预制薄板叠合楼板?有何优点?
6. 水磨石地面为什么要设分格条?
7. 顶棚的作用是什么?有哪两种基本形式?
8. 阳台有哪几种类型?如何处理阳台的排水?

课程设计:预应力空心板的布置

1. 目的要求

通过对预应力空心板的布置,掌握承重方案的选择;预应力空心板的安装节点构造;板缝的调节及处理,训练绘制和识读施工图的能力。

2. 设计条件

(1)某砖混住宅建筑的底层平面(局部),如图 4-30 所示。

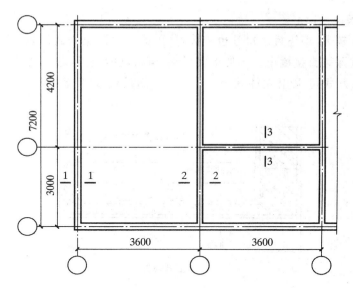

图 4-30 某砖混住宅建筑的底层平面(局部)

(2)采用砖墙承重,内墙厚度 240 mm,外墙厚度由学生按当地习惯做法自定,如 240 mm, 370 mm,490 mm 等。

(3)钢筋混凝土预应力空心板的类型可在设计参考资料(标准图集)中选定。

(4)室内楼地面做法由学生按当地习惯自行确定。

3. 设计内容要求

(1)设计内容。按给定的住宅平面图选择承重方案,要求:

①绘制楼层平面楼(板)安装布置平面图(比例为 1:100)。

②结合当地情况,参考预应力空心板通用图集,绘制 1—1、2—2、3—3 剖面节点构造详图(比例均为 1:10)。

(2)绘图要求。

①用 3 号图纸绘图(禁用扫描图纸),用铅笔绘制。图中线条、材料符号等一律按建筑图标准表示。

②要求字体工整,线条粗细分明。

第 5 章

楼　梯

■ 本章学习要点

1. 了解楼梯的作用和楼梯的平面形式
2. 掌握楼梯的组成、类型和楼梯的设计的尺寸要求
3. 掌握现浇钢筋混凝土楼梯的结构形式和楼梯的细部构造
4. 熟悉台阶、坡道的设计要求及构造要求
5. 了解电梯与自动扶梯的组成及构造

在建筑物中,为了解决垂直方向的交通问题,一般采取的设施有楼梯、电梯、自动扶梯、爬梯、台阶以及坡道。此外,在建筑物同一层的水平交通设施中还有自动步道。其中,楼梯使用的范围最广。它是多层、高层建筑垂直交通和人员紧急疏散的主要交通设施。

5.1　楼梯的基本知识

5.1.1　楼梯的组成

楼梯一般由楼梯梯段、楼梯平台及栏杆扶手三部分组成,如图 5-1 所示。

1. 楼梯梯段

楼梯梯段是由若干个连续踏步构成的倾斜构件。考虑适用和安全,每个楼梯段的踏步数一般不超过 18 级,超过容易疲劳,也不应少于 3 级,少了容易被忽视而发生事故。

2. 楼梯平台

楼梯平台是联系两个楼梯段的水平构件,主要为了解决楼梯段转向和与楼层连接,同时也供人们上下行时稍作休息,故也称休息平台。平台往往分成两种,与楼层地面标高平齐的平台称为楼层平台,位于两楼层之间的平台称为休息平台或中间平台。

3. 栏杆(栏板)扶手

栏杆或栏板是楼梯的安全防护措施,设于梯段边缘及平台临空一侧,要求必须坚固可靠,并保证有足够的安全高度。栏杆或栏板顶部供行人倚扶用的连续构件称为扶手。当梯段净宽达三股人流时,应两侧设置扶手,若一侧靠墙时称为靠墙置扶手;当净宽达四股人流时,应设置中间扶手。

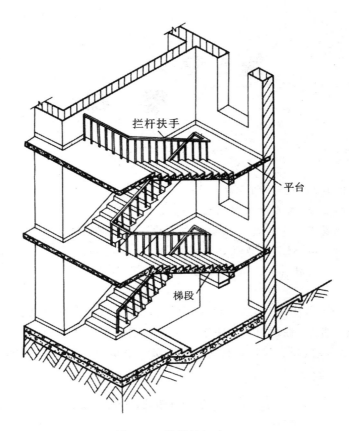

拦杆扶手

平台

梯段

图 5-1 楼梯的组成

5.1.2 楼梯的类型

（1）按结构材料分，楼梯有木楼梯、钢筋混凝土楼梯、金属楼梯、混合式楼梯等。

木楼梯——是全部或主体结构为木制的楼梯，常用于住宅建筑的室内。木楼梯典雅古朴，但其防火性较差，施工中需作防火处理。

钢筋混凝土楼梯——有现浇整体式和预制装配式两种。钢筋混凝土楼梯强度高，耐久和防火性能好，可塑性强，可满足各种建筑使用要求，因此被普遍采用。

金属楼梯——最常用的是钢楼梯。金属楼梯强度大，有独特的美感。

混合式楼梯——主体结构由两种或多种材料组成，如钢木楼梯等，它兼有各种楼梯的优点。

（2）按位置分，楼梯有室内楼梯和室外楼梯。

（3）按使用性质分，楼梯可分为主要楼梯、辅助楼梯、疏散楼梯以及消防楼梯。

（4）按楼梯的平面形式分，楼梯可分为单跑直楼梯、双跑直楼梯、双跑平行楼梯、三跑楼梯、转角楼梯、双分转角楼梯、双分平行楼梯、双合平行楼梯、交叉楼梯、螺旋式楼梯、弧形楼梯和剪刀楼梯等多种形式，如图 5-2 所示。

（5）按楼梯间的平面形式分，楼梯有开敞楼梯间、封闭楼梯间、防烟楼梯间，如图 5-3 所示。

楼梯的平面类型是根据其使用要求、建筑功能、建筑平面和空间的特点以及楼梯在建筑中的位置等因素确定的。一般建筑物中最常采用的是双跑平行楼梯。

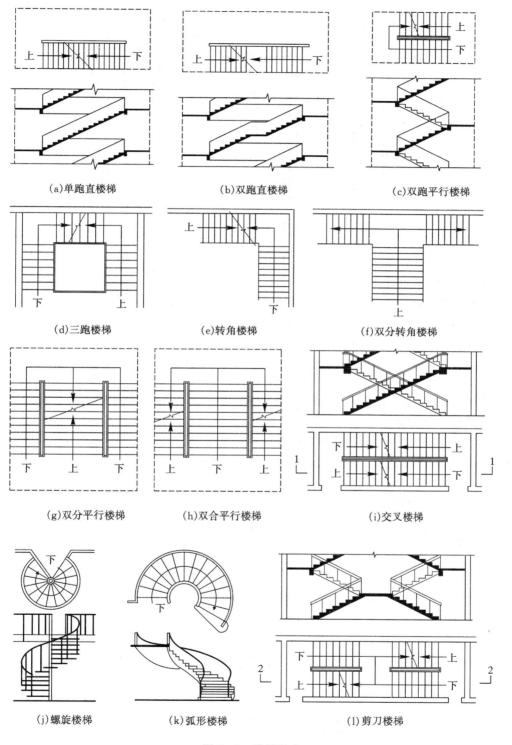

(a)单跑直楼梯　　　　　　(b)双跑直楼梯　　　　　　(c)双跑平行楼梯

(d)三跑楼梯　　　　　(e)转角楼梯　　　　　(f)双分转角楼梯

(g)双分平行楼梯　　　(h)双合平行楼梯　　　(i)交叉楼梯

(j)螺旋楼梯　　　　(k)弧形楼梯　　　　(l)剪刀楼梯

图 5-2　楼梯形式

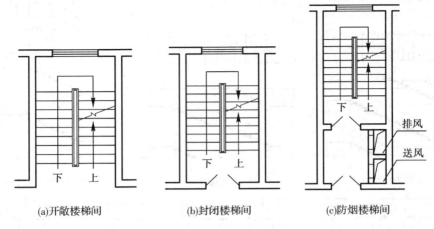

(a)开敞楼梯间　　　　　　　(b)封闭楼梯间　　　　　　　(c)防烟楼梯间

图 5-3　楼梯间的平面形式

当楼梯的平面为矩形时,可以做成双跑式;接近正方形的平面,适合做成三跑式;有时,综合考虑到建筑物内部的装饰效果,还常常做成双分和双合等形式的楼梯;圆形的平面可以做成螺旋式楼梯,这种曲线式楼梯造型流畅、优美,有较强的装饰效果,多用于公共建筑的大厅中。

5.1.3　楼梯的坡度

楼梯坡度是指楼梯段沿水平面倾斜的角度。有两种表示方法:一种是用楼梯段和水平面的夹角表示;另一种是用踢面和踏面的投影长度之比表示。实际工程中多采用后者。

楼梯坡度是依据建筑的使用性质和人流行走的舒适度、安全感、楼梯间的尺度、面积等因素进行综合确定的。一般来说,楼梯的坡度越小越平缓,行走也越舒服,但却加大了楼梯的进深,增加了建筑面积和造价。因此,在楼梯坡度的选择上,存在使用和经济之间的矛盾。对使用频繁、人流量大的公共建筑楼梯坡度应该平缓一些,而人流通行量较小的建筑(如住宅),坡度可以陡一些,以节约楼梯间面积。

楼梯的坡度范围一般在 20°~45°之间,舒适坡度一般为 30°左右,即高宽比为 1:2。当坡度小于 20°时,可采用坡道;大于 45°时,则应采用爬梯,如图 5-4 所示。

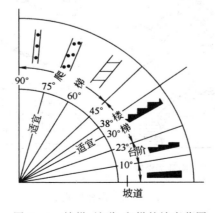

图 5-4　楼梯、坡道、爬梯的坡度范围

5.1.4 楼梯的主要尺度

1. 踏步尺寸

踏步由踏面和踢面组成,供人们行走时踏脚的水平部分称为踏面,形成踏步高差的垂直部分称为踢面。踏步的高宽比决定了楼梯的坡度。

楼梯踏步尺寸的确定与人的步距有关,通常用下列经验公式表示:

$$b + 2h = s = 600 \sim 620(mm) \text{ 或 } b + h = 450(mm)$$

式中:h—— 踏步踢面高度;

b—— 踏步踏面宽度;

s—— 成人的平均步距。

踏步尺寸,如图 5-5 所示,一般是根据建筑的使用功能、使用者的特征及楼梯的通行量综合确定的,具体规定见表 5-1。由于踏步的宽度往往受到楼梯间进深的限制,在不改变梯段长度的情况下,可以在踏步的细部进行适当变化来增加踏面的尺寸,可以将踏步的前缘挑出,形成突缘,挑出长度一般为 20~25 mm,也可将踢面做成倾斜面。

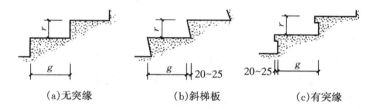

(a)无突缘   (b)斜梯板   (c)有突缘

图 5-5　踏步细部尺寸

表 5-1　常用踏步尺寸

建筑类别	住宅	学校、办公楼	剧院、会堂	医院(病人用)	幼儿园
踏步高 h(mm)	150～175	140～160	120～150	120～160	120～150
踏步宽 b(mm)	260～300	280～340	300～350	280～350	260～280

主要疏散楼梯和疏散通道上的阶梯,不宜采用螺旋式楼梯和扇形踏步;当采用螺旋式楼梯和扇形踏步时,踏步上下两级所形成的平面角度不应大于 10°,且每级离扶手中心 250 mm 处的踏步宽度超过 220 mm 时可不受限制,如图 5-6所示。

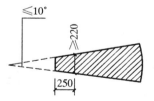

图 5-6　螺旋楼梯的踏步尺寸

2. 梯段的宽度

梯段宽度必须满足安全疏散要求,应根据通行人数的多少(设计人流股数)、建筑的防火要求(《建筑设计防火规范》GB 50016—2006)及建筑物的使用性质等因素确定。楼梯段的净宽是指楼梯扶手中心线至墙面或两扶手中心线间的水平距离。供单人通行的楼梯净宽度应不小于 900 mm,双人通行为 1100～1400 mm,三人通行为 1650～2100 mm,如图 5-7 所示。

在工程实践中,由于楼梯间尺寸受建筑模数的限制,因而楼梯段的宽度会有些变化。

梯段的长度取决于梯段的踏步数和其踏面宽度。如果梯段踏步数为 n 步,则该梯段的长度为 $l = b \times (n-1)$,b 为踏面宽度。

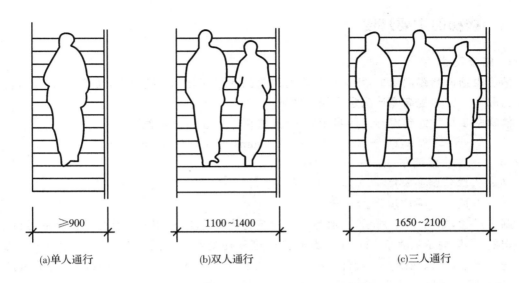

(a)单人通行　　　　　　　(b)双人通行　　　　　　　(c)三人通行

图 5-7　楼梯段宽度和人流股数的关系

3. 楼梯井宽度

楼梯井是指两梯段之间形成的空隙,如图 5-9 中 C 即为梯井的宽度。楼梯井一般是为楼梯施工方便而设置的,其宽度以 60～200 mm 为宜,公共建筑楼梯井的净宽不应小于 150 mm。有儿童经常使用的楼梯,当楼梯井宽净宽大于 200 mm 时,必须采取安全措施。

4. 平台宽度

为保证交通顺畅、便于搬运家具设备等,规范规定楼梯平台净宽 B 不得小于楼梯段净宽度 D,即 $B \geq D$。对于不改变行进方向的中间平台,以及通向走廊的楼层平台,其宽度(深度)可不受此限制,但为了避免走廊与楼梯的人流相互干扰及便于使用,应留有一定的缓冲余地,一般楼层平台宽度至少为 500～600 mm,如图 5-8 所示。

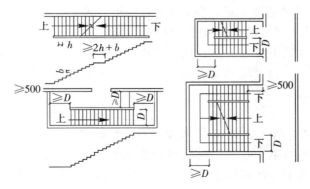

图 5-8　楼梯段和平台的尺寸关系

D—梯段净宽度;h—踏面宽度;b—踢面高度

在楼梯的实际设计中,平台宽度的确定还要具体情况具体分析。住宅共用楼梯平台净宽除不小于梯段净宽外,且不得小于 1200 mm。

5. 楼梯尺寸计算

以常用的平行双跑楼梯为例,如图 5-9 所示。楼梯尺寸的计算步骤如下:

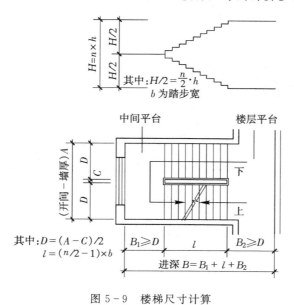

图 5-9 楼梯尺寸计算

(1)根据层高 H 和初步选定的楼梯踏步高度 h,计算楼梯各层的踏步数量 $h,n = H/h$。设计时尽量采用等跑梯段,n 宜为偶数,以减少构件规格。若所求出 n 为奇数或非整数,可反过来调整步高 h。

(2)根据踏步级数 N 和初选踏步宽度 b 确定梯段长度 $l,l = (n/2-1) \times b$。

(3)根据楼梯间开间净宽 A 和楼梯井宽 C,确定梯段宽度 $D,D = (A-C)/2$。同时检验其通行能力是否满足紧急疏散时人流股数的要求,如不能满足,则应对楼梯井宽 C 或楼梯间开间净宽 A 进行调整。

(4)根据初选中间平台宽度 $B_1(B_1 \geqslant D)$ 和楼层平台宽度 $B_2(B_2 \geqslant D)$ 以及梯段水平投影长度 L,检验楼梯间进深净长度 $B,B_1 + L + B_2 = B$。如不能满足,可对 L 值进行调整(即调整 b 值)。必要时,则需调整 B 值。在 B 值一定的情况下,如尺寸有富余,一般可加宽 b 值以减缓坡度或加宽 B_2 值以利于楼层平台分配人流。在装配式楼梯中,B_1 和 B_2 值的确定尚需注意使其符合预制板安放尺寸,或使异形规格尺寸板仅在一个平台,并减少异形规格板数量。

6. 栏杆和扶手的高度

栏杆扶手是楼梯梯段的安全设施,其高度是指从踏步前缘至扶手上表面的垂直距离。一般室内楼梯栏杆扶手的高度不宜小于 900 mm。室外楼梯,特别是消防楼梯的栏杆扶手高度应不小于 1100 mm。在幼儿园、小学等使用对象主要为儿童的建筑物中,需要在 500~600 mm 高度再增设一道扶手,以适应儿童的身高,如图 5-10(a)所示。

住宅、托儿所、幼儿园、中小学及少年儿童专用活动场所的栏杆垂直杆件间的净距离不应大于 110 mm,并不得做便于攀爬的横向花格、花饰,如图 5-10(b)所示。

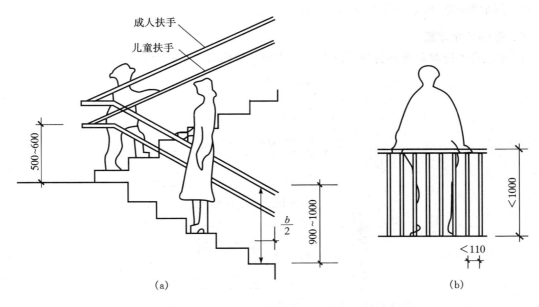

图 5-10 楼梯栏杆扶手高度

7. 楼梯的净空高度

楼梯的净空高度包括楼梯段的净高和平台过道处的净高。楼梯段的净高是指下层梯段踏步前缘(包括最低和最高一级踏步前缘线以外 300 mm 范围内)至其正上方梯段下表面的垂直距离。楼梯平台过道处的净高是指平台过道地面至上部结构最低点(通常为平台梁)的垂直距离。

为了保证行人的正常通行、心理感觉和考虑家具的搬运,要求楼梯段的净高应大于 2.2m,楼梯平台上的净高应大于 2.0m,起止踏步前缘与顶部突出物内边缘线的水平距离不应小于 0.3m,如图 5-11 所示。

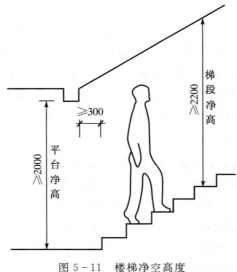

图 5-11 楼梯净空高度

在设计时为保证底层入口楼梯平台下的通行高度,可采取以下几种办法来解决:

(1)降低入口平台下局部地坪的标高,使其低于室内地坪标高(±0.000),但应高于室外地坪标高,以免雨水内溢,如图 5-12(a)所示。

(2)提高底层中间平台标高,采用长短跑梯段,见图 5-12(b)所示。这种方式仅在楼梯间进深较大、底层平台宽 B_2 富余时适用,同时应检验第一、三楼梯段之间的净高是否满足梯段间净高不小于 2.2 m 的要求。

(3)以上两种方法结合使用,综合效果较好,见图 5-12(c)所示。

(4)底层用直行楼梯直接从室外上二层,如图 5-12(d)所示。这种方式常用于住宅建筑,设计时需注意入口处雨篷底面标高的位置,保证净空高度要求。

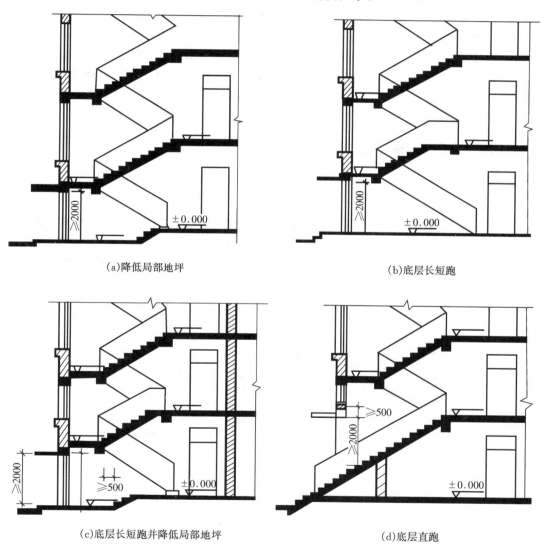

(a)降低局部地坪　　　　　　　　　　　(b)底层长短跑

(c)底层长短跑并降低局部地坪　　　　　(d)底层直跑

图 5-12　楼梯间底层中间平台下做出入口时的处理方式

5.2 钢筋混凝土楼梯构造

构成楼梯的材料可以是木材、钢筋混凝土、型钢或是多种材料混合使用。由于楼梯是建筑中重要的安全疏散设施,耐火性能要求较高,因此防火性能较差的木材现今很少用于楼梯的结构部分,尤其是公共部位的楼梯上;型钢作为楼梯构件,也必须经过特殊的防火处理。钢筋混凝土的耐火和耐久性能均好于木材和钢材,故在民用建筑中得到广泛应用。

钢筋混凝土楼梯按施工方法不同,主要有现浇整体式楼梯和预制装配式楼梯两类。现浇钢筋混凝土楼梯是指在施工现场支模板,绑扎钢筋,将楼梯段、平台等整浇在一起的楼梯。现浇式楼梯能充分发挥混凝土的可塑性,结构整体性好,刚度大,有利于抗震,能适应复杂平面,但模板耗费较大,施工周期长,现场湿作业多,适合于工程较小且抗震设防要求较高的建筑中,以及螺旋楼梯、弧形楼梯等形状复杂的楼梯。预制装配式钢筋混凝土楼梯是指用预制厂生产或现场制作的构件安装拼合而成的楼梯。其特点是现场湿作业少,施工速度较快,有利于建筑工业化施工,但整体性、抗震性、灵活性等不及现浇钢筋混凝土楼梯。

5.2.1 现浇钢筋混凝土楼梯

按梯段的传力特点,可分为板式楼梯和梁式楼梯。

1. 板式楼梯

板式楼梯通常由梯段板、平台板和平台梁组成。整个梯段相当于是一块斜放的现浇板,称为梯段板。梯段板承受该梯段上的全部荷载,并将荷载传至两端的平台梁上。有时为了保证平台过道处的净空高度,也可取消梯段板一端或两端的平台梁,使梯段板与平台板连成一体,形成折线形的板直接支承于墙上,称之为折板式楼梯,如图5-13所示。

板式楼梯构造简单,施工方便,板底平整,造型简洁,通常在梯段跨度小于3 m时采用。

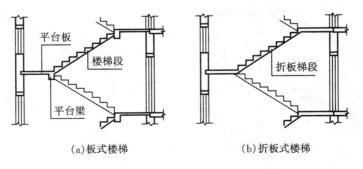

(a)板式楼梯　　　　　　　　　(b)折板式楼梯

图5-13 现浇钢筋混凝土板式楼梯

2. 梁板式楼梯

当梯段跨度超过3 m或楼梯荷载较大时,采用板式楼梯往往不经济,须增加梯段斜梁(简称梯梁)以承受踏步板的全部荷载,并将荷载传给平台梁,这种楼梯称为梁板式楼梯。平台梁间由梯段斜梁支承踏步板;钢筋混凝土踏步板的主筋沿踏面的长方向;钢筋混凝土梯段斜梁的主筋沿梯梁长方向配置。

斜梁在踏步板以下时(正梁式梯段),踏步外露,称为明步式楼梯;斜梁位于踏步之侧面,形成反梁,踏步包在梁内,称为暗步式楼梯,如图 5-14 所示。从受力的角度看,明步式楼梯传力较为合理,而暗步式楼梯能保持底板平整,可防止清洗楼梯时污水四处流淌。

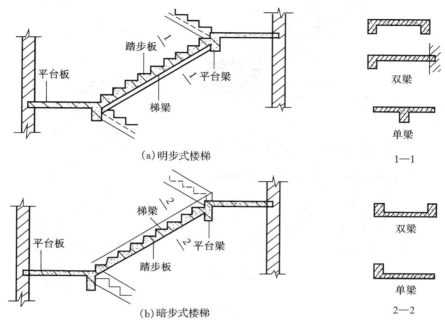

图 5-14　现浇钢筋混凝土梁式楼梯

双梁式楼梯一般将斜梁布置在踏步的两端,有时为了节省材料在梯段靠楼梯间横墙一侧不设梯梁,而由墙体支撑踏步板,则踏步板一端搁在墙上,另一端搁在梯梁上。

单梁式楼梯是近年来公共建筑中采用较多的一种结构形式。这种楼梯的每个梯段由一根斜梁支承踏步。斜梁布置有两种方式:一种是单梁悬臂式楼梯,另一种是单梁挑板式楼梯。单梁楼梯受力复杂,但这种楼梯外形轻巧、美观,常为建筑空间造型所采用。踏步板断面形式有平板式、折板式和三角形板式。平板式断面踏步使梯段踢面空透,常用于室外楼梯,如图 5-15(a)所示。折板式断面踏步板踢面未漏空,可加强板的刚度并避免尘埃下掉,但折板式断面踏步板底支模困难且不平整,如图 5-15(b)所示。三角形断面踏步板式梯段,板底平整,支模简单,如图 5-15(c)所示,但混凝土用量和自重均有所增加。

5.2.2　预制装配式钢筋混凝土楼梯

为了适应不同的施工机械装备,按楼梯构件的合并程度,分为小型构件装配式楼梯和中型与大型构件装配式楼梯。

1. 小型构件装配式楼梯

小型构件装配式楼梯是把楼梯的组成部分划分为若干构件,分别预制,然后现场安装。每一构件体积小、重量轻、易于制作、便于运输和安装,但施工工序多,湿作业较多,施工速度较慢。这种楼梯适用于施工过程中没有吊装设备或只有小型吊装设备的房屋。

小型构件装配式楼梯的主要预制构件是踏步和平台板。

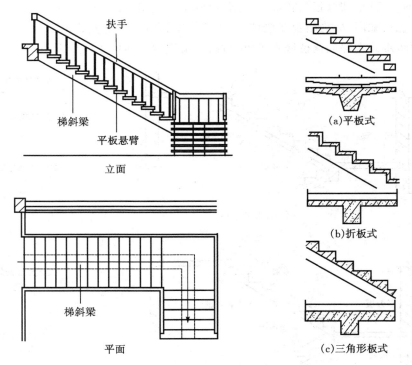

图 5-15　现浇梁悬臂式楼梯

　　(1)预制踏步。钢筋混凝土预制踏步断面形式有一字形、三角形和 L 形三种(见图 5-16),一字形踏步制作方便,踏面可镂空或填实,简支和悬挑均可。L 形踏步板自重较轻,受力合理,但拼装后底面形成折板,易积灰。L 形踏步板可将踢面朝上搁置,称为正置;也可将踢面朝下搁置,称为倒置。三角形踏步板最大特点是安装后底面平整,为减轻踏步自重,踏步内可抽孔。

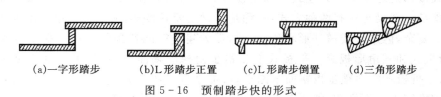

　　(a)一字形踏步　　(b)L 形踏步正置　　(c)L 形踏步倒置　　(d)三角形踏步

图 5-16　预制踏步快的形式

　　预制踏步的支承方式主要有梁承式、墙承式和悬臂式三种。

　　①梁承式楼梯是预制构件装配而成的梁式楼梯。基本构件有踏步板、斜梁、平台梁和平台板。这些基本构件的传力关系是:踏步板搁置在斜梁上,斜梁搁置在平台梁上,平台梁搁置在两边的侧墙或柱上,而平台板可以搁置在两边侧墙上,也可以一边搁置在墙上、另一边搁置在平台梁上。

　　梁承式楼梯的踏步荷载由斜梁承担和传递,因此可以适应梯段宽度较大、荷载较大、层高较大的建筑,适于在公共建筑中使用。

　　a.踏步在梯梁上的搁置构造。一般一字形、L 形踏步搁置在锯齿形斜梁上,三角形踏步搁置在矩形或 L 形斜梁上(见图 5-17)。

　　预制踏步在安装时,踏步之间以及踏步与斜梁之间应用水泥砂浆坐浆;一字形和 L 形踏步预留孔洞,与锯齿形斜梁上预埋的插铁套接,孔内用水泥砂浆填实;也有用膨胀螺丝连接的。

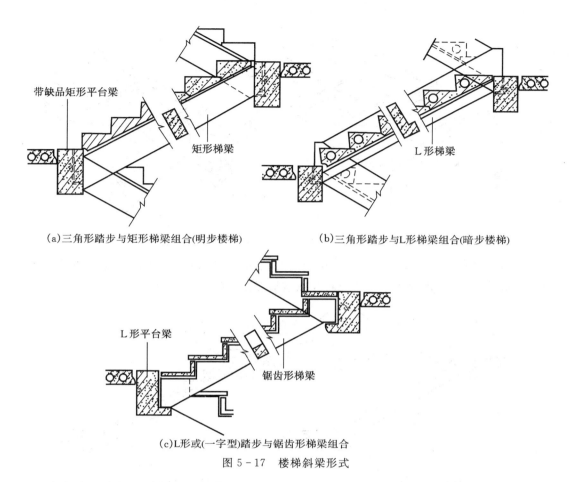

(a)三角形踏步与矩形梯梁组合(明步楼梯)　　　(b)三角形踏步与L形梯梁组合(暗步楼梯)

(c)L形或(一字型)踏步与锯齿形梯梁组合

图 5-17　楼梯斜梁形式

　　b.斜梁与平台梁连接构造。平台梁的断面有矩形和L形两种,其构造高度按跨度的1/12估算(见图5-18)。为了使平台梁下能留有足够的净高,平台梁一般做成L形截面,斜梁搁置在平台梁挑出的翼缘上;或在矩形截面平台梁的两端局部做成L形截面,形成缺口,将斜梁插入缺口内。斜梁与平台梁的连接,一般采用预埋铁件焊接或预留孔洞插铁连接(见图5-19)。

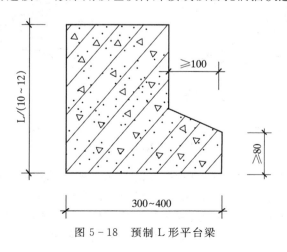

图 5-18　预制 L 形平台梁

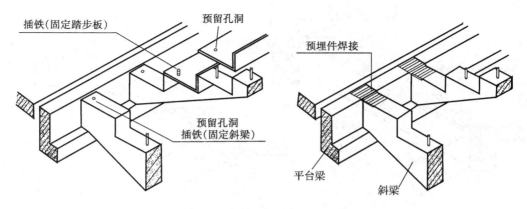

图 5 - 19　斜梁与平台梁的连接

c.平台梁与梯段节点构造。根据两梯段的关系,分为齐步梯段和错步梯段。根据平台梁与梯段之间的关系,有埋步和不埋步两种节点构造方式,如图 5 - 20 所示。

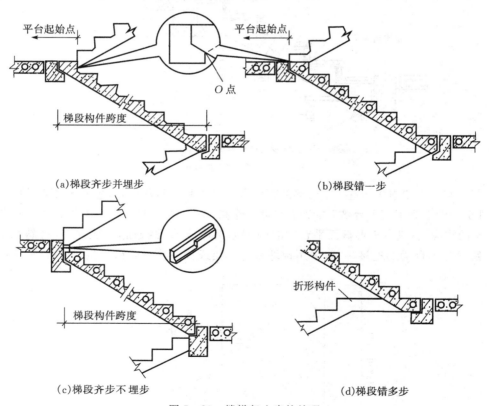

(a)梯段齐步并埋步　　　　　　　　　(b)梯段错一步

(c)梯段齐步不埋步　　　　　　　　　(d)梯段错多步

图 5 - 20　楼梯起止步的处理

②墙承式楼梯。墙承式楼梯是指预制踏步的两端直接支承在墙上,将荷载直接传递给两侧的墙体。不需设斜梁和平台梁,预制构件只有踏步和平台板,一般适用于直跑式楼梯,或中间设有电梯间的三跑楼梯。双跑平行楼梯如果要采用墙承式,必须在原楼梯井处设一道中墙作为踏步板的支座(见图 5 - 21)。这种楼梯由于在梯段之间有墙,使得视线、光线受到阻挡,

感到空间狭窄,搬运家具及较多人流上下均感不便。通常在中间墙上开设观察口,改善视线和采光。

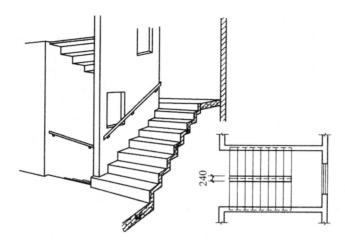

图 5 - 21　墙承式楼梯

③悬臂式楼梯。悬臂式楼梯是指将预制踏步一端嵌固于楼梯间侧墙上,另一端悬挑,踏步承受梯段全部荷载,并直接传递给墙体,如图 5 - 22 所示。

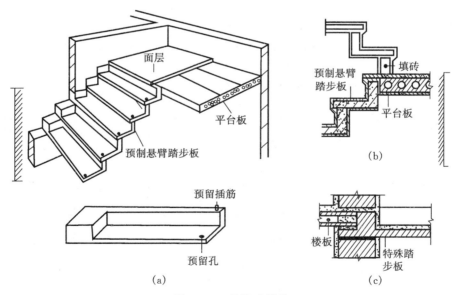

图 5 - 22　悬臂式楼梯

预制踏步主要采用一字形板或 L 形板,为了施工方便,踏步板砌入墙体部分均为矩形。用于嵌固踏步板的墙体厚度不应小于 240 mm,踏步悬挑长度不超过 1500 mm。

悬臂式楼梯不设斜梁和平台梁,构造简单,在住宅建筑中使用较多,但其楼梯间整体刚度差,在具有冲击荷载或地震区不宜采用。

(2)平台板。平台板搁置于平台梁上,可平行于梁布置,也可垂直于梁布置,如图 5 - 23 所示,前者的受力较为合理。平台板有钢筋混凝土空心板、槽形板或平板,若平台上有管道井,则不宜布置空心板。

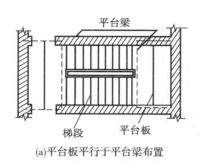 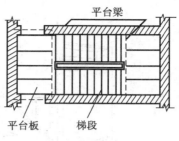

(a)平台板平行于平台梁布置　　　　　　(b)平台板垂直于平台梁布置

图 5-23　平台板的位置布置

2. 中型构件装配式楼梯

中型构件装配式楼梯,是把楼梯梯段和平台分别预制,再装配而成。与小型构件装配式楼梯相比,可以简化施工,加快施工速度,但要求有一定的吊装能力。

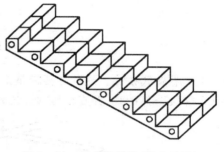

图 5-24　板式楼梯段(横向抽孔)

(1)楼梯段。按其结构形式不同,楼梯段有板式和梁式两种。板式梯段由踏步和板组成,两者制作成一体,有实心和空心之分。实心梯段加工简单,但自重较大。为了减轻梯段板自重,也可做成空心构件,有横向抽孔和纵向抽孔两种方式。横向抽孔较纵向抽孔合理易行,较为常用,孔型可为圆形或三角形,如图 5-24 所示。纵向抽孔在梯段板厚度较大时适用。

梁式梯段是把踏步和斜梁组成的梯段预制成一个构件,一般采用暗步,即斜梁上翻包住踏步,形成槽板式梯段。这种结构形式,比板式梯段节约材料,为进一步节省材料、减轻自重,通常有以下几种做法,如图 5-25 所示。

①踏步板内抽孔。

②把踏步板踏面和踢面相交处的凹角做成平行于踏步板底面的斜面,这样在踏步连接处厚度不变的情况下,可使整个梯段底面上升,从而减轻梯段自重。

③折板式踏步,用料最省,但梯段底板不平整,容易积灰,且制作工艺复杂。

(2)平台板。通常将平台板和平台梁组合在一起预制成一个构件。这种带梁的平台板一般采用槽形板,将与梯段连接一侧的板肋做成 L 形梁即可,如图 5-26 所示。

当生产、吊装能力不足时,可将平台板和平台梁分开预制,平台梁采用 L 形断面,平台板采用平板或空心板。

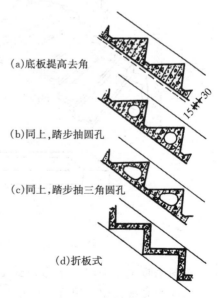

(a)底板提高去角

(b)同上,踏步抽圆孔

(c)同上,踏步抽三角圆孔

(d)折板式

图 5-25　槽板式梯段形式

(3)楼梯段与平台板及基础的连接构造。梯段两端搁置在平台板的边肋(平台梁)上,首层楼梯段的下端搁置在楼梯基础上。平台板边肋(L 形平台梁)出挑的翼缘顶面有平面和斜面两种,平顶面翼缘使梯段搁置处的构造较复杂,而斜顶面翼缘简化了梯段搁置构造,便于制作安装。

为保证楼梯段的平稳及与平台板接触良好,通常在梯段安装前铺设水泥砂浆坐浆,使构件间的接触面贴紧,受力均匀。安装时将梯段预留孔套接在平台梁的预埋插铁上,孔内用水泥砂浆填实,或安装后用预埋铁件焊接的方式将梯段与平台梁连接在一起,见图 5 - 27。

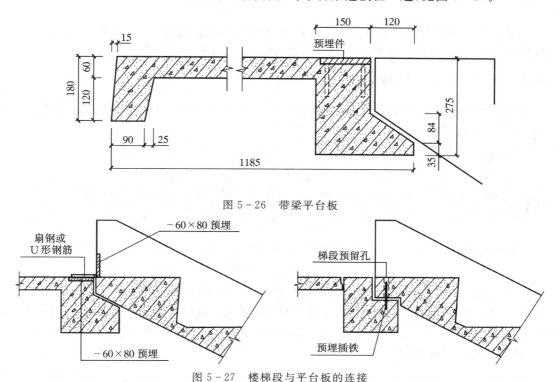

图 5 - 26 带梁平台板

图 5 - 27 楼梯段与平台板的连接

楼梯基础的顶部一般设置钢筋混凝土基础梁并留有缺口,便于同首层楼梯段连接。

3. 大型构件装配式楼梯

大型构件装配式楼梯,是将楼梯梯段和平台预制成一个构件装配而成。按结构形式不同,有板式楼梯和梁式楼梯两种,如图 5 - 28 所示。

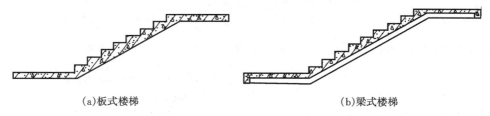

(a)板式楼梯 　　　　　　　　(b)梁式楼梯

图 5 - 28 大型构件装配式楼梯

这种楼梯的构件数量更少,装配化程度高,施工速度快,但施工时需要大型的起重运输设备,主要用于大型装配式建筑中。

5.3 楼梯细部构造

楼梯的细部构造包括踏步面层及防滑处理、栏杆与扶手的连接、栏杆与踏步的连接。它们之间的构造处理,直接影响楼梯的安全与美观,设计中应给予足够的重视。

5.3.1 踏步面层及防滑处理

楼梯踏步面层应便于行走、耐磨、防滑,易于清洁以及美观,常用的有水泥砂浆、水磨石、大理石、花岗石、缸砖踏步面层等,如图 5-29 所示。

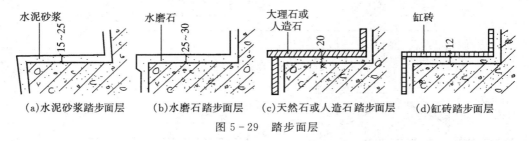

(a)水泥砂浆踏步面层　(b)水磨石踏步面层　(c)天然石或人造石踏步面层　(d)缸砖踏步面层

图 5-29 踏步面层

为了避免行人使用楼梯时滑倒、保护踏步阳角,踏步表面应做防滑处理,特别是人流量较大或踏步表面光滑的楼梯。通常在踏步前缘部分做抹面凹槽或设防滑条,防滑条的材料有:水泥铁屑、金刚砂、马赛克、橡皮条和金属材料(铸铁、铝条、铜条)等,防滑条凸出踏步面不能太高,一般在 3 mm 以内,如图 5-30 所示。

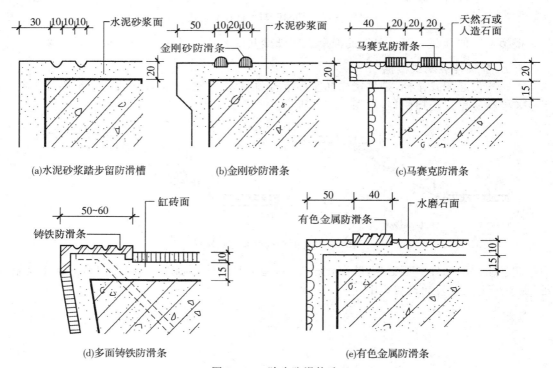

(a)水泥砂浆踏步留防滑槽　　(b)金刚砂防滑条　　(c)马赛克防滑条

(d)多面铸铁防滑条　　　　　　　(e)有色金属防滑条

图 5-30 踏步防滑构造

5.3.2 栏杆与扶手的构造

栏杆和扶手是上下楼梯的安全设施,也是建筑中装饰性较强的构件。设计时应考虑坚固、安全、适用、美观。

1. 栏杆的构造

楼梯栏杆按形式可分为空花栏杆、实心栏板和组合式栏杆三种。

(1)空花栏杆。空花栏杆通透性好,对建筑空间具有良好的装饰作用,如图 5-31 所示,因此在楼梯中采用较多。一般采用圆钢、方钢、扁钢和钢管等金属材料做成。断面分为实心和空心两种。常用栏杆断面尺寸为:圆钢,$\phi16\sim\phi30$ mm;方钢,20 mm×20 mm~30 mm×30 mm;扁钢,(30~50)mm×(3~6)mm;钢管,$\phi20\sim\phi50$ mm。

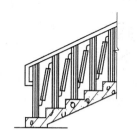

图 5-31 空花栏杆

在儿童活动场所,如幼儿园、住宅等建筑,为防止儿童穿过栏杆空隙发生危险事故,栏杆垂直杆件的间距不应大于 110 mm,且不应采用易于攀登的花饰。

栏杆立杆必须要与梯段、平台有牢固、可靠的连接,连接方法主要有三种:①预埋铁件焊接:将栏杆的立杆与楼梯段中预埋的钢板或套管焊接在一起;②预留孔洞插接:将栏杆的立杆端部做成开脚或倒刺插入楼梯段的预留孔洞内,用水泥砂浆或细石混凝土填实;③螺栓连接:用螺栓将栏杆固定在梯段上,如图 5-32 所示。为了保护栏杆免受锈蚀和增强美观,常在竖杆下部装设套环,覆盖住栏杆与梯段或平台的接头处。

(2)实心栏板。栏板常采用现浇或预制的钢筋混凝土栏板、钢丝网水泥板或砖砌栏板,也可采用装饰性较好的有机玻璃、钢化玻璃等。

钢筋混凝土栏板可以与踏步同时浇注,厚度不小于 80~100 mm,其刚度大,耐久性好。钢丝网水泥栏板是在钢筋骨架的侧面先铺钢丝网,再抹水泥砂浆而成。砖砌栏板通常采用高标号水泥砂浆砌筑 1/2 或 1/4 标准砖,在砌体中应加拉结筋,两侧铺钢丝网,采用高标号水泥砂浆抹面,并在栏板顶部现浇钢筋混凝土通长扶手,以加强其抗侧向冲击的能力,如图 5-33 所示。

(3)组合式栏杆。组合式栏杆是将空花栏杆和栏板两种形式组合而成的一种栏杆形式。栏杆作主要的抗侧力构件,常采用钢材或不锈钢等材料,栏板作为防护和装饰构件,通常采用木板、塑料贴面板、铝板、有机玻璃板和钢化玻璃板等材料。

2. 扶手的构造

空花栏杆顶部的扶手一般为硬木、塑料或金属型材(铁管、不锈钢、铝合金等)。栏板顶部的扶手可用水泥砂浆抹面,也可用大理石板、预制水磨石板或木板等贴面,如图 5-34 所示。扶手的断面形式和尺寸应便于手握抓牢,扶手顶面宽度一般为 40~90 mm。室外楼梯不宜使用木扶手,以免淋雨后变形开裂。

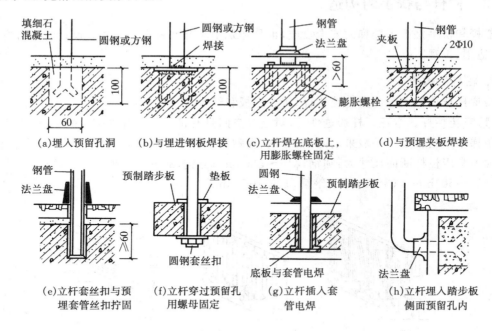

(a)埋入预留孔洞　　(b)与埋进钢板焊接　　(c)立杆焊在底板上,　　(d)与预埋夹板焊接
　　　　　　　　　　　　　　　　　　　　　用膨胀螺栓固定

(e)立杆套丝扣与预　　(f)立杆穿过预留孔　　(g)立杆插入套　　(h)立杆埋入踏步板
　　埋套管丝扣拧固　　　用螺母固定　　　　管电焊　　　　　侧面预留孔内

图 5 - 32　栏杆与梯段、平台的连接

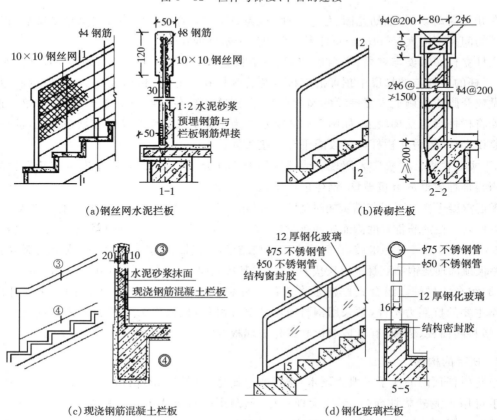

(a)钢丝网水泥拦板　　　　　　　　　　　　(b)砖砌拦板

(c)现浇钢筋混凝土拦板　　　　　　　　　　(d)钢化玻璃栏板

图 5 - 33　实心栏板、组合式栏杆

　　木扶手与栏杆的固定方式常常是用木螺丝穿过金属栏杆顶部焊好的通长扁钢上的单排错位小孔拧入木扶手内;塑料扶手与金属栏杆的连接与硬木扶手相似;金属扶手通过焊接等方式与栏杆连接,如图 5-34 所示。

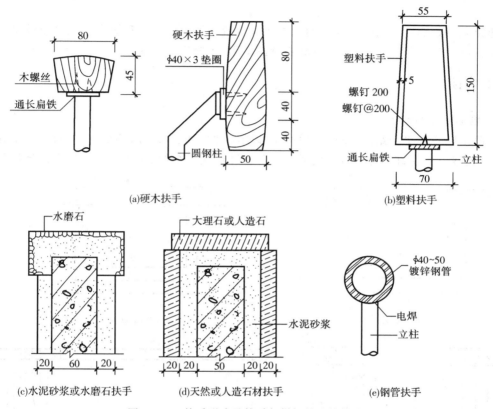

图 5-34　扶手形式及扶手与栏杆的连接构造

3. 栏杆扶手的转弯处理

　　上下梯段的扶手在平台转弯处往往存在高差,应进行调整和处理。常采用的方法为:①当上下梯段齐步时,上下扶手在转折处同时向平台延伸半步,使两扶手高度相等,连按自然,但这样做缩小了平台的有效深度。②如扶手在转折处不伸入平台,下跑梯段扶手在转折处需上弯形成鹤颈扶手,也可采用直线转折的硬接方式。③当上下梯段错一步时,扶手在转折处不需向平台延伸即可自然连接。当长短跑梯段错开几步时,将出现一段水平栏杆。如图 5-35 所示。

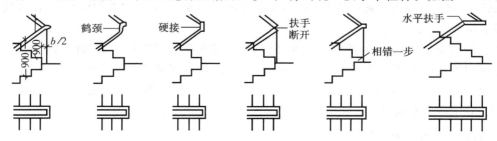

图 5-35　梯段转弯处扶手高差的处理

5.4 台阶和坡道

建筑入口处解决室内外的高差问题主要靠台阶与坡道。台阶和坡道在入口处对建筑物的立面还具有一定的装饰作用,设计时既要考虑实用,还要注意美观。

5.4.1 台阶

1. 台阶的形式和尺寸

台阶由踏步和平台组成,室外台阶有单面踏步、两面踏步、三面踏步、单面踏步带花池等形式,部分大型公共建筑经常把行车坡道与台阶合并成为一个构件,图5-36是常见台阶形式。

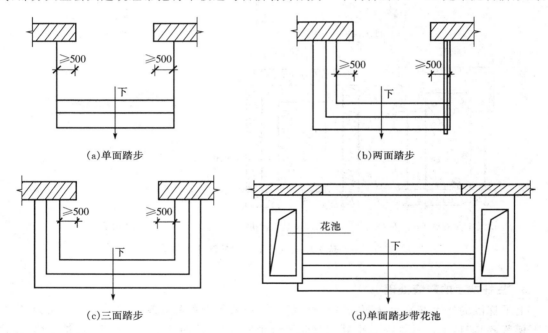

(a)单面踏步　　　　　　　　　　　　(b)两面踏步

(c)三面踏步　　　　　　　　　　　　(d)单面踏步带花池

图5-36　台阶的形式

公共建筑主要出入口处的台阶每级踏步的高不超过150 mm,踏面宽度选择在300~400 mm左右;医院及运输港的台阶常选择100 mm左右的踏步高和400 mm左右的踏面宽,以方便病人及负重的旅客行走。

在台阶与建筑大门之间,需设一缓冲平台,平台宽度应大于所连通的门洞口宽度,一般至少每边宽出500 mm,平台深度不应小于1 m。为防止雨水积聚或溢水室内,平台面宜比室内地面低20~60 mm,并向外找坡1%~3%,以利排水。入口台阶高度超过1 m时,常采用栏杆、花台、花池等防护措施。

2. 台阶的设置要求

为了使台阶能满足交通和疏散的需要,台阶的设置应满足如下要求:

（1）人流密集场所台阶高度超过 1 m 时，宜设置栏杆、花台、花池等护栏设施；

（2）影剧院、体育馆观众厅疏散出口门内外 1.4 m 范围内，不能设台阶踏步；

（3）室内台阶踏步数不应少于 2 步，当高差不足两级时，需设计成坡道；

（4）应充分考虑雨雪天气时的通行安全，宜采用防滑性能好的面层材料。

3. 台阶构造

室外台阶应坚固耐磨，具有良好的耐久性、抗冻性、抗水性。台阶按所采用的材料不同有混凝土台阶、石台阶、钢筋混凝土台阶和砖砌台阶等，如图 5-37 所示。台阶的构造可采用实铺和架空两种，实铺台阶的构造与室内地坪的构造差不多，包括基层、垫层和面层。在严寒地区，为保证台阶不受土壤冻胀影响，应把台阶下部一定深度范围内的土换掉，改设砂垫层，如图 5-37(d)当台阶尺度较大或土壤冻胀严重时，为保证台阶不开裂和塌陷，往往选用架空台阶。架空台阶的平台板和踏步板均为预制钢筋混凝土板，分别搁置在梁上或砖砌地垄墙上。为防止建筑物沉降时拉裂台阶，应在建筑物主体沉降趋于基本均匀后再做台阶。

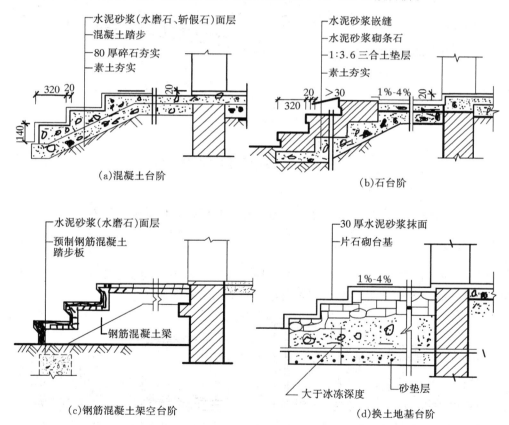

图 5-37 台阶构造

5.4.2 坡道

建筑入口处有行车通行或要求无障碍设计时应采用坡道。坡道的坡度用高度与长度之比来表示，一般为 1:6 ～1:12。室内坡道不宜大于 1:8，室外坡道不宜大于 1:10，供轮椅使用的坡道不宜大于 1:12，且两侧应设 0.85 m 及 0.65 m 高扶手，地面平整但需采取防滑措施。

　　坡道也应采用坚固耐磨,具有良好的耐久性、抗冻性、抗水性的材料制作。一般采用混凝土或石材做面层,混凝土做结构层。坡道的坡度相对较大或对防滑要求较高时,应采取防滑措施,如设锯齿形坡道,设防滑条,压防滑槽等,以增加坡面上的粗糙度,如图5-38所示。

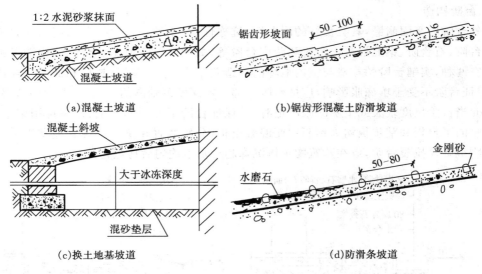

图5-38　坡道构造

5.5　电梯与自动扶梯

　　电梯与自动扶梯是建筑常用的垂直交通设施,因其省力、便捷而深受欢迎。

5.5.1　电梯

　　电梯有载人、载货两大类,除普通乘客电梯外还有医院专用电梯、消防电梯、观光电梯、无障碍电梯等。如图5-39所示为不同类别电梯的平面示意图。

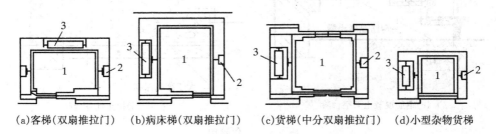

图5-39　电梯分类与井道平面示意图
1—电梯厢;2—导轨及撑架;3—平衡重

　　电梯由井道、轿厢和机房三大构造部分组成。

1. 井道

电梯井道是电梯运行的通道。电梯井道有轿厢、导轨、平衡重和缓冲器等,如图 5-40 所示。电梯井道在每层楼的楼层处设一出入口,底部(建筑最底层)设井道地坑,作为轿厢下降时所需的缓冲器的安装空间,地坑深度(H_1)一般不小于 1.4 m。

电梯井道有开敞式和封闭式两种,开敞式井道可采用各种透明玻璃维护,用以观赏。超过两部电梯应用墙加以分隔。

电梯井道是高层建筑穿通各层的垂直通道,火灾事故中火焰及烟雾容易从中蔓延。因此井道的围护构件较多采用砖墙或钢筋混凝土墙。为了减轻机器运行时对建筑物产生的震动和噪声,应采取适当的隔振及隔声措施。一般情况下,只在机房机座下设置弹性垫层来达到隔振和隔声的目的。电梯运行的速度超过 1.5 m/s 者,除设置弹性垫层外,还应在机房与井道间设隔声层,高度为 1.5~1.8 m,如图 5-40 所示。

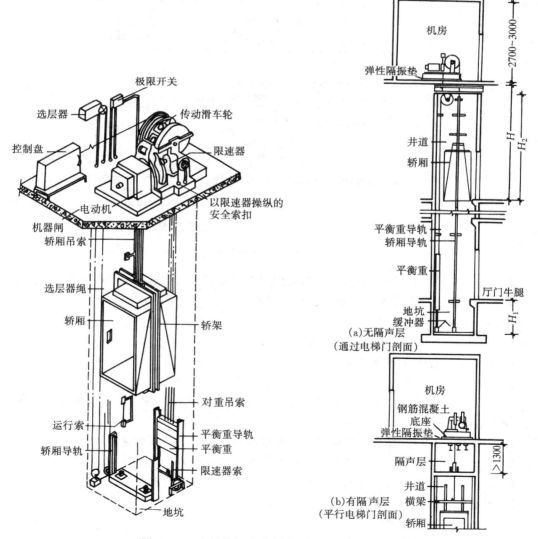

图 5-40 电梯的组成示意图及隔震、隔声处理

2. 机房

电梯机房一般设置在电梯井道的顶部,少数也设在井道底层侧面(如液压电梯)。它的平面尺寸须根据机械设备尺寸及管理、维修等需要来确定,高度一般为 2.5~3.5 m,机房应有良好的通风和照明。

5.5.2 自动扶梯

自动扶梯是建筑物各楼层间连续运输效率最高的载客设备,适用于人流量较大且持续的公共场所(如车站、商场、地铁、航空港等)。一般自动扶梯均可正、逆两个方向运行,停机时可当做临时楼梯行走,但不可用作消防通道。自动扶梯的坡度比较平缓,一般采用 30°,运行速度为 0.5~0.7 m/s,宽度按输送能力有单人和双人两种。

自动扶梯的机房悬在楼板下面,楼层下做装饰外壳处理,底层则做地坑,在其机房上部自动扶梯口处应做活动地板,以利于检修。地坑也应作防水处理。自动扶梯基本尺寸如图5-41所示。

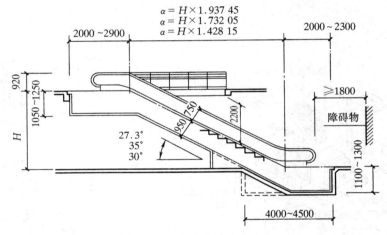

$\alpha = H \times 1.937\,45$
$\alpha = H \times 1.732\,05$
$\alpha = H \times 1.428\,15$

图 5-41 自动扶梯基本尺寸

在建筑物中设置自动扶梯时,上下两层面积总和如超过防火分区面积要求时,应按防火要求设防火隔断或复合式防火卷帘封闭自动扶梯井。

思考题

1. 楼梯主要由哪几部分组成?

2. 楼梯如何分类?

3. 一般民用建筑的踏步高与踏步宽的尺寸是如何限制的?在不增加梯段长度的情况下如何加大踏步面宽?

4. 楼梯段的最小净宽有何规定?平台宽度和梯段宽度的关系如何?

5. 楼梯的净空高度有哪些规定?如何调整首层通行平台下的净高?

6. 现浇钢筋混凝土楼梯有哪几种?在荷载传递上有何不同?

7. 楼梯踏步的防滑措施有哪些?

8. 坡道如何进行防滑?

9. 电梯主要由哪几部分组成?

课程设计：建筑楼梯构造设计

楼梯是房屋各楼层间的垂直交通联系部分。楼梯设计应根据使用要求,选择合适的形式,布置在恰当位置,根据使用性质、人流通行情况及防火规范综合确定楼梯的宽度及数量,并根据使用对象和使用场合选择最适合的楼梯坡度。这里只考虑在已知楼梯间的层高、开间、进深尺寸的前提下楼梯的设计问题。

1. 目的要求

通过楼梯构造设计,掌握楼梯方案选择和楼梯构造设计的主要内容,训练绘制和识读施工图的能力。

2. 设计要求

(1)某五层砖混结构内廊式办公楼的次要楼梯,层高为 3.30 m,室内外高差 0.45 m。

(2)采用平行双跑楼梯,楼梯开间为 3.30 m,进深为 5.70 m,楼梯底层中间平台下做通道,底层局部平面如图 5-42 所示。

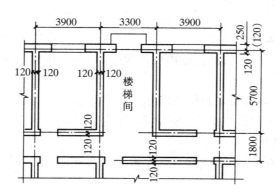

图 5-42 办公楼的底层局部平面图

(3)楼梯间的门洞口尺寸为 1500 mm×2100 mm,窗洞口尺寸为 1500 mm×1800 mm,房间的门洞口尺寸为 900 mm×2100 mm,窗洞口尺寸为 1800 mm×1800 mm。

(4)采用现浇整体式钢筋混凝土楼梯,梯段形式、步数、踏步尺寸、栏杆(栏板)形式、踏步面装修做法及材料由学生按当地习惯自行确定。

(5)楼梯间的墙体为砖墙,窗可用木窗、钢窗、铝合金窗及塑钢窗。

(6)楼层地面、平台地面做法及材料由学生自行确定。

3. 设计内容及深度要求

(1)设计内容:按所给出的平面图,在各层平面中设计布置底层通道、各梯段、休息平台、栏杆和扶手等。

①楼梯间底层、二层、顶层平面图等三个平面图,比例为 1∶50。

②楼梯间剖面图,比例 1∶30。

③楼梯节点详图 2～3 个。

(2)绘图要求:用铅笔或墨笔绘制一张楼梯构造图。图纸采用 2 号图纸。图中线条、材料符号等一律按建筑制图标准表示。要求字体工整,线条粗细分明。

(3)设计要求。

①在楼梯平面图中绘出定位轴线,标出定位轴线至墙边的尺寸。在底层平面图中绘出楼梯间、门窗,楼梯踏步平台及栏杆扶手、折断线。以各层地面为基准标注楼梯的上、下指示箭头,并在上行指示线旁注明到上层的步数和踏步尺寸。

②在楼梯平面图中注明中间平台及各层地面标高。

③在首层楼梯平面图上注明剖面剖切线的位置及编号,注意剖切线的剖视方向。剖切线应通过楼梯间的门和窗。还应绘出室外台阶或坡道、部分散水的投影等。

(4)平面图上要求标注三道尺寸。

①进深方向:

第一道:平台净宽、梯段长:踏步宽×踏步数。

第二道:楼梯间净长。

第三道:楼梯间进深轴线尺寸。

②开间方向:

第一道:楼梯段宽度和楼梯井宽度。

第二道:楼梯间净宽。

第三道:楼梯间开间轴线尺寸。

③内部标注楼层和中间平台标高、室内外地面标高,标注楼梯上下行指示线;注明该层楼梯的踏步数和踏步尺寸。

④注写图名、绘图比例,底层平面图还应标注剖切符号。

(5)首层平面图上图上要绘出室外(内)台阶,散水。二层平面图应绘制出雨棚,三层及三层以上平面图不用绘制雨棚。

(6)剖面图应注意剖视方向,不要把方向弄错。剖面图可绘制顶层栏杆扶手,其上用折断线切断,暂不绘制屋顶。

(7)剖面图的内容为:楼梯的断面形式,栏杆(栏板)、扶手形式,墙、楼板和楼层地面,顶棚、台阶,室外地面,首层地面等。

(8)标注标高:楼梯间的底层地面、室内地面、室外地面、各层休息平台、各层地面、窗台及窗顶、门顶、雨棚上、下皮等处。

(9)在剖面图中绘出定位轴线,并标注定位轴线间的尺寸。标注出详图索引号。

(10)详图应注明材料、做法和尺寸。与详图无关的连续部分可用折断线断开,注出详图编号。

第6章

屋 顶

本章学习要点

1. 了解屋顶的作用、功能、设计要求以及分类
2. 掌握柔性和刚性屋面的概念,构造组成以及适用范围
3. 掌握泛水的构造及屋面排水的构造做法
4. 了解瓦屋面的构造做法

6.1 屋顶概述

6.1.1 屋顶的作用

屋顶是房屋最上层起承重和覆盖作用的构件。它的作用主要有以下三个方面:一是防御自然界的风、雨、雪、太阳辐射热和冬季低温等的影响;二是承受自重及风、沙、雨、雪等荷载及施工或屋顶检修人员的活荷载;三是屋顶是建筑物的重要组成部分,对建筑形象的美观起着重要的作用。

6.1.2 屋顶的设计要求

屋顶作为外围护结构,应满足防水、保温、隔热以及隔声、防火等要求。屋顶作为承重结构,还应满足承重构件的强度、刚度和整体空间的稳定性要求。

1. 刚度和强度要求

屋顶作为房屋的主要围护构件和承重构件,其结构的稳定是最基本的,也是最为重要的,所以屋顶必须满足足够的强度和刚度,保证在各种破坏出现时(如温度变形、地基不均匀沉降、地震等)屋顶不被破坏,不会引起屋面渗漏和威胁到人身财产安全。

2. 排水和防水要求

排水和防水是屋顶设计最为主要的目的之一,排水时利用屋面形成适当的坡度来将雨水迅速地排除;防水是通过屋面防水材料将雨水隔绝在屋顶结构层以外,以保证屋顶的正常使用。

3. 保温与隔热

屋顶是建筑的顶部围护结构,所以其必须具有足够的保温与隔热性能以保证建筑内部的人能有一个舒适的工作和生活环境。在南方炎热地区主要以屋顶的隔热为主;在北方寒冷地区,主要以屋顶的保温为主。

4. 建筑的艺术要求

屋顶是建筑立面的重要组成部分,对于整个建筑的造型有重大的影响,所以在进行屋面设计的时候,应该注意其在立面上的视觉效果。

6.1.3 屋顶的形式

由于屋面材料和承重结构形式不同,屋顶有多种类型,如图 6-1 所示。

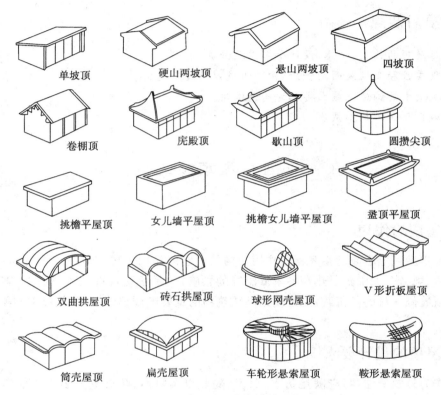

图 6-1 屋顶形式

(1)按屋顶的坡度和外形分类,屋顶分为平屋顶、坡屋顶和其他形式屋顶。

(2)按保温要求分类,屋顶可以分为保温屋面和无保温屋面。

(3)按屋面是否上人分类,屋顶可以分为上人屋面和不上人屋面。

(4)按排水方式分类,屋顶可以分为有组织排水屋面和无组织排水屋面。

6.1.4 平屋顶

平屋顶是指的屋面坡度在 1%~3% 以下的屋顶。它是目前应用最为广泛的一类屋顶,它主要由顶棚层,结构层,保温层,防水层,保护层组成。

1. 顶棚层

在结构层下方,起美观和装饰作用,也可以将部分管线铺设于悬吊顶棚之内来增强屋顶的美观性。

2. 结构层

结构层承受屋顶上部的所有荷载,并把这些荷载传给墙体、梁、柱。目前普遍使用的屋顶结构为现浇钢筋混凝土结构。

3. 保温层

保温层主要起保温隔热作用,一般位于结构层与防水层之间,在北方寒冷低于也可倒置于防水层之外。保温层主要为松散材料,如加气混凝土,泡沫塑料,膨胀蛭石,膨胀珍珠岩等等。

4. 防水层

防火层是用来防止雨水渗入屋面,主要有刚性防水屋面和柔性防水屋面两种做法。

5. 保护层

屋面最外部的保护构造,是用来增强屋面的耐久性。

6.2 屋顶排水方式与设计

6.2.1 平屋顶排水

平屋顶上人屋面的坡度一般采用 $1\% \sim 2\%$,不上人屋面的坡度一般采用 $2\% \sim 3\%$。平屋顶主要有无组织排水和有组织排水两种排水方式。

1. 无组织排水

无组织排水是将屋面的雨水直接从檐口自由滴落至地面的一种排水方式,见图 6-2。因其不需构造天沟等排水构造,故又称为自由落水。自由落水的檐口构造如图 6-3 所示。要求屋檐挑出墙面,并在端头做滴水,防止雨水顺外墙面漫流而污染墙体。无组织排水的特点是:构造简单,造价低,不易渗漏和堵塞,适用于雨水少的地区和低层建筑使用。但这种无组织排水会导致雨水四处流淌给人们的使用带来不便,而且影响建筑美观性,所以目前使用逐渐减少。

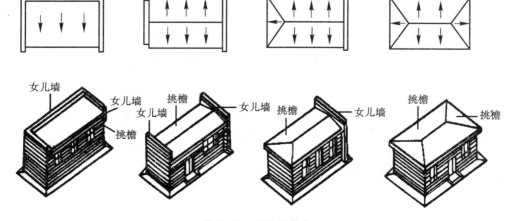

图 6-2 无组织排水

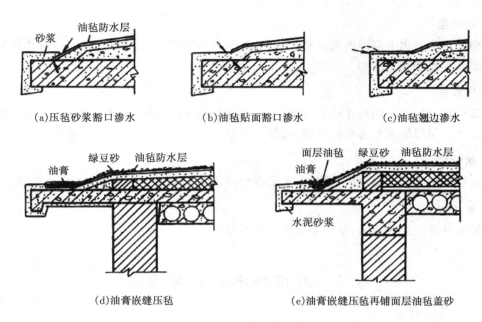

(a)压毡砂浆豁口渗水　　　　(b)油毡贴面豁口渗水　　　　(c)油毡翘边渗水

(d)油膏嵌缝压毡　　　　　(e)油膏嵌缝压毡再铺面层油毡盖砂

图 6-3　自由落水檐口构造

2. 有组织排水

有组织排水是指雨水经由天沟、雨水管等排水装置被引导至地面或地下管沟的一种排水方式。有组织排水在建筑工程中应用广泛,如图 6-4 所示。

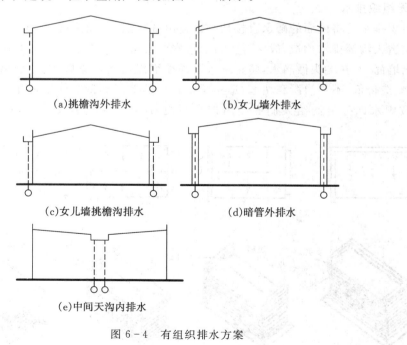

(a)挑檐沟外排水　　　　　　(b)女儿墙外排水

(c)女儿墙挑檐沟排水　　　　　(d)暗管外排水

(e)中间天沟内排水

图 6-4　有组织排水方案

6.2.2 有组织排水常用方案

1. 檐沟外排水

屋面雨水汇集到悬挑在外的檐沟内,再由水落管排下。檐沟外排水可以分为平屋盖挑檐沟外排水和坡屋盖檐沟外排水。

2. 女儿墙外排水

房屋周围的外墙高于屋面时即形成封檐,高于屋面的这段外墙常称作女儿墙。在女儿墙与屋面交接处做出 1‰ 的纵坡,使屋面雨水流向水落口的弯管,穿过女儿墙流入室外的雨水管,即形成女儿墙外排水。平屋盖女儿墙外排水是一种常用的方式。

3. 内排水

外排水构造简单,雨水管不占用室内空间,故在南方应优先采用。但在有些情况下采用外排水并不恰当。例如在高层建筑中,因维修室外雨水管既不方便,更不安全。又如在严寒地区也不适宜用外排水,因室外的雨水管中的雨水有可能结冻,而处于室内的雨水管则不会发生这种情况。雨水通过在建筑内部的雨水管排走。如中间天沟内排水、高低跨内排水等。如图 6-5 所示。

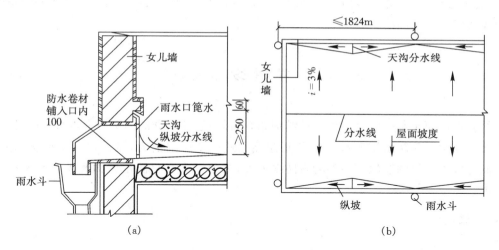

图 6-5 屋面排水方式及檐口构造

实践中可根据需要出现各种不同的排水方案,如管道井暗管排水等。

6.2.3 屋顶排水组织设计

屋顶排水组织设计的主要任务是将屋面划分成若干排水区,分别将各区的雨水引向雨水管,做到排水线路简捷、雨水口负荷均匀、排水顺畅、避免屋顶积水而引起渗漏。一般按下列步骤进行:

1. 确定排水坡面的数目(分坡)

一般情况下,临街建筑平屋顶屋面宽度小于 12 m 时,可采用单坡排水;其宽度大于 12 m 时,宜采用双坡排水。坡屋顶应结合建筑造型要求选择单坡、双坡或四坡排水。

2. 划分排水区

划分排水区的目的在于合理地布置水落管。排水区的面积是指屋面水平投影的面积,每一根水落管的屋面最大汇水面积不宜大于 200 m²。雨水口的间距为 18~24 m。

3. 确定天沟所用材料和断面形式及尺寸

天沟即屋面上的排水沟,位于檐口部位时又称檐沟。设置天沟的目的是汇集屋面雨水,并将屋面雨水有组织地迅速排除。天沟根据屋顶类型的不同有多种做法。如坡屋顶中可用钢筋混凝土、镀锌铁皮、石棉水泥等材料做成槽形或三角形天沟。平屋顶的天沟一般用钢筋混凝土制作,当采用女儿墙外排水方案时,可利用倾斜的屋面与垂直的墙面构成三角形天沟;当采用檐沟外排水方案时,通常用专用的槽形板做成矩形天沟。

4. 确定水落管规格及间距

水落管按材料的不同有铸铁、镀锌铁皮、塑料、石棉水泥和陶土等,目前多采用铸铁和塑料水落管,其直径有 50 mm,75 mm,100 mm,125 mm,150 mm,200 mm 几种规格。一般民用建筑最常用的水落管直径为 100 mm,面积较小的露台或阳台可采用 50 mm 或 75 mm 的水落管。水落管的位置应在实墙面处,其间距一般在 18 m 以内,最大间距宜不超过 24 m,因为间距过大,则沟底纵坡面越长,会使沟内的垫坡材料增厚,减少了天沟的容水量,造成雨水溢向屋面引起渗漏或从檐沟外侧涌出。

6.3 卷材防水屋面

卷材防水屋面是利用防水卷材与粘结剂结合,形成连续致密的构造层来防水的一种屋顶。卷材防水屋面由于其防水层具有一定的延伸性和适应变形的能力,又被称作柔性防水屋面。卷材大概可分为高聚物改性沥青类卷材防水屋面、高分子类卷材防水屋面和沥青类卷材防水屋面三类。

6.3.1 卷材

1. 高聚物改性沥青类防水卷材

高聚物改性沥青类防水卷材是以高分子聚合物改性沥青为涂盖层,纤维织物或纤维毡为胎体,粉状、粒状、片状或薄膜材料为覆面材料制成的可卷曲片状防水材料。

2. 高分子防水卷材

凡以各种合成橡胶、合成树脂或二者的混合物为主要原料,加入适量化学助剂和填充料加工制成的弹性或弹塑性卷材,均称为高分子防水卷材。高分子防水卷材具有重量轻,适用温度范围宽(−20℃~80℃),耐候性好,抗拉强度高(2~18.2MPa),延伸率大(>45%)等优点。

3. 沥青类防水卷材

沥青油毡防水屋面的防水层容易产生起鼓、沥青流淌、油毡老化、开裂等问题,从而导致防水质量下降和使用寿命缩短,近年来在实际工程中已较少采用。

6.3.2 卷材胶粘剂

1. 溶剂型胶粘剂

溶剂型胶粘剂与各种卷材配套使用。

2. 冷底子油

冷底子油将沥青稀释溶解在煤油、轻柴油或汽油中制成,涂刷在水泥砂浆或混凝土层面作打底用。

6.3.3 卷材防水屋面构造

卷材防水屋面具有多层次构造的特点,其构造组成分为基本层次和辅助层次两类。

1. 构造层次

卷材防水屋面的基本构造层次按其作用分别为:结构层、找平层、结合层、防水层、保护层。

(1)结构层:结构层多为刚度好,变形小的各类钢筋混凝土屋面板。

(2)找平层:找平层一般采用1:3水泥砂浆或1:8沥青砂浆,为防止找平层变形开裂而波及卷材防水层,宜在找平层中留设分格缝。分格缝的宽度一般为 20 mm,纵横间距不大于 6 m。分格缝上面应覆盖一层 200～300 mm 宽的附加卷材,用粘结剂单边点贴。

(3)结合层:结合层的作用是使卷材与基层胶结牢固。沥青类卷材通常用冷底子油作结合层,高分子卷材则多用配套基层处理剂。

(4)防水层:①高聚物改性沥青防水层:高聚物改性沥青防水卷材的铺贴方法有冷粘法及热熔法两种。②高分子卷材防水层(以三元乙丙卷材防水层为例):三元乙丙卷材是一种常用的高分子橡胶防水卷材,其构造做法是:先在找平层(基层)上涂刮基层处理剂如 CX－404 胶等,要求薄而均匀,待处理剂干燥不粘手后即可铺贴卷材。卷材一般应由屋面低处向高处铺贴。卷材可平行或垂直于屋脊方向铺贴并按水流方向搭接。

(5)保护层:设置保护层的目的是保护防水层使卷材不致因光照和气候等的作用迅速老化,防止沥青类卷材的沥青过热流淌或受到暴雨的冲刷。保护层的构造做法视屋面的利用情况而定。不上人时,沥青油毡防水屋面一般在防水层撒粒径 3～5 mm 的小石子作为保护层,高分子卷材如三元乙丙橡胶防水屋面等通常是在卷材面上涂刷水溶型或溶剂型的浅色保护着色剂,如氯丁银粉胶等,其构造做法如图 6－6(a)所示。上人屋面的保护层,常用的做法有:用沥青砂浆铺贴缸砖、大阶砖、混凝土板等块材,在防水层上现浇 30～40 mm 厚的细石混凝土,其构造做法如图 6－6(b)所示。

2. 辅助层次

辅助构造层是为了满足房屋的使用,或提高屋面性能而补充设置的构造层,如保温层、隔热层、隔蒸汽层、找坡层等。

隔汽层是为了防止水汽进入屋面保温(隔热)层而影响屋面的保温效果,隔汽层应设置在保温层下。

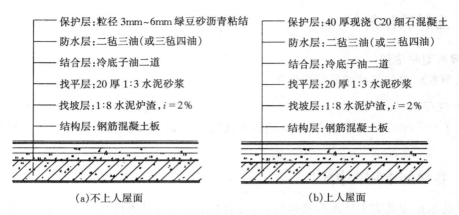

保护层:粒径 3mm~6mm 绿豆砂沥青粘结	保护层:40 厚现浇 C20 细石混凝土
防水层:二毡三油(或三毡四油)	防水层:二毡三油(或三毡四油)
结合层:冷底子油二道	结合层:冷底子油二道
找平层:20 厚 1:3 水泥砂浆	找平层:20 厚 1:3 水泥砂浆
找坡层:1:8 水泥炉渣,$i=2\%$	找坡层:1:8 水泥炉渣,$i=2\%$
结构层:钢筋混凝土板	结构层:钢筋混凝土板

(a)不上人屋面 (b)上人屋面

图 6-6 卷材防水屋面构造做法

6.3.4 细部构造

1. 泛水构造

泛水指屋顶上沿着所有垂直面所设的防水构造,其做法及构造要点如下:

(1)将屋面的卷材防水层继续铺至垂直面上,其上再加铺一层附加卷材,泛水高度不得小于 250 mm。

(2)屋面与垂直面交接处应将卷材下的砂浆找平层抹成直径不小于 150 mm 的圆弧形或 45°斜面。

(3)做好泛水上口的卷材收头固定,防止卷材在垂直墙面上下滑。泛水构造如图 6-7 所示。

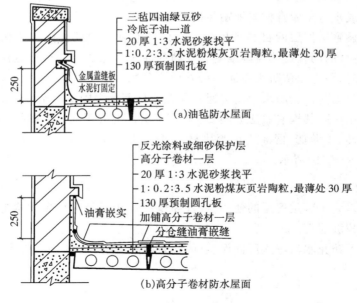

三毡四油绿豆砂
冷底子油一道
20 厚 1:3 水泥砂浆找平
1:0.2:3.5 水泥粉煤灰页岩陶粒,最薄处 30 厚
130 厚预制圆孔板
金属盖缝板
水泥钉固定
(a)油毡防水屋面

反光涂料或细砂保护层
高分子卷材一层
20 厚 1:3 水泥砂浆找平
1:0.2:3.5 水泥粉煤灰页岩陶粒,最薄处 30 厚
130 厚预制圆孔板
加铺高分子卷材一层
分仓缝油膏嵌缝
油膏嵌实
(b)高分子卷材防水屋面

图 6-7 泛水构造做法

2. 挑檐口构造

挑檐口分为无组织排水和有组织排水两种做法,如图6-8所示。挑檐沟构造的要点是:

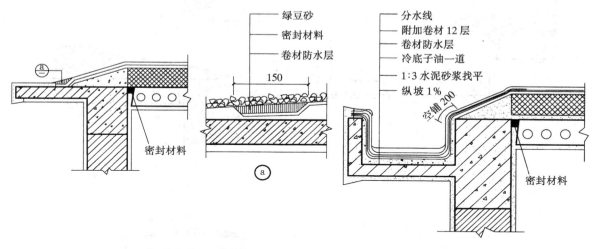

图6-8 挑檐口的构造做法

(1)檐沟加铺1~2层附加卷材;

(2)沟内转角部位的找平层应做成圆弧形或45°斜面;

(3)为了防止檐沟壁面上的卷材下滑,应做好收头处理。

无组织排水挑檐沟防水构造的要点是:做好卷材的收头,使屋盖四周的卷材封闭,避免雨水渗入。收头处通常用油膏嵌实。

3. 水落口构造

水落口是用来将屋面雨水排至雨水管而在檐口处或檐沟内开设的洞口。有组织外排水常用的有檐沟水落口及女儿墙水落口两种形式,有组织内排水的水落口则设在天沟上,构造与外排水檐沟式的相同。

水落口分为直管式和弯管式两类,直管式适用于中间天沟、挑檐沟和女儿墙内排水天沟,弯管式适用于女儿墙外排水。

直管式水落口的构造要点:将各层卷材(包括附加卷材)粘贴在套管内壁上,表面涂防水油膏,用环行筒将卷材压紧,嵌入的深度至少为100 mm。

弯管式水落口的构造要点是:将屋面防水层及泛水的卷材铺贴到套管内壁四周,铺入深度至少为100 mm,套管口用铸铁箅遮盖,以防污染物堵塞水落口。

直管式水落口构造如图6-9所示,弯管式水落口构造如图6-10所示。

4. 屋面变形缝构造

屋面变形缝的构造处理原则是既不能影响屋面的变形,又要防止雨水从变形缝处渗入室内。屋面变形缝按建筑设计可设于同层等高屋面上,也可设在高低屋面的交接处。

(1)等高屋面变形缝的做法是:在缝两边的屋面板上砌筑矮墙,以挡住屋面雨水。矮墙的高度不小于250 mm,半砖墙厚。屋面卷材防水层与矮墙面的连接处理类同泛水构造,缝内嵌填沥青麻丝。矮墙顶部可用镀锌铁皮或混凝土盖板压顶,如图6-11所示。

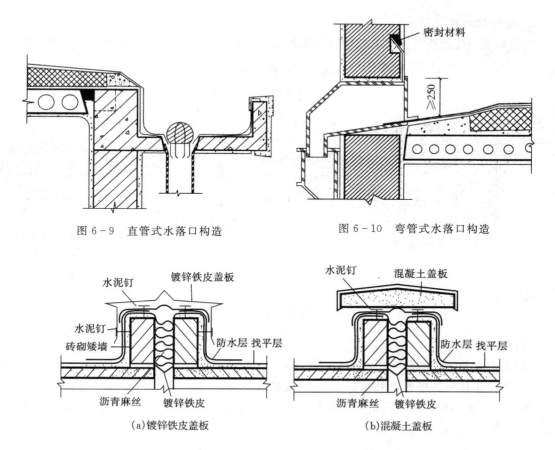

图 6-9　直管式水落口构造　　　　图 6-10　弯管式水落口构造

（a）镀锌铁皮盖板　　　　　　（b）混凝土盖板

图 6-11　等高屋面变形缝构造

（2）高低屋面变形缝的做法是：在低侧屋面板上砌筑矮墙，当变形缝宽度较小时，可用镀锌铁皮盖缝并固定在高侧墙上，做法同泛水构造；也可以从高侧墙上悬挑钢筋混凝土板盖缝，如图 6-12 所示。

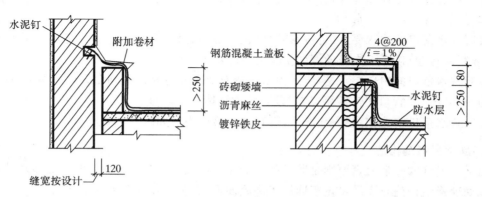

图 6-12　高低屋面变形缝

5. 屋面检修孔、屋面出入口构造

不上人屋面须设屋面检修孔。屋面出入口处的构造类同于泛水构造。检修口与屋面出入口构造做法如图 6-13 所示。

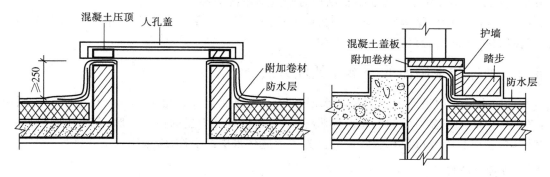

图 6-13　检修口与屋面出入口构造做法

6.4　刚性防水屋面

刚性防水屋面是指用细石混凝土做防水层的屋面,因混凝水属于脆性材料,抗拉强度较低,故而称为刚性防水屋面。刚性防水屋面的主要优点是构造简单、施工方便、造价较低;缺点是易开裂,对气温变化和屋面基层变形的适应性较差,所以刚性防水多用于我国南方地区防水等级为Ⅲ级的屋面防水,也可用作防水等级为Ⅰ、Ⅱ级的屋面多道设防中的一道防水层。

6.4.1　刚性防水屋面的构造层次及做法

刚性防水屋面的构造层一般有:防水层、隔离层、找平层、结构层等,如图 6-14 所示。刚性防水屋面应尽量采用结构找坡。

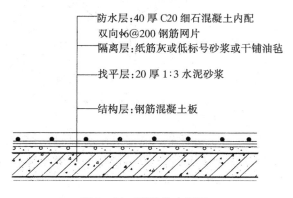

图 6-14　刚性防水屋面

(1)防水层。防水层采用不低于 C20 的细石混凝土整体现浇而成,其厚度不小于 40 mm,并应配置直径为 $\phi 4 \sim \phi 6$ mm 间距为 $100 \sim 200$ mm 的双向钢筋网片。

（2）隔离层。隔离层位于防水层与结构层之间，其作用是减少结构变形对防水层的不利影响。隔离屋可采用铺纸筋灰、低标号砂浆，或薄砂层上干铺一层油毡等做法。

（3）找平层。当结构层为预制钢筋混凝土板时，其上应用1：3水泥砂浆作找平层，厚度为20 mm。若屋面板为整体现浇混凝土结构时则可不设找平层。

（4）结构层。屋面结构层一般采用预制或现浇的钢筋混凝土屋面板，结构层应有足够的刚度，以免结构变形过大而引起防水层开裂。

6.4.2　刚性防水屋面的变形与处理方法

刚性防水屋面的最严重问题是防水层在施工完成后出现裂缝而漏水。裂缝产生的原因有：气候变化和太阳辐射引起的屋面热胀冷缩；有屋面板受力后的挠曲变形；有墙身坐浆收缩、地基沉陷、屋面板徐变以及材料收缩等。为了适应防水层的变形，常采用以下几种处理方法。

1. 设置分格缝

（1）分格缝的作用：设置一定数量的分格缝可将单块混凝土防水层的面积减小，从而减少其因伸缩和翘曲变形，可有效地防止和限制混凝土防水层裂缝的产生。

（2）分格缝的设置位置：分格缝应设置在装配式结构屋面板的支承端、屋面转折处、与立墙的交接处。分格缝的纵横间距不宜大于6 m。分格缝的位置可如图6-15所示。

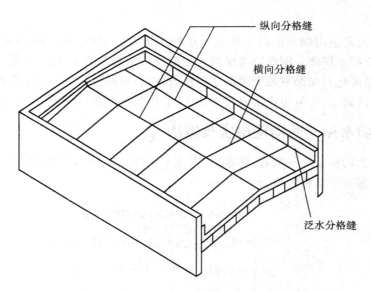

纵向分格缝

横向分格缝

泛水分格缝

图6-15　屋面分格缝的位置设置

在横墙承重的民用建筑中，屋脊处应设一纵向分格缝；横向分格缝每开间设一道，并与装配式屋面板的板缝对齐；沿女儿墙四周的刚性防水层也应设分格缝。其他突出屋面的结构物四周均应设置分格缝的构造可参见图6-16。

2. 设置隔离层

在刚性防水层与结构层之间增设一隔离层，使上下分离以适应各自的变形，从而减少由于上下层变化不同而相互制约。

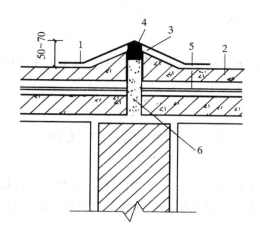

图 6-16　分隔缝构造做法

1—刚性防水层；2—密封材料；3—背衬材料；4—防水卷材；5—隔离屋；6—细石混凝土

6.4.3　混凝土刚性防水屋面的细部构造

与卷材防水一样，刚性防水屋面也要处理好泛水、天沟、檐口、雨水口等细部构造，另外还要处理好防水层的分隔缝构造。

1. 泛水构造

刚性防水层面的泛水构造要点与卷材屋面相同的地方是泛水应有足够高度，一般不低于250 mm，泛水应嵌入立墙上的凹槽内并用压条及水泥钉固定。不同的地方是刚性防水层与屋面突出物（女儿墙、烟囱等）间须留分格缝，另铺贴附加卷材盖缝形成泛水。

（1）女儿墙泛水：女儿墙与刚性防水层间留分格缝，使混凝土防水层在收缩和温度变形时不受女儿墙的影响，可有效地防止其开裂。分格缝内用油膏嵌缝，缝外用附加卷材铺贴至泛水所需高度并做好压缝收头处理，以免雨水渗进缝内。

（2）变形缝泛水：变形缝分为高低屋面变形缝和横向变形缝两种情况。

（3）管道出屋面构造：伸出屋面的管道（如厨、卫等房间的透气管）与刚性防水层间应留设分隔缝，管道周围做泛水。

2. 檐口构造

刚性防水屋面常用的檐口形式有自由落水檐口、挑檐沟外排水檐口、女儿墙外排水檐口、坡檐口等。

（1）自由落水檐口：当挑檐较短时，可将混凝土防水层直接悬挑出去形成挑檐口。当挑檐较长时，应采用与屋顶圈梁连为一体的悬臂板形成挑檐。在挑檐板与屋面板上做找平层和隔离层后浇筑混凝土防水层，檐口处做好滴水。

（2）挑檐沟外排水檐口：挑檐口采用有组织排水方式时，常将檐部做成排水檐沟板的形式。檐沟板的断面为槽形并与屋面圈梁连成整体。

（3）女儿墙外排水檐口：女儿墙外排水檐口，沿女儿墙四周边做泛水。

（4）坡檐口：由于在挑檐的端部加大了荷载，结构和构造设计都应特别注意悬挑构件的倾覆问题,要处理好构件的拉结锚固。

3. 雨水口构造

刚性防水屋面的雨水口常见的做法有两种,一种是用于天沟或檐沟的雨水口,另一种是用于女儿墙外排水的雨水口。前者为直管式,后者为弯管式。

6.5 涂膜防水屋面

涂膜防水屋面是用防水材料刷在屋面基层上,利用涂料干燥或固化以后的不透水性来达到防水的目的。其优点是不用在屋面板上另铺卷材或混凝土防水层,仅在板缝和板面采取简单的嵌缝和涂膜措施。

涂膜防水主要适用于防水等级为Ⅲ、Ⅳ级的屋面防水,也可用作Ⅰ、Ⅱ级屋面多道防水设防中的一道防水。

涂膜防水屋面的材料主要有涂料和胎体增强材料两大类。涂膜防水屋面的构造及做法如下:

1. 氯丁胶乳沥青防水涂料屋面

氯丁胶沥青防水涂料以氯丁胶乳和石油沥青为主要原料,选用阳离子乳化剂和其他助剂,经软化和乳化而成,是一种水乳型涂料。其构造做法如图 6-17 所示。

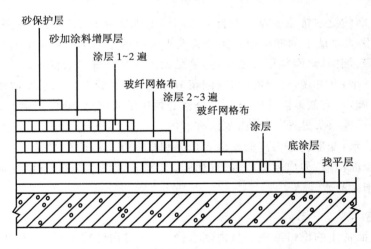

图 6-17 氯丁胶乳沥青防水涂料屋面构造

(1)找平层。在屋面板上用 1：2.5～1：3 的水泥砂浆做 15～20 mm 厚的找平层并设分格缝,分格缝宽 20 mm,其间距不大于 6m,缝内嵌填密封材料。

(2)底涂层。将稀释涂料(防水涂料:0.5～1.0 的离子水溶液 6：4 或 7：3)均匀涂布于找平层上作为底涂,干后再刷 2～3 度涂料。

(3)中涂层。中涂层要铺贴玻纤网格布,有干铺和湿铺两种施工方法。在已干的底涂层上干铺玻纤网格布,展开后加以点粘固定,当铺过两个纵向搭接缝以后依次涂刷防水涂料 2～3

度,待涂层干后按上述做法铺第二层网格布,然后再涂刷 1～2 度,铺法是在已干的底涂层上边涂防水涂料边铺贴网格布,干后再刷涂料。

(4)面层。面层根据需要可做细砂保护层或涂覆着色层。细砂保护层是在未干的中涂层上抛撒 20 厚浅色细砂并辊压,着色层可使用防水涂料或耐老化的高分子乳液作粘合剂,加上各种矿物养料配制成成品着色剂,涂布于中涂层表面。

2. 焦油聚氨酯防水涂料屋面

焦油聚氨酯防水涂料又名 851 涂膜防水胶,做法是:将找平以后的基层面吹扫干净待其干燥后,用配制好的涂液(甲、乙二液的重量比为 1:2)均匀涂刷在基层上。不上人屋面可待涂层干后在其表面刷银灰色保护涂料;上人屋面在最后一遍涂料未干时撒上绿豆砂,三天后在其上做水泥砂浆或浇混凝土贴地砖的保护层。

6.6 瓦屋面

瓦屋面一般是在屋面基层上铺盖各种瓦材,利用瓦材的相互搭接来防止雨水渗漏;也有出于造型需要而在屋面盖瓦,利用瓦下的基层材料来防水的做法。

1. 瓦屋面的承重结构

(1)瓦屋面承重结构的形式:瓦屋面的承重结构一般可分为桁架结构、梁架结构和空间结构三种。

(2)瓦屋面按屋面基层的组成方式也可分为有檩和无檩体系两种。

无檩体系是将屋面板直接搁在山墙、屋架或屋面梁上,瓦主要起造型和装饰的作用。

在有檩体系中,檩条常用木材、型钢或钢筋混凝土制作。木檩条的跨度一般在 4 m 以内,断面为矩形或圆形。钢筋混凝土檩条的跨度一般为 4 m,有时可达 6 m。其断面有矩形、T 形和 L 形等。屋架可用木、钢筋混凝土制作。

(3)瓦屋面承重结构的布置:坡屋顶瓦屋面承重结构布置主要是指屋架和檩条的布置,其布置方式视屋顶形式而定。

2. 瓦屋面的基层和防水层

瓦屋面的防水材料为各种瓦材及与瓦材配合使用的各种涂膜防水材料和卷材防水材料。基层为檩条、屋面板、挂瓦条等,或者是各类钢筋混凝土板。瓦屋面的名称随瓦的种类而定,如平瓦屋面,小青瓦屋面,石棉水泥瓦屋面,金属瓦屋面,彩色压型钢板屋面等。基层的做法则随瓦的种类和房屋的质量要求而定。

6.7 屋顶的保温和隔热

6.7.1 屋顶保温

寒冷地区或者有特殊要求的建筑,屋顶应设计成保温屋面。为了提高屋顶的热阻,需要在屋顶中增加保温层。

1. 保温材料

保温材料应具有吸水率低,导热系数较小并具有一定的强度的性能。屋面保温材料一般为轻质多孔材料,分为三种类型:

(1)松散保温材料。常用的有膨胀蛭石、膨胀珍珠岩、矿棉、炉渣等。

(2)整体保温材料。常用水泥或沥青等胶结材料与松散保温材料拌合,整体浇筑。如水泥炉渣、沥青膨胀珍珠岩、水泥膨胀蛭石等。

(3)板状保温材料。如加气混凝土板、泡沫混凝土板、膨胀珍珠岩板、膨胀蛭石板、矿棉板、岩棉板、泡沫塑料板、木丝板、刨花板、甘蔗板等。

2. 平屋顶的保温构造

平屋顶因其屋面坡度平缓,适合将保温层放在屋面的结构层上。保温层通常放在防水层之下,结构层之上。根据其与防水层相对位置的不同分为内置式和外置式。保温屋面与非保温屋面所不同的是增加了保温层和保温层上下的找平层与隔气层。隔汽层阻止了外界水蒸气渗入保温层。隔气层通常的做法是一毡二油,铺设在保温层下。

6.7.2 屋顶隔热

屋顶隔热降温的基本原理是减少直接作用于屋盖表面的太阳辐射能量。所采用的主要构造做法是屋顶间层通风隔热、屋顶蓄水隔热、屋顶植被隔热、屋顶反射阳光隔热等方式。

1. 屋盖通风隔热

(1)架空通风隔热。架空通风隔热间层设于屋面防水层上,架空层内的空气可以自由流通,其隔热原理是:一方面利用架空的面层遮挡直射阳光,另一方面架空层内被加热的空气与室外冷空气产生对流,将层内的热量源源不断地排走,从而达到降低室温的目的。架空通风层通常用砖、瓦、混凝土等材料及制品制作,如图 6-18 所示。

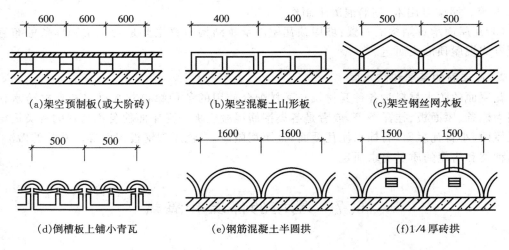

（a)架空预制板(或大阶砖)　　（b)架空混凝土山形板　　（c)架空钢丝网水板

（d)倒槽板上铺小青瓦　　（e)钢筋混凝土半圆拱　　（f)1/4 厚砖拱

图 6-18　架空隔热层构造

(2)顶棚通风隔热。利用顶棚与屋面之间的空间作通风隔热层可以起到架空通风层同样的作用。设计时注意设置一定数量的通风孔,通风层有足够的净空高度,通风孔防止雨水飘进。

2. 种植隔热屋面

种植隔热的原理是:在平屋顶上种植植物,借助栽培介质隔热及植物吸收阳光进行光合作用和遮挡阳光的双重功效来达到降温隔热的目的。

一般种植隔热屋面是在屋面防水层上直接铺填种植介质,栽培植物,其构造要点如图6－19所示。

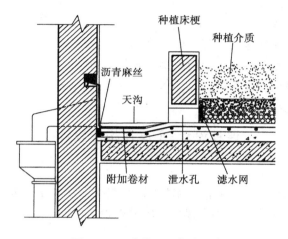

图 6－19　种植屋面构造示意

(1)选择适宜的种植介质:为了不过多地增加屋面荷载,宜尽量选用轻质材料作栽培介质,常用的有谷壳、蛭石、陶粒、泥炭等,即所谓的无土栽培介质。栽培介质的厚度应满足屋顶所栽种的植物正常生长的需要,可参考表种植层的深度选用,但一般不宜超过 300 mm。

(2)种植床的做法:种植床又称苗床,可用砖或加气混凝土来砌筑床埂。

(3)种植屋面的排水和给水。一般种植屋面应有一定的排水坡度(1%～3%),以便及时排除积水。通常在靠屋面低侧的种植床与女儿墙间留出 300～400 mm 的距离,利用所形成的天沟有组织排水。如采用含泥沙的栽培介质,屋面排水在出水口处设挡水坎,以沉积水中的泥沙。

(4)种植屋面的防水层。种植屋面可以采用一道或多道(复合)防水设防,但最上面一道应为刚性防水层,要特别注意防水层的防蚀处理。

(5)注意安全防护问题。种植屋面是一种上人层面,护栏的净保护高度不宜小于1.1m。

3. 蓄水隔热屋面

蓄水隔热屋面是利用屋顶的蓄水层来达到隔热目的的隔热屋面。

4. 蓄水种植隔热屋面

蓄水种植隔热屋面是将一般种植屋面与蓄水屋面结合起来,进一步完善其构造后所形成的一种新型隔热屋面。

5. 反射屋面

对屋面面层进行浅色处理,减少太阳辐射对屋面的作用,降低屋面表面温度,达到改善屋面隔热效果的目的。

思考题

1. 屋顶的类型有哪几种?
2. 屋顶排水方式主要有哪几种?有何特点?
3. 什么是柔性防水屋面?其基本构造层次是怎样的?
4. 简述泛水的构造要点。
5. 简述挑檐口构造要点。
6. 简述屋面变形缝构造要点。
7. 什么是刚性防水屋面?其基本构造层次是怎样的?
8. 简述防水层分隔缝构造要点。

课程设计:平屋顶构造设计

1. 目的要求

通过作业了解和掌握民用建筑屋顶构造设计的程序、内容,使学生对屋顶设计施工图内容有较完整的了解,进一步掌握绘制和识读施工图的能力。

2. 设计条件

(1)某多层办公楼,平面图由老师给出。

(2)结构类型:砖混结构。

(3)屋顶类型:平屋顶。

(4)排水方式:有组织排水,檐口排水形式由学生自定。

(5)防水方案:卷材防水或刚性防水。

(6)有保温或隔热要求。

3. 作业要求及深度

要求:铅笔绘制 3 号图一张,线条、材料符号按建筑制图标准,字体工整,线条粗细分明。

(1)屋顶平面图(比例 1∶200)。

①画出各坡面分水线、檐沟或女儿墙和天沟、雨水口和屋面上人孔等,刚性防水屋面还应画出纵横分仓缝。

②标注屋面、檐沟的排水方向和坡度值,标注屋面上人孔等突出屋面部分的相关尺寸。

③标注各转角处及雨水管附近的定位轴线和编号。

④外部标注两道尺寸(即轴线尺寸和雨水口到邻近轴线的距离或雨水口的间距)。

⑤标注详图索引符号,注写图名和比例。

(2)屋顶节点详图(比例 1∶10 或 1∶20)。

①檐口构造。

a.采用檐沟外排水时,表示清楚檐沟板的形式、屋顶各层构造、檐沟处的防水处理,以及檐沟板与圈梁、墙、屋面板之间的相互关系,标注檐沟尺寸,注明檐沟饰面层的做法和防水层的收头构造做法。

　　b. 采用女儿墙外排水时,表示清楚女儿墙压顶构造、泛水构造、屋顶各层构造和天沟形式等,注明女儿墙压顶和泛水的构造做法,标注女儿墙的高度、泛水高度等尺寸。

　　c. 采用檐沟女儿墙外排水时要求同①、②相似。

　　d. 用多层构造引出线注明屋顶各层构造做法,标注屋面排水方向和坡度值,标注详图符号和比例,剖切到的部分用材料图例表示。

　　②雨水口构造:表示清楚雨水口的形式,雨水口处的防水处理,注明细部做法,标注有关尺寸、详图符号和比例。

第7章

门　窗

本章学习要点

1. 熟悉门窗的作用及门窗常用的材料
2. 掌握门窗的开启方式及尺度
3. 了解门窗的安装及节点构造
4. 了解建筑物遮阳的形式

门窗是房屋建筑中重要的围护及分隔构件,不承重。门的主要功能是供交通出入及联系、分隔建筑空间;带玻璃的门也可以起到采光和通风的作用。窗的主要功能是采光、通风观察和递物,可以为使用者提供良好的视野。根据不同的使用环境,门窗还应提供保温、隔热、隔声、防水、防火、防盗等功能。门窗的大小、比例尺度、样式、颜色、位置、数量等对建筑物的立面视觉效果和装修都会带来一定的影响。因此,对建筑物门窗的要求应该是:坚固、耐用、开启方便、功能合理、便于维修。

门窗按其制作材料有木门窗、钢门窗、铝合金门窗、塑料门窗、玻璃门窗等。

7.1　门窗的形式与尺度

7.1.1　门的开启方式

门的开启方式主有:平开门、弹簧门、推拉门、折叠门、转门、卷帘门等。门的开启方式由使用功能决定(见图 7-1)。

1. 平开门

平开门为水平开启,可以分为双扇和单扇,内开和外开,铰链安装在侧面。平开门的构造简单,开启灵活,制作安装和维修均较方便,在建筑物中使用广泛。

2. 弹簧门

弹簧门形式如平开门。但侧边用弹簧铰链或下面用地弹簧传动,构造比平开门稍复杂,开启后能自动关闭。弹簧门上一般都装有玻璃,双向行人可以互相观察到对方,以免相互碰撞。弹簧门一般都用于人流出入较频繁或有自动关闭要求的场所,幼托、中小学等建筑中不得使用弹簧门,以保证安全。

3. 推拉门

推拉门也称移门、拉门或扯门。推拉门可分为单扇或双扇,开关时沿轨道左右滑行,开启

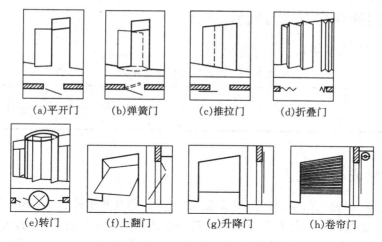

(a)平开门　　(b)弹簧门　　(c)推拉门　　(d)折叠门

(e)转门　　(f)上翻门　　(g)升降门　　(h)卷帘门

图 7-1 门的类型

时门扇可以隐藏在墙内或是悬于墙面外,开启不占室内空间。但其五金制作较为复杂,安装条件较高。在某些人流较多的地方还可以利用传感控制自动推拉。推拉门由门扇、门框、地槽、导轨、滑轮组成。门框可以用镁铝合金、铝合金、木材、空腹薄壁型钢等,门扇一般根据使用要求采用普通玻璃、磨砂玻璃、钢化玻璃等等。导轨设在门洞的上下方均可,前者为上挂式,后者为下滑式。

4. 折叠门

折叠门一般为多门扇折叠,门扇可分组折叠并推移到侧边,在需要时将门两边的空间合并为一个空间。传动方式简单的折叠门可以同平开门一样,只在侧面安装铰链,复杂者在门的上边或下边需要安装轨道及转动的五金配件。

5. 转门

转门是由两个固定的弧形门套和垂直旋转的门扇构成。转门一般为二或四扇连成风车形,在两个固定弧形门套内旋转。其对防止内外空气的对流有一定的作用,可作为公共建筑及有空调房屋的外门。一般在转门的两侧设置平开或弹簧门,以作为大量人流疏散时使用。

6. 卷帘门

卷帘门五金制作复杂,造价较高,多用于不经常开关的门洞。它是由很多冲压成形的金属叶片连接而成,叶片可用镀锌钢板或合金铝板轧制而成,叶片之间用铆钉连接。卷帘门还需要导轨、卷筒、驱动机构以及电气设备组成部分。开启时叶片沿着门洞两侧导轨上升,卷在卷筒上。开启时可充分利用上部空间,不占门洞使用面积。卷帘门的使用还可利用遥控装置。

7. 上翻门

上翻门的特点是充分利用上部空间,门扇不占用面积,五金及安装要求高。它适用于不经常开关的门,如车库大门。

8. 升降门

升降门的特点是开启时门扇沿轨道上升,它不占使用面积,常用于空间较高的民用与工业建筑。

7.1.2 常见门的开启方式与代号

门的开启形式与代号如表 7-1 所示。

表 7-1 门的开启方式与代号

开启形式	平开	折叠	推拉	地弹簧	平开下悬
代号	P	Z	T	DT	PX

7.1.3 门的组成与尺度

门主要由门框(门樘)、门扇、亮子(腰头窗)和五金零件及其附件组成,如图 7-2 所示。门扇通常有玻璃门、镶板门、夹板门、百叶门和沙门等形式。亮子在门的上方,起到通风和辅助采光的作用。门框是门扇及亮子与墙洞的联系构件。五金零件多式多样,通常有铰链、门锁,插销、风钩、拉手等。

门的尺度须根据交通运输和安全疏散要求设计。一般供人日常生活活动进出的门,门的高度不宜小于 2100 mm,如门设有亮子时,其高度在 300~600 mm;门的宽度:单扇门为 700~1000 mm,辅助房间如浴厕、储藏室的门为 700~800 mm,双扇门宽度为 1200~1800 mm。公共建筑和工业建筑的门可按需要适当提高,门的具体尺度各地均有标准图集,可按需要选取。

7.1.4 窗的开启方式

窗的开启方式主要取决于窗扇转到五金的位置及转动方式,通常有如下几种(如图 7-2 所示):

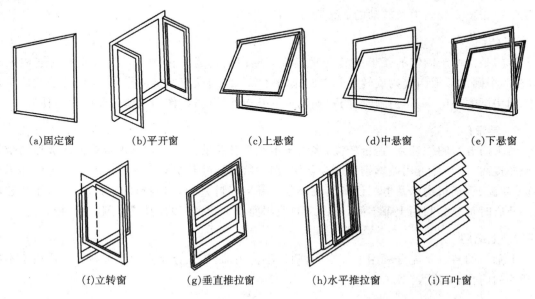

(a)固定窗　(b)平开窗　(c)上悬窗　(d)中悬窗　(e)下悬窗

(f)立转窗　(g)垂直推拉窗　(h)水平推拉窗　(i)百叶窗

图 7-2 窗的开启方式

(1)固定窗:不能开启的窗,不需要窗扇,一般将玻璃直接安装在窗框上,尺寸可较大。固定窗构造简单,密闭性好,不能通风,可供采光和眺望之用。

(2)平开窗:将窗扇用铰链固定在窗框的侧面,可水平开启,有内开和外开之分。外开可避免雨水侵入室内,并不占室内面积,故采用较多。平开窗构造简单,制作、安装和维护均比较方便,在一般建筑中使用广泛。

(3)悬窗:按转动铰链或转轴线位置的不同有上悬窗、中悬窗、下悬窗之分。一般上悬窗、中悬窗向外开启防雨效果较好,且有利于通风,常用于高窗。下悬窗外开不能防雨,向内开又会占室内面积,只是用于内墙高窗及门上亮子。

(4)立旋窗:为在窗扇上下冒头设转轴,理想转动的窗,转轴可设在窗扇中心,也可设在一侧。立旋窗的通风效果较好,但防雨密闭性较差,不便于安装纱窗,多用于单层厂房的低侧窗。不宜用于寒冷和多风沙的地区。

(5)推拉窗:分垂直推拉和水平推拉两种。水平推拉窗一般在窗扇上下设滑轨槽,开启时不占据室内空间,窗扇受力状态好。推拉窗的玻璃尺寸较平开窗面积大,有利于采光和眺望,尤其适用于铝合金及塑料门窗。垂直推拉窗需要升降及采取制约措施,常用于通风柜和递物窗。

(6)百叶窗:百叶窗主要用于遮阳、防雨和通风,但其采光能力差,百叶窗可以用金属、木材、塑料及钢筋混凝土等材料制作,有固定式和活动式两种。活动百叶窗常做遮阳和通风之用,易于调整;固定式百叶窗常用在山墙顶部作为通风之用。

7.1.5 窗的代号

窗的开启形式与代号见表7-2。

表7-2 窗的开启方式与代号

开启方式	固定	上悬	中悬	下悬	立转	平开	滑轴平开	滑轴	推拉	推拉平开	平开下悬
代号	G	S	Z	X	L	PK	HP	H	T	TP	PX

7.1.6 窗的组成及尺度

窗主要由窗框、窗扇、玻璃和五金配件组成,如图7-3所示。窗扇有玻璃窗扇、纱窗扇、百叶窗扇等。在窗扇和窗框间为了转动和启闭中的临时固定安装有各种铰链、风钩、插销、拉手及导轨、转轴、滑轮等五金零件。窗一般为单层玻璃窗,为防止蚊蝇,可加设纱窗,还可设置百叶窗。在寒冷地区或者有隔声要求时,可以设置双层窗。

窗的尺度一般是根据采光通风、结构构造要求和建筑立面造型等因素决定的。一般平开窗扇的高度约为800~1500 mm,宽度为400~600 mm,亮子窗高约300~600 mm 固定窗和推拉窗尺寸可以大一些。

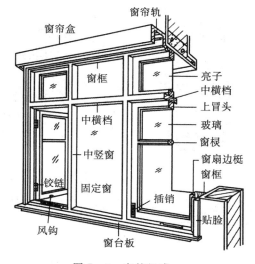

图7-3 窗的组成

7.2 木门窗构造

7.2.1 平开门的构造

1．门框

门框一般由两根竖直的边框和上槛组成,如图7-4所示。当门上带有亮子时还有中横框,如果是多扇门,还有中竖框。外门及特种需要的门有些还有下槛,可作防风、隔尘、挡水使用。

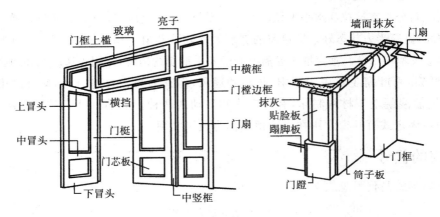

图7-4 木门的组成

门框与墙的结合位置,可在墙的中间或与墙的一边平,如图7-5所示。一般多与开启方面的一侧平齐,尽量使门窗开启时贴近墙面。这样门的开启角度比较大。

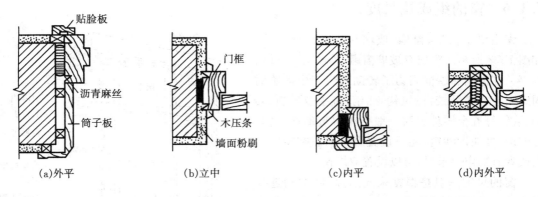

(a)外平　　　　　(b)立中　　　　　(c)内平　　　　　(d)内外平

图7-5 门框位置、门贴脸板及筒子板

2.门扇

常用的木门门扇有以下几种:

(1)镶板门、玻璃门、纱门和百叶门。这些门都是最常见的几种门扇,主要骨架由上下冒头和两根边梃组成框子,有时中间还有一条或几条横冒头或一条竖向中梃,在其中镶桩门芯板、玻璃纱或百叶板,组成各种门扇。

门扇边框内安装门芯板者一般都称镶板门,如图 7-6 所示。门芯板可用 10~15 mm 厚木板拼装成整块,镶入边框。现在门芯板多用多层胶合板。门芯板在门框的镶嵌结合可用暗槽、单面槽以及双边压条等构造形式。

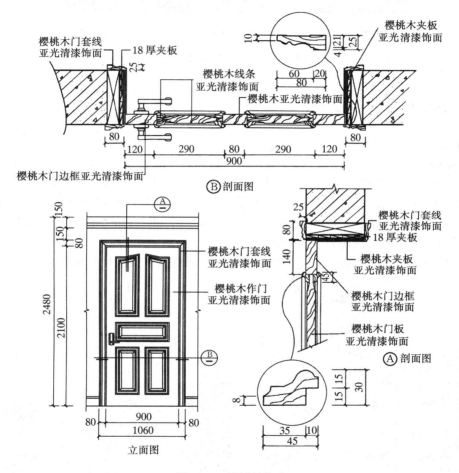

图 7-6 镶板门构造

门芯板换成玻璃、纱和百页,则为玻璃门、纱门和百叶门。一般纱门的厚度可比镶板门薄 5~10 mm。玻璃、门芯板和百叶门可以根据需要组合。

(2)夹板门。夹板门是用断面比较小的方木作成骨架,两面贴面板而成。这种门用料省(可利用小料、短料)、自重轻,外形简洁,便于工业化生产,一般广泛用于房屋的内门。夹板门的面板可以用胶合板、塑料板和硬质纤板,夹板门的面板不是骨架的负担,而是和骨架形成一个整体,共同抵抗变形。夹板门不宜用于建筑物的外门和公共浴室等尺度较大的房间门。夹扳门的构造如图 7-7 所示。

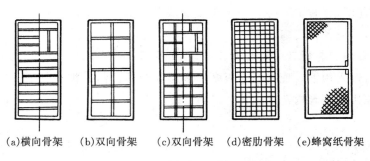

(a)横向骨架　(b)双向骨架　(c)双向骨架　(d)密肋骨架　(e)蜂窝纸骨架

图 7 - 7　夹板门的骨架形式

7.2.2　平开木窗的构造

1. 窗框的安装

窗框是墙与窗扇之间的联系构件,施工时安装方式一般有立口法和塞口法,见图 7 - 8。立口法施工时先将窗框立好后砌窗间墙。为加强窗框与墙的关系,在窗框上下档各伸出 120 mm 左右的端头,俗称"羊角头"。塞口法是先砌筑墙体预留窗洞,然后将窗框塞入洞口内。为了加强窗框与墙的连接,砌墙时需要在窗洞口两侧每隔 500～700 mm 砌入半砖大小的防腐木砖,安装窗框时用长钉或螺钉将窗框钉在木砖上。

不论是立口法还是塞口法,都要等墙体砌筑完后再进行窗扇的修正和安装。

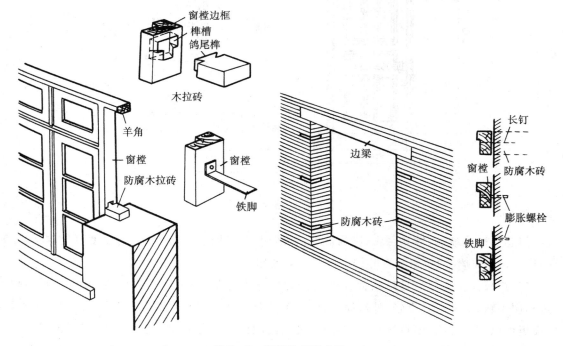

图 7 - 8　窗框的安装方法

2. 窗框和墙的位置关系

窗框在墙中的位置,一般是与墙内表面平齐,安装时窗框突出墙面 20 mm,以便墙面粉刷后与抹灰面平。框与抹灰面交界处,应用贴脸板搭盖,以阻止由于抹灰干缩形成缝隙后风透入室内,同时可增加美观。

3. 窗扇

常见的木窗扇种类有玻璃扇和纱窗扇。一般窗扇都用铰链、转轴或滑轨固定在窗框上,窗扇与窗框之间既要开启方便又要关闭紧密。窗扇的组成如图7-9所示。

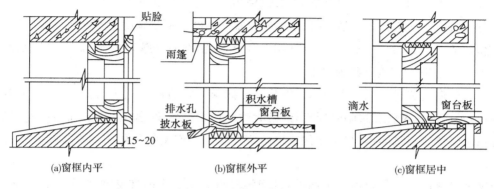

(a)窗框内平　　　　　　(b)窗框外平　　　　　　(c)窗框居中

图7-9　窗框在墙中的位置

（1）断面形状与尺寸。玻璃窗扇（见图7-10）一般由上下冒头和左右边梃榫接而成,有的中间还设窗芯（又叫窗棂）。为镶嵌玻璃,在冒头、边梃和窗棂上,做8～12 mm宽的铲口,铲口多设在窗户外侧,以利防水、抗风和美观。两扇窗接缝处为防止透风雨,一般做高低缝的盖口,为了加强密闭性,可在一面或两面加钉盖缝条。

（2）玻璃的选择与安装。窗可根据不同要求,选择普通平板玻璃、磨砂玻璃、压花玻璃、夹丝玻璃、吸热玻璃、有色玻璃以及双层玻璃、镀膜玻璃等等。玻璃的安装一般用油灰（桐油灰）或木压条嵌固。为使玻璃牢固地装于窗扇上,应先用小钉将玻璃卡住,再用油灰嵌固。

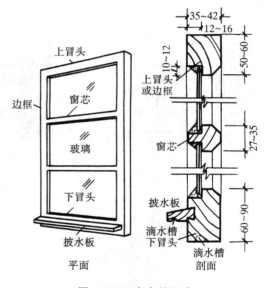

图7-10　窗扇的组成

7.3　铝合金与塑料门窗

7.3.1　铝合金门窗

铝合金门窗轻质高强,具有良好的气密性和水密性,耐腐蚀,坚固耐用,色泽美观,目前已广泛适用于建筑中。铝合金门窗是由经过表面加工的铝合金型材在工厂或工地加工而成。经阳极氧化和封孔处理后的铝合金型材呈银白色金属光泽,不需要涂漆,不褪色,且不需要经常维护。

铝合金门窗型材用料是薄壁构造,型材断面中留有不同的槽口和孔,分别起着空气对流、排水、密封等作用。普通铝合金门窗型材壁厚不得小于 0.8 mm;多层建筑外铝合金门窗型材壁厚一般在 1.0～1.2 mm;高层建筑铝合金门窗不应小于 1.2 mm。

铝合金门窗产品系列名称是以门、窗框厚度来区别的。例如窗框厚度为 80 mm 的铝合金窗户,称 80 系列,TLC80－1B－S 表示推拉铝合金窗,窗框的壁厚为 80 mm,"1B"表示此系列中的第 1 号 B 型窗,"S"表示纱窗。

铝合金门窗安装时宜采用塞口法。安装时在抹灰前将门窗框立于门窗洞口处,与墙内预埋件对正,然后用木楔将三边临时固定,经检验确定门窗框水平、垂直、无翘曲后,用射钉枪将射钉打入洞口侧墙或过梁内,将连接件或框固定在墙上。连接件也可采用焊接或膨胀螺栓与墙体固定。

门窗框连接固定点每边不少于两处,且间距不得大于 0.7m,在基本风压大于或等于 0.7 kPa 的地区不得大于 0.5m;边框端部的第一固定点距离窗框端部的距离不得大于 0.2m。铝合金门窗安装节点如图 7－11 所示。

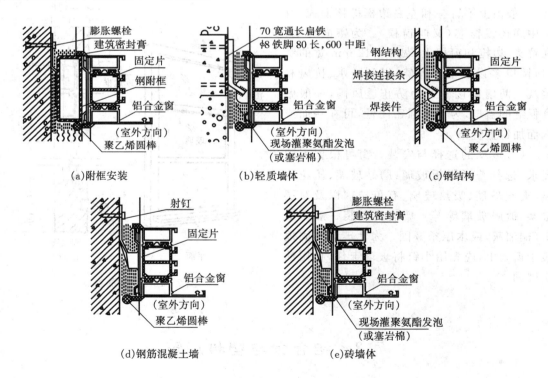

(a)附框安装   (b)轻质墙体   (c)钢结构

(d)钢筋混凝土墙   (e)砖墙体

图 7－11　铝合金门窗安装节点

门窗框固定好后,门窗框与门洞四周的缝隙,一般采用软质保温材料填塞,如泡沫塑料条、泡沫聚氨酯条等,分层填实,外表面留 5～8 mm 深的槽口用密封膏密封。以此来防止门窗框四周形成冷热交换区产生结露现象,从而影响门窗的防寒、防风的正常功能。

7.3.2 塑料门窗

塑料门窗是采用添加多种耐候耐腐蚀等添加剂的塑料(UPVC),经挤压成型的型材组装制成的门窗,它具有耐腐蚀、阻燃、抗冲击、不需要表面涂装等优点,保温隔热性能良好。普通塑料窗的抗弯曲变形能力较差,因此尺寸较大的塑料门窗或用于风压较大部位时,需要在塑料型材中衬加加强筋来提高门窗的刚度,这种门窗就是塑钢窗。

由于塑料门窗变形较大,传统的用水泥砂浆等刚性材料封填墙与窗框缝隙的做法不宜采用,最好用矿棉或泡沫塑料等软质材料,再用密封胶密封,以此提高塑料门窗的密封和绝缘性能,并避免塑料门窗变形造成的开裂。塑料门窗的构造原理和安装方法与铝合金门窗基本相同,采用塞口法安装。塑料门窗安装节点如图 7-12 所示。

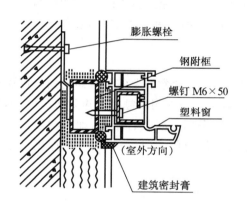

(a)附框安装

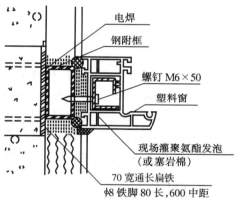

(b)轻质墙体

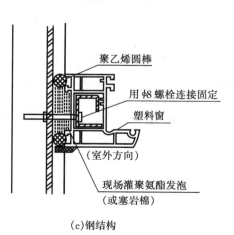

(c)钢结构

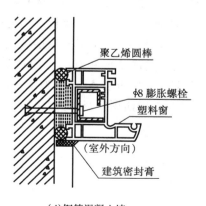

(d)钢筋混凝土墙

图 7-12 塑料门窗安装节点

7.4 特殊门窗

7.4.1 防火门窗

在建筑设计中,处于安全的考虑,按照防火规范的要求,必须将建筑内部一定面积空间划分为若干个防火分区。这些分区的划分不一定能够通过墙体来完成,否则建筑物的内部空间就无法形成交通联系,此时可以使用防火门来划分防火分区。防火门分为甲、乙、丙三级。甲级防火门的耐火极限是 1.2 h,乙级防火门的耐火极限是 0.9 h,丙级防火门的耐火极限为 0.6 h。

常见的防火门有木质和钢制的两种。木质的防火门选用优质的杉木作为门扇的骨架,材料均经过难燃浸渍处理,门扇内墙填充高级硅酸铝耐火纤维,双面衬硅钙防火板。钢质防火门可采用优质冷轧薄钢板内填耐火隔热材料,门扇也可采用无机耐火材料。用于消防楼梯等关键部位的防火门应安装闭门器,在门窗框与门窗扇的缝隙中应嵌有防火材料做的密封条或在受热时膨胀的嵌条。防火窗必须采用钢窗或塑钢窗,镶嵌铅丝玻璃避免破裂后掉下,防止火焰窜入室内或窗外。

7.4.2 隔声门窗

有隔声要求的场所,如播音室、会议室、影剧院、音乐厅等通常需要安装隔声门窗。门窗的隔声能力与材料的密度、构造形式及声波的频率波段有关。一般门扇越重隔声效果越好,但是门扇过重开关不方便,五金件也容易损坏,所以隔声门常采用多层复合结构,即在两层面板之间填充吸声材料,例如玻璃棉、玻璃纤维板等。当使用双层窗隔声时,应采用不同厚度的玻璃来减少吻合效应的影响,厚玻璃应位于声源的一侧。

7.4.3 保温门窗

保温门窗需要具有较大的热阻值和较强的密闭性,故常在门扇两层面板间填充轻质疏松的材料。一般保温门的面板常采用整体板材,不易发生变形。门缝内通常粘贴填缝材料,比如海绵橡胶条、泡沫塑料条等,以此来提高门的密闭性。

保温窗常采用双层窗或单层窗双层玻璃的形式。双层窗可内开、外开或内外开。双层玻璃窗可分为双层中空玻璃窗和双层密闭玻璃窗。双层中空玻璃窗玻璃之间的距离为 5~15 mm,窗扇的上下冒头应设有透气孔;双层密闭玻璃窗玻璃之间的距离为 4~12 mm,充以干燥空气或惰性气体,玻璃四周密封,这样可以增大玻璃窗的热阻值,减少空气渗透,提高窗户的保温性能。

7.5 遮阳

7.5.1 遮阳的目的与要求

遮阳是为防止直射阳光直接照入房间的一种建筑措施,它可以避免夏季房间过热,避免直射阳光在工作面上引起的眩光,避免直射阳光中的紫外线对室内物品照射而引起的褪色、变质等损害。

用于遮阳的方式很多,比如在窗口悬挂窗帘、设置百叶窗,或者利用门窗构件自身的遮光性及窗扇开启方式的调节变化,利用窗前绿化、雨篷、挑檐、阳台、外廊及墙面花格都可以达到一定的遮阳效果。这里主要介绍专门在窗前加设遮阳板的遮阳措施。

7.5.2　窗户构件遮阳板的形式

窗户遮阳板按其形状和效果而言,可分为水平遮阳、垂直遮阳、综合遮阳及挡板式遮阳,如图 7-13 所示。

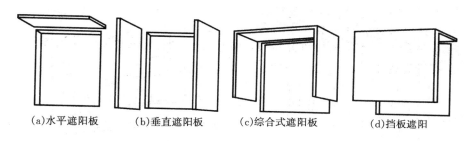

(a)水平遮阳板　　(b)垂直遮阳板　　(c)综合式遮阳板　　(d)挡板遮阳

图 7-13　遮阳板的基本形式

1. 水平遮阳

在窗口上方设置一定宽度的水平方向的遮阳板,这种形式的遮阳可以有效地遮挡高度较高时、从窗口上方投射下来的阳光,适用于南向及其附近朝向的窗口。水平遮阳板可以做成实心板也可以做成栅格板或百叶板,较高大的窗口可在不同高度设置双层或多层水平遮阳板,以减少板的出挑宽度。

2. 垂直遮阳

在窗口两侧设置垂直方向的遮阳板,能够遮挡高度角较小的,从窗口两侧斜射过来的阳光。根据光线的来向和具体处理的不同,垂直遮阳板可以垂直于墙面,也可以与墙面形成一定的夹角。其主要适用于偏东偏西的南向或北向窗口。

3. 综合遮阳

综合遮阳是以上两种遮阳板的综合,能够遮挡从窗口正上方及两侧射来的阳光,这种遮阳效果比较均匀。主要适用于南向、东南向及西南向的窗口。

4. 挡板式遮阳

在窗口前方离开窗口一定距离设置与窗户平行方向的垂直挡板,可以有效地遮挡高度角较小的正射窗口的阳光。主要适用与东、西向及其附近朝向的窗口。

根据以上几种基本这样方式,可以组合演变成各种各样的样式。这些遮阳板可以做成固定的,也可以做成活动的。设计时应根据不用的使用要求和不同的建筑造型予以选择。建筑通常将水平遮阳板或垂直遮阳板连续设置,形成较好的立面效果,如图 7-14 所示。

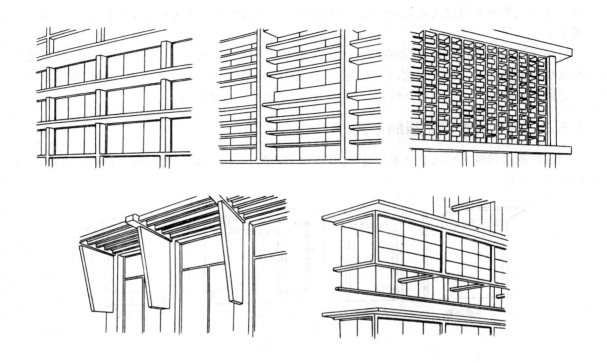

图 7 – 14　遮阳板的建筑立面效果

思考题

1. 门和窗各有哪几种开启方式？用简图表示门的开启方式。

2. 特殊门窗有哪些？

3. 遮阳板的形式有哪些？分别适合于什么位置的窗户使用？

第8章
变形缝

本章学习要点

1. 了解变形缝的概念
2. 掌握变形缝的类型、作用、设置原则以及三种变形缝的区别
3. 掌握变形缝两侧的结构布置方案
4. 掌握变形缝在墙体、楼地面、屋面各位置的构造处理方法

8.1 变形缝作用和分类

　　建筑物由于受温度变化、地基不均匀沉降以及地震等因素的影响,结构内部将产生附加应力和变形,致使建筑物产生裂缝,甚至倒塌,影响使用和安全。为避免这种情况的发生,可采取两种不同的措施:一是加强建筑物的整体性,使其具有足够的承载力和刚度来抵抗破坏应力;二是在建筑物易发生变形的部位,沿建筑物竖向预先设置适当宽度的缝隙,以保证建筑物各部分能自由变形,互不影响,这些预留的人工构造缝称为变形缝。实际上就是把一个整体的建筑物从结构上断开,划分成两个或两个以上的独立的结构单元,两个独立的结构单元之间的缝隙就形成了建筑的变形缝。建筑物设置变形缝使其从结构上断开、被划分成两个或两个以上的独立的结构单元之后,在变形缝处要进行必要的构造处理,以保证建筑物从建筑的角度(例如建筑空间的连续性,建筑保温、防水、隔声等围护功能的实现)上仍然是一个整体。

　　变形缝分三种,即伸缩缝、沉降缝和防震缝。伸缩缝又叫温度缝,是为防止因温度变化引起破坏而设置的变形缝;沉降缝是为防止因建筑物各部分沉降不均匀引起的破坏而设置的变形缝;防震缝是为防止地震作用引起建筑物的破坏而设置的变形缝。各种变形缝的功能不同,构造要求基本相同:①缝的构造要保证建筑物各独立部分能自由变形,互不影响;②不同部位的变形缝要根据需要分别采取防火、防水、保温、防虫等安全防护措施;③高层建筑及防火要求高的建筑物,室内变形缝应做防火处理;④变形缝内不应敷设电缆、可燃气体管道和易燃、可燃液体管道等,必须穿过时,应在穿过处加设不燃烧材料套管,并用不燃烧材料将套管两端空隙紧密填塞。

8.2 伸缩缝

8.2.1 伸缩缝的设置

　　建筑物在受到温度变化的影响时,其形状和尺寸会发生热胀冷缩的变形,导致构件开裂。

建筑物的长度越大,变形越大。因此,可沿建筑物长度方向每隔一定距离或在结构变化较大处预留伸缩缝,将建筑物断开。伸缩缝要求把建筑物的墙体、楼板层、屋顶等地基以上的部分全部断开,基础部分因受温度变化影响较小,不需要断开。伸缩缝的间距主要与结构类型、材料和当地温度变化情况有关,砌体房屋伸缩缝的最大间距参见表8-1;钢筋混凝土结构伸缩缝的最大间距参见表8-2。

表 8-1　砌体房屋温度伸缩缝最大间距(m)

屋盖或楼盖类别		间距
整体式或装配整体式钢筋混凝土结构	有保温层或隔热层的屋盖、楼盖	50
	无保温层或隔热层的屋盖	40
装配式无檩体系钢筋混凝土结构	有保温层或隔热层的屋盖、楼盖	60
	无保温层或隔热层的屋盖	50
装配式有檩体系钢筋混凝土结构	有保温层或隔热层的屋盖	75
	无保温层或隔热层的屋盖	60
瓦材屋盖、木屋盖或楼盖、轻钢屋盖		100

注:①对烧结普通砖、多孔砖、配筋砌块砌体房屋取表中数值;对石砌体、蒸压灰砂砖、蒸压粉煤灰砖和混凝土砌块房屋取表中数值乘以系数0.8。当有实践经验并采取有效措施时,可不遵守本表规定;
②在钢筋混凝土屋面上挂瓦的屋盖应按钢筋混凝土屋盖采用;
③按本表设置的墙体伸缩缝,一般不能同时防止由于钢筋混凝土屋盖的温度变形和砌体干缩变形引起的墙体局部裂缝。

表 8-2　混凝土结构伸缩缝最大间距(m)

结构类别		室内或地下	露天
排架结构	装配式	100	70
框架结构	装配式	75	50
	现浇式	55	35
剪力墙结构	装配式	65	40
	现浇式	45	30
挡土墙、地下室墙壁等类结构	装配式	40	30
	现浇式	30	20

注:①装配整体式结构房屋的伸缩缝间距宜按表中现浇式的数值取用;
②框架-剪力墙结构或框架-核心筒结构房屋的伸缩缝间距可根据结构的具体布置情况取表中框架结构与剪力墙结构之间的数值;
③当屋面无保温或隔热措施时,框架结构、剪力墙结构的伸缩缝间距宜按表中露天栏的数值取用。

8.2.2　伸缩缝的构造

伸缩缝的宽度一般在20～40 cm,通常采用30 mm,以保证缝两侧的建筑构件能在水平方向自由伸缩。

1. 墙体伸缩缝

墙体伸缩缝根据墙体厚度、材料及施工条件不同,可做成平缝、错口缝、企口缝等截面形式,如图8-1所示。为防止外界条件对墙体及室内环境的侵袭,伸缩缝外墙的一侧,缝口处应填以防水、防腐的弹性材料。如沥青麻丝、木丝板、橡胶条、塑料条和油膏等。当缝宽较宽时,缝口可用镀锌薄钢板、彩色薄钢板、铝皮等金属调节片做盖缝处理。内墙常用具有一定装饰效果的金属调节盖板或木盖缝条单边固定覆盖,如图8-2所示。所有填缝及盖缝材料的安装均应保证结构在水平方向伸缩自由。

(a)平缝　　　　(b)错口缝　　　　(c)企口缝

图8-1　砖墙伸缩缝的截面形式

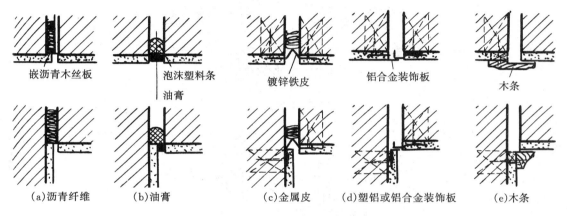

(a)沥青纤维　　　(b)油膏　　　　(c)金属皮　　　(d)塑铝或铝合金装饰板　　　(e)木条

图8-2　墙体伸缩缝

2. 楼地板层伸缩缝构造

楼地面伸缩缝的位置和缝宽应与墙体、屋顶变形缝一致,缝内要用弹性材料做封缝处理,上面再铺活动盖板或橡、塑地板等地面材料,以满足地面平整、防水和防尘等功能,如图8-3所示。

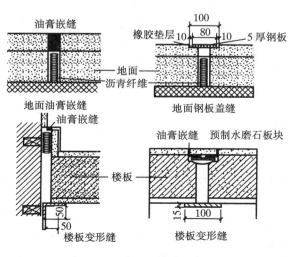

图8-3　楼地面伸缩缝构造

3. 屋面伸缩缝构造

屋面伸缩缝的位置与缝宽亦与墙体、楼地面的伸缩缝一致。一般设在同一标高屋顶处或建筑物的高低错落处。屋面伸缩缝要注意做好防水和泛水处理,其基本要求同屋顶泛水构造,不同之处在于盖缝处应能允许自由伸缩而不造成渗漏。常见平屋顶伸缩缝构造如图 8-4 所示。

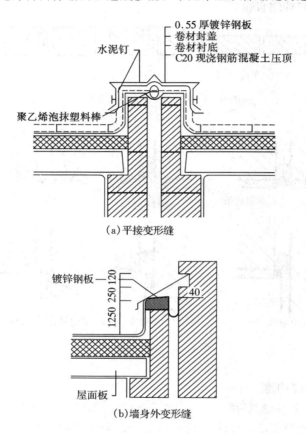

（a）平接变形缝

（b）墙身外变形缝

图 8-4　屋顶伸缩缝构造

8.3　沉　降　缝

8.3.1　沉降缝的设置

沉降缝的设置原则如下:

(1)同一建筑物相邻部分的高差较大或荷载大小相差悬殊、结构类型不同时,易导致地基沉降不均匀时;

(2)建筑物建造在地基承载力相差很大的地基土上时;

(3)当建筑物相邻部分基础形式不同,宽度和埋深相差悬殊时;

(4)建筑物长度较大时;

(5)建筑物体形比较复杂，连接部位又比较薄弱时；

(6)新建建筑物与原有建筑物紧相毗邻时。

沉降缝的设置位置参见图 8-5 所示。

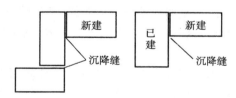

图 8-5 沉降缝设置部位示意图

沉降缝要求缝两侧的建筑物从基础到屋顶全部断开，成为两个独立的单元，各单元能竖向自由沉降，互不影响。沉降缝可兼起伸缩缝的作用，而伸缩缝却不能代替沉降缝。沉降缝的宽度与地基的性质和建筑物的高度有关，地基越软弱，建筑物高度越大，缝宽也就越大，见表 8-3。

表 8-3 沉降缝的宽度

地基情况	建筑物高度	沉降缝宽度(mm)
一般地基	$H<5m$	30
	$H=5\sim10m$	50
	$H=10\sim15m$	70
软弱地基	2～3 层	50～80
	4～5 层	80～120
	5 层以上	＞120
湿陷性黄土地基	—	≥30～70

8.3.2 沉降缝的构造

由于沉降缝要同时满足伸缩缝的要求，所以，墙体的沉降缝盖缝条应满足水平伸缩和垂直沉降变形的要求，如图 8-6 所示。屋顶沉降缝处的金属调节盖缝皮或其他构件应考虑沉降变形与维修需要。

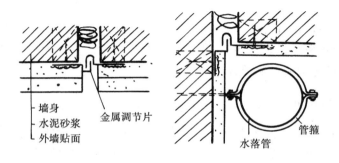

图 8-6 沉降缝设置部位示意图

对于基础沉降缝的处理形式,常见的有以下三种:

(1)双墙偏心基础:将双墙下的基础放脚断开留缝。此时基础处于偏心受压状态,地基受力不均匀,有可能向中间倾斜,只适用于低层、耐久年限短且地质条件较好的情况。

(2)双墙体基础交叉排列:沉降缝两侧墙下均设置梁,基础放脚分别伸入另侧基础梁下,两侧基础各自独立沉降,互不影响。这种做法使地基受力大大改善,但施工难度大、工程造价均较上一种基础形式偏高。

(3)挑梁基础:当沉降缝两侧基础埋深相差较大或新建建筑与原有建筑相毗邻时,可采用此方案。即将沉降缝一侧的基础和墙按一般基础和墙处理,而另一侧采用挑梁支承基础梁,墙砌筑在基础梁上。由于墙体的荷载由挑梁承受,应尽量选择轻质墙以减少挑梁承受的荷载。

8.4　防震缝

8.4.1　防震缝的设置

防震缝是为了防止建筑物各部分在地震时,相互撞击引起破坏而设置的。抗震设防烈度为 6 度以下的地区,可不进行抗震设防。对设防烈度为 7～9 度的地区,应按一般规定设防震缝,将房屋划分成若干形体简单、质量、刚度均匀的独立单元,以防震害。设防烈度为 10 度的地区,建筑抗震设计应按有关专门规定执行。在设防烈度为 8 度和 9 度的地区,有下列情况之一时宜设防震缝:

(1)建筑物高差在 6 m 以上;

(2)建筑物有错层且错层楼板高差较大;

(3)建筑物相邻部分的结构刚度、质量截然不同。

对多层和高层钢筋混凝土结构房屋,应尽量选用合理的建筑结构方案,不设防震缝,当必须设置防震缝时,其最小宽度应符合下列要求:

(1)当高度不超过 15 m 时,可采用 70 mm;

(2)当高度超过 15 m 时,按设防烈度为 6 度、7 度、8 度、9 度相应建筑每增高 5 m,4 m,3 m,2 m 时,缝宽增加 20 mm。

防震缝应沿建筑物全高设置,缝的两侧应布置双墙或双柱,或一墙一柱,以使各部分结构都有较好的刚度。

防震缝应与伸缩缝、沉降缝统一布置,并满足防震缝的设计要求。一般情况下,防震缝基础可不分开,但在平面复杂的建筑中,或建筑相邻部分刚度差别很大时,则需将基础分开。按沉降缝要求的防震缝也应将基础分开。

8.4.2　防震缝的构造

建筑物的抗震,一般只考虑水平地震作用的影响,所以,防震缝构造及要求与伸缩缝相似。但墙体不应做成错口和企口缝,适宜做成平口。由于防震缝一般较宽,通常采取覆盖的做法,盖缝条应满足牢固、防风和防水等要求,同时,还应具有一定的适应变形的能力。盖缝条两侧应钻有长形孔,加垫圈后打入钢钉,钢钉不能钉实,应给盖板和钢钉之间留有上下少量活动的余地,以适应沉降要求。盖板呈 V 形或 W 形,可以左右伸缩,以适应水平变形的要求。

思考题

1. 什么是变形缝?它有哪几种类型?

2. 什么情况下须设置伸缩缝?宽度一般是多少?

3. 什么情况下须设置沉降缝?宽度由什么因素确定?

4. 基础沉降缝的处理形式有哪几种?

5. 什么情况下须设置防震缝?确定其宽度的主要因素是什么?

第9章
工业建筑构造概述与结构构件

本章学习要点

1. 了解工业厂房建筑的特点与分类
2. 了解单层厂房结构的类型,掌握单层厂房的构造组成
3. 了解厂房内的单轨悬挂吊车、梁式吊车、桥式吊车
4. 掌握单层厂房荷载的传递途径
5. 掌握单层厂房的柱网尺寸,定位轴线的划分
6. 掌握单层工业厂房建筑的主要结构构件,了解各主要构件的连接方式及构造特征

工业建筑是各类工厂为工业生产需要而建造的各种不同用途的建筑物和构筑物的总称。通常把用于工业生产的建筑物称为工业厂房。由于各类工厂的生产工艺条件的不同,厂房有单层厂房和多层厂房之分。在工业厂房内按生产工艺过程进行各类工业产品的加工和制造,通常把按生产工艺进行生产的单位称为生产车间。一个工厂除了有若干个生产车间外,还有生产辅助用房,如辅助生产车间、锅炉房、水泵房、仓库、办公及生活用房等;还有构筑物,如烟囱、水塔、各种管道支架、冷却塔和水池等。

9.1 工业建筑的特点与分类

9.1.1 工业建筑的特点

工业建筑与民用建筑一样,要体现适用、安全、经济、美观的方针;在设计原则、建筑用料和建筑技术等方面,两者也有许多共同之处。但由于生产工艺复杂多样,在设计配合、使用要求、室内采光、屋面排水及建筑构造等方面,工业建筑又具有如下特点:

(1)厂房平面要根据生产工艺的特点设计。

(2)厂房内部空间较大。由于厂房内生产设备多而且尺寸较大,并有多种起重运输设备,有的加工巨型产品,通过各类交通运输工具进行运输,因而厂房内部大多具有较大的开敞空间。

(3)厂房的建筑构造复杂。大多数单层厂房采用多跨的平面结合形式,内部有不同类型的起吊运输设备,由于采光通风等要求,采用组合式侧窗、天窗,使屋面排水、防水、保温、隔热等建筑构造的处理复杂化,技术要求比较高。

(4)厂房骨架的承载力较大。在单层厂房中,由于屋顶重量大,且多数吊车的荷载作用在骨架上,包括吊车制动的水平荷载和起吊荷载,因此承载力较大。

9.1.2 工业建筑的分类

工业生产的类别繁多,生产工艺不同,分类亦随之而异,在建筑设计中常按厂房的用途、内部生产状况及层数进行分类。

1. 按厂房用途分

(1)主要生产厂房指进行产品加工的主要工序的厂房。如机械制造厂中的铸工车间、机械加工车间及装配车间等。

(2)辅助生产厂房指为主要生产厂房服务的厂房。如机械制造厂中的机修车间、工具车间等。

(3)动力类厂房指为全厂提供能源和动力的厂房。如发电站、锅炉房、变电站、煤气站、氧气站和压缩空气站等。

(4)贮藏类建筑指用于贮存各种原材料、成品或半成品的仓库。如机械厂的金属料库、炉料库、半成品库及成品库等。

(5)运输类建筑指用于停放各种交通运输设备的房屋。如汽车库、电瓶车库等。

(6)其他,指不属于上述五类用途的建筑。如给排水泵站、污水处理建筑等。

2. 按车间的内部生产状况分

(1)热加工车间指在生产过程中散发出大量热量、烟尘等有害物的车间。

(2)冷加工车间指在正常温、湿度条件下进行生产的车间。

(3)有侵蚀介质作用的车间指在生产过程中会受到酸、碱、盐等侵蚀性介质的作用,对厂房耐久性有影响的车间。

(4)恒温恒湿车间指在温、湿度波动很小的范围内进行生产的车间。

(5)洁净车间指在无尘、无菌、无污染的高度洁净状况下进行生产的车间。

3. 按层数分

(1)单层厂房指层数仅为一层的工业厂房。多用于机械制造工业、冶金工业和其他重工业等,可分为单跨厂房和多跨厂房,如图9-1所示。

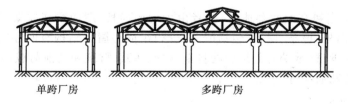

单跨厂房　　　　　　　多跨厂房

图9-1 单层厂房

(2)多层厂房指层数在二层以上,一般为二至五层。多用于精密仪器仪表、电子、食品、服装加工工业等,如图9-2所示。

(3)混合层次厂房指同一厂房内既有单层又有多层的厂房称为混合层数厂房。如某些化学工业、热电站的主厂房等。如图9-3(a)所示为热电厂的主厂房,汽轮发电机设在单层跨内,其他为多层。如图9-3(b)所示为一化工车间,高大的生产设备位于中间的单层跨内,两个边跨则为多层。

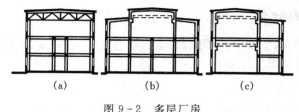

图 9-2　多层厂房

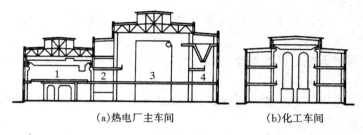

(a)热电厂主车间　　　　(b)化工车间

图 9-3　混合厂房
1—汽机间;2—除氧间;3—锅炉房;4—煤斗间

4. 按工业厂房的结构类型分

在厂房建筑中,支承各种荷载作用的构件所组成的承重骨架,通常称为结构。厂房结构按其承重结构的材料来分,有混合结构、钢筋混凝土结构和钢结构等类型。厂房结构按其主要承重结构的形式分为砖混结构、框架结构、排架结构、刚架结构及其他结构形式。

9.2　排架结构单层厂房的结构组成

单层厂房由如图 9-4 所示的屋面板、屋架、吊车梁、连系梁、柱、基础等构件组成。

1. 屋盖结构

屋盖结构分无檩和有檩两种体系,前者由大型屋面板、屋面梁或屋架(包括屋盖支撑)组成;后者由小型屋面板、檩条、屋架(包括屋盖支撑)组成。屋盖结构有时还有天窗架、托架,其作用主要是维护和承重(承受屋盖结构的自重、屋面活载、雪载和其他荷载,并将这些荷载传给排架柱),以及采光和通风等。

2. 横向平面排架

横向平面排架由横梁(屋面梁或屋架)和横向柱列(包括基础)组成,它是厂房的基本承重结构。厂房结构承受的竖向荷载(结构自重、屋面活载、雪载和吊车竖向荷载等)及横向水平荷载(风载和吊车横向制动力、地震作用)主要通过它将荷载传至基础和地基。

3. 纵向平面排架

纵向平面排架由纵向柱列(包括基础)、连系梁、吊车梁和柱间支撑等组成,其作用是保证厂房结构的纵向稳定性和刚度,并承受作用在山墙和天窗端壁并通过屋盖结构传来的纵向风载、吊车纵向水平荷载、纵向地震作用以及温度应力等。

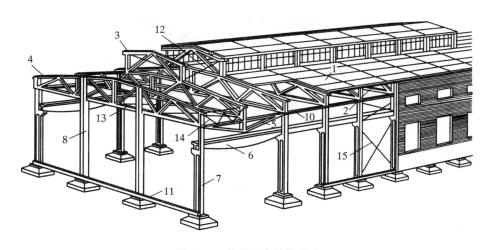

图 9 - 4　单层厂房结构组成

1—屋面板;2—天沟板;3—天窗架;4—屋架;5—托架;6—吊车梁;7—排架柱;8—抗风柱;9—基础;
10—连系梁;11—基础梁;12—天窗架垂直支撑;13—屋架下弦横向水平支撑;14—屋架端部垂直支撑;15—柱间支撑

4. 吊车梁

吊车梁简支在柱牛腿上,主要承受吊车竖向和横向或纵向水平荷载,并将它们分别传至横向或纵向排架。

5. 支撑

支撑包括屋盖支撑和柱间支撑,其作用是加强厂房结构的空间刚度,并保证结构构件在安装和使用阶段的稳定和安全,同时起传递风载和吊车水平荷载或地震力的作用。

6. 基础

基础承受柱和基础梁传来的荷载并将它们传至地基。

7. 围护结构

围护结构包括纵墙和横墙(山墙)及由墙梁、抗风柱(有时还有抗风梁或抗风桁架)和基础梁等组成的墙架。这些构件所承受的荷载,主要是墙体和构件的自重以及作用在墙面上的风荷载。

9.3　厂房内部的起重运输设备

为在生产中运送原材料、成品或半成品、厂房内就应设置必要的起重运输设备。其中以各种形式的吊车与土建设计关系密切。常见的有单轨悬挂式吊车、梁式吊车和桥式吊车等。

9.3.1　单轨悬挂式吊车

单轨悬挂吊车是在屋顶承重结构下部悬挂梁式钢轨,并在轨梁布置为直线或可转弯的曲线,在轨梁上设有可移动的滑轮组,沿轨梁水平移动,利用滑轮组升降起重。起重量一般在 3 吨以下,最多不超过 5 吨。有手动和电动两种类型。电动单轨悬挂吊车如图 9 - 5 所示。

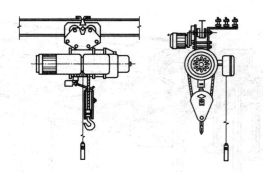

图 9-5 电动单轨悬挂吊车

9.3.2 梁式吊车

梁式吊车包括悬挂式与支承式两种类型。悬挂式是在屋顶承重结构下悬挂钢轨,钢轨布置为两行直线,在两行轨梁上设有可滑行的单梁,如图 9-6(a)所示。支承式是在排架拄上设牛腿,牛腿上设吊车梁,吊车梁上安装钢轨,钢轨上设有可滑行的单梁,在滑行的单梁上装有可滑行的滑轮组,在单梁与滑轮组行走范围内均可起吊重物,如图 9-6(b)所示。梁式吊车起重量一般不超过 5 吨,有电动和手动两种类型。

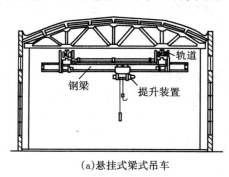
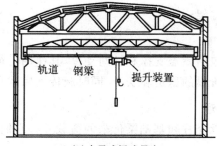

(a)悬挂式梁式吊车   (b)支承式梁式吊车

图 9-6 梁式吊车

9.3.3 桥式吊车

桥式吊车通常是在厂房排架柱上设牛腿,牛腿上搁吊车梁,吊车梁上安装钢轨,并在钢轨上放置能滑行的双榀钢桥架(或板梁),桥架上支承小车;小车能沿桥架滑移,并有供起重的滑轮组,桥式吊车如图 9-7 所示。在桥架与小车行走范围内均可起吊重物。起重量从 5 吨至数百吨不等。起重时为电动。吊车上设有驾驶室,常设在桥架一端或根据要求确定其位置。

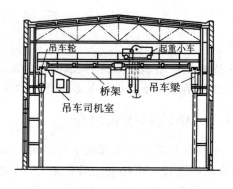

图 9-7 桥式吊车

9.3.4　其他运输设备

根据需要,厂房内外还会采用火车、汽车、电瓶车、手推车、各式地面起重车、悬链、普通输送带、气垫式输送带、磁力式输送带、输送辊道、管道、输送器、进料机、升降机、提升机等等运输设备。

9.4　单层厂房的荷载传递

通常作用在工业厂房上的荷载有可变荷载和永久荷载两大类。

可变荷载又称活载,包括吊车竖向荷载,纵、横向水平制动力,屋面活荷载,风荷载等。

永久荷载又称恒载,包括各种结构构件(如屋面板、屋架等)的自重及各种制造层的重量等。

横向排架和纵向排架的传力途径如图9-8所示。

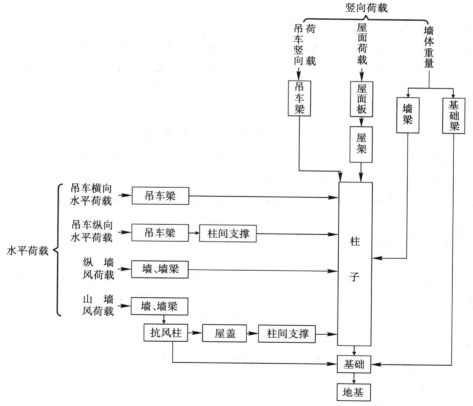

图9-8　单层厂房主要荷载的传递路线

9.5 单层厂房的高度

单层厂房剖面设计应结合平面设计和立面设计同时考虑,它主要是研究和确定厂房的高度问题。

9.5.1 厂房高度与模数

单层厂房的高度是指厂房室内地坪到屋顶承重结构下表面之间的距离。在一般情况下,常以柱顶标高来衡量厂房的高度,屋顶承重结构是倾斜的,其计算点应算到屋顶承重结构的最低点。厂房高度的确定,应满足生产和运输设备的布置、安装、操作和检修所需要的净高,以及满足采光和通风所需的高度。此外,还应该符合国家标准《厂房建筑模数协调标准》(GBJ6—86)规定的模数的要求。

9.5.2 厂房柱顶标高的确定

1. 无吊车厂房的柱顶标高

在无吊车厂房中,柱顶标高通常指最大生产设备及其使用、安装、检修时所需的净空高度。同时,必须考虑采光和通风的要求,一般不低于 4 m,柱顶高度应符合 300 mm 的整倍数或 100 mm 的倍数(砖石结构承重)。

2. 有吊车厂房的柱顶标高

在有吊车的厂房中,不同的吊车类型,布置层数,对厂房的高度的影响也各异。如采用悬挂式吊车与采用桥式和梁式吊车对厂房高度的要求就有所不同。若同一跨间需要布置上下两层吊车时,厂房的高度也应相应增加。

(1)轨顶标高。轨顶标高是由生产工艺人员根据生产工艺提出来的,用公式表示为:

$$H_1 = h_1 + h_2 + h_3 + h_4 + h_5$$

(2)轨顶至柱顶高度。轨顶至柱顶高度,用公式表示为:

$$H_2 = h_6 + h_7$$

(3)柱顶标高。对于一般常用的桥式和梁式吊车来说,柱顶标高由轨顶标高、轨顶到柱顶的距离两个部分组成,单层厂房高度的确定如图 9-9 所示。用公式表示为:

$$H = H_1 + H_2$$

式中:

h_1——需跨越最大设备,室内分隔墙或检修所需的高度;

h_2——起吊物与跨越物间的安全距离,一般为 400 ~ 500 mm;

h_3——被吊物体的最大高度;

h_4——吊索最小高度,根据加工件大小和起吊方式而定,一般大于 1000 mm;

h_5——吊钩至轨顶面的最小距离,由吊车规格表中查得;

h_6——吊车梁轨顶至吊车小车顶面的净空尺寸,由吊车规格表中查得;

h_7——屋架下弦至吊车小车顶面之间的安全距离。根据吊车起重量大小 h_7 分别定为 300

mm,400 mm,500 mm。如屋架下弦悬挂有管线等其他设施时,还需另加必要尺寸。吊车小车顶部至屋架下弦底部的安全距离 h_7 依不同吊车起重量和跨度而定,按国家标准《通用样式起重机限界尺寸》分别规定为 300 mm,400 mm,500 mm 。

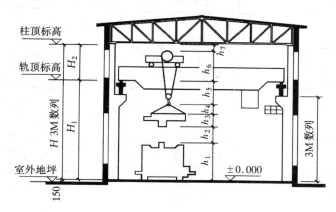

图 9 - 9 单层厂房高度

(4)牛腿顶面标高的确定。牛腿标高按 3M 数列确定,当牛腿顶面的高度大于 7.2m 时,按 6M 数列确定柱子埋入地下部分也需满足模数化要求。

3. 室内外地坪标高

室内外高差宜小,一般取 100~150 mm。应在大门处设置坡道。

9.6 单层厂房的采光与通风

厂房在生产过程中会散发出大量的余热、烟尘、有害气体、有侵蚀性的液体以及生产噪音等,这就要求厂房内应有良好的通风设施和解决采光要求。

9.6.1 天然采光

白天,室内通过窗口取得光线称之为天然采光。窗口大小、形式及其布置方式都直接影响室内光线。

1. 采光方式

天然采光是利用自然光线进行室内照明,单层厂房根据采光口所在的位置不同有侧面采光、上部采光、混合采光等形式,如图 9 - 10 所示。

(1)侧面采光。侧面采光是利用设在侧墙上的窗子进行采光。侧面采光分单侧采光和双侧采光两种。一般中等照度要求的厂房,单侧采光的有效进深(当生产为中等精细程度)约为侧窗口上沿至工作面高度 H 的 2.0 倍。

在有桥式吊车的厂房中,常将侧窗分上下两段布置,分别为高侧窗和低侧窗。高侧窗下沿距吊车梁顶面一般取 600 mm 左右。低侧窗下沿(窗台)应略高于工作面的高度,工作面高一般取 1.0m 左右。

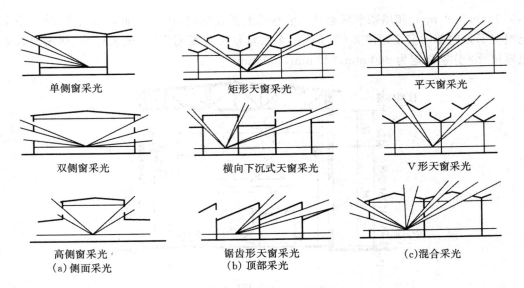

图 9-10 单层厂房的天然采光

（2）顶部采光。顶部采光是利用开设在屋顶上的窗子进行采光。在屋顶处设置天窗。上部采光容易使室内获得较均匀的照度,采光率比侧窗高。但构造较复杂,造价较侧窗也较高。

（3）混合采光。混合采光是侧面采光和上部采光这两种方式组合起来同时采光。当厂房很宽,侧窗采光不能满足整个厂房的采光要求时,采用混合采光方式。

2. 采光天窗的选择

采光天窗有多种形式,常见的有矩形天窗、梯形天窗、三角形天窗、M 形天窗、锯齿形天窗、横向天窗、平天窗等。

（1）矩形天窗。矩形天窗是沿厂房纵向升起局部屋面,在高、低屋面的垂直面上开设采光窗而形成。

当厂房南北朝向时,室内光线均匀,直射光较少。受污染程度小,易于防水。窗可开启,有一定的通风作用。缺点是增加了厂房的体积和屋顶承重结构的集中荷载,屋顶结构复杂,造价高,抗震性能不好。

为了获得良好的采光效果,矩形天窗宽度为厂房跨度（L）的 $1/2 \sim 1/3$。两天窗的边缘距离应大于相邻天窗高度和的 1.5 倍,即 $l > 1.5(h_1 + h_2)$。

（2）锯齿形天窗。锯齿形天窗是将厂房屋盖做成锯齿形,在两齿之间的垂直面上设采光窗而形成。

锯齿形天窗采光效率比矩形天窗高。窗开启时,能兼起通风的作用。天窗窗口常采用北向或接近北向,阳光不会直射入室内,室内光线均匀稳定。锯齿形天窗多适用于要求光线稳定和需要调节温湿度的厂房,如纺织厂、印染厂、精密仪器制造车间等。

（3）横向下沉式天窗。横向下沉式天窗是将相邻柱距的屋面板上下交错布置在屋架的上下弦上,通过屋面板位置的高差作采光口形成。

横向下沉式天窗可根据使用要求每隔一个或几个柱距灵活布置,采光效率与纵向矩形天窗相近,但造价较矩形天窗低;当厂房为东西向时,横向下沉式天窗为南北向,朝向好,有利于采光和通风,多适用于朝向为东西向的冷加工车间;也适用于要求通风量大的热加工车间。但是窗扇形式受屋架限制,构造复杂,厂房纵向刚度差。

(4)平天窗。平天窗是在屋面板上直接设置采光口而形成。

平天窗采光效率最高,而且构造简单,布置灵活(可以成点、成块或成带、片布置),施工方便,造价低(约为矩形天窗的 1/3～1/4)。但直射光多易产生眩光,窗户一般不开启,起不到通风作用;在寒冷地区玻璃由于热阻小而易结露,形成水滴下落,影响使用;玻璃表面易积尘、积雪,且玻璃破碎易伤人。为便于排水,减少积尘,在实践中还出现了三角形天窗即将玻璃面抬高(一般与水平面夹角 30°～45°),宽为 3～6m,需要设天窗架,其优缺点接近平天窗。

(5)折板屋顶和壳体屋顶采光天窗的布置。折板屋顶和壳体屋顶采光天窗用于单跨或宽度不大的厂房中,其采光可利用侧窗解决。

9.6.2 自然通风与通风天窗

1. 厂家通风

厂房通风分机械通风和自然通风两种。

(1)机械通风。机械通风是依靠通风机的力量作为空气流动的动力来实现通风换气的。它要耗费大量电能,设备投资及维修费也很高,但其通风稳定、可靠、有效。

在某些情况下,为保证人或生产所需较高的空气环境,不仅要求对房间进行换气,而且需要对送入房间的空气进行净化、加热、加湿、冷却、干燥等各种处理措施,使室内空气环境在温度、湿度、清洁度及气流速度等方面控制在预定范围内。这种对空气环境进行有效控制的通风方法,叫做"空气调节",它是机械通风的一个分支,也是机械通风的发展。

(2)自然通风。自然通风是利用自然力作为空气流动的动力来实现厂房通风换气的。它是一种既简单又经济的通风方法,但易受外界气象直接影响,通风不稳定。

为有效组织好自然通风,在厂房剖面设计中要正确选择厂房的剖面形式,合理布置进排气口位置,使外部气流不断地进入室内,迅速排除厂房内部的热量、烟尘和有害气体,创造良好的生产环境。

2. 通风天窗的选择

通风天窗常见的有矩形通风天窗、下沉式通风天窗两种。

(1)矩形通风天窗。当平行等高跨两矩形天窗排风口之水平距离 $L \leqslant h$(h 为天空高低)的5倍时,可不设挡风板,因为该区域的风压始终为负压。挡风板至矩形天窗的距离等于排风口高度的 1.1～1.5 倍为宜。

(2)下沉式通风天窗。在屋顶结构中,部分屋面板铺在屋架上、下弦上,屋架上下弦之间的高差空间构成在任何风向下均处于负压区的排风口,这样的天窗称为下沉式通风天窗。根据其下沉部位的不同有井式通风天窗、纵向下沉式通风天窗、横向下沉式天窗几种形式。他们的共同特点是布置灵活,通风效果好。

9.7 单层厂房的定位轴线

单层厂房的定位轴线是确定厂房主要构件的位置及其标志尺寸的基线,同时也是设备定位、安装及厂房施工放线的依据。厂房设计只有采用合理的定位轴线划分,才可能采用较少的标准构件来建造。如果定位轴线划分得不合适,必然导致构、配件搭接凌乱,甚至无法安装。定位轴线的划分是在柱网布置的基础上进行的,并与柱网布置一致。

9.7.1 柱网

厂房承重柱(或承重墙)的纵向和横向定位轴线,在平面上排列所形成的网格,称为柱网,如图 9-11 所示。柱网布置就是确定纵向定位轴线之间(跨度)和横向定位轴线之间(柱距)的尺寸。确定柱网尺寸,既是确定柱的位置,同时也是确定屋面板、屋架和吊车梁等构件的跨度并涉及厂房结构构件的布置。柱网布置恰当与否,将直接影响厂房结构的经济合理性和先进性,对生产使用也有密切关系。

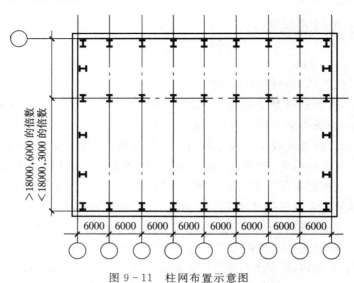

图 9-11 柱网布置示意图

1. 跨度

厂房的两纵向定位轴线间的距离称为跨度,单层厂房的跨度在 18 m 以下时,应采用扩大模数 30M 数列,即 9 m,12 m,15 m,18 m;在 18 m 以上时,应采用扩大模数 60M 数列,即 24 m,30 m,36 m…如图 9-12 所示。

根据我国情况,采用钢筋混凝土或钢结构时,常采用 6 m 柱距,有时因工艺要求,采用 12m 柱距。单层厂房山墙处的抗风柱柱距宜采用扩大模数 15M 数列,即 4.5 m,6 m,如图 9-12 所示。

2. 柱距

厂房的两横向定位轴线的间距称为柱距。单层厂房的柱距应采用扩大模数 60M 数列。

9.7.2 厂房定位轴线的确定

厂房定位轴线的确定,应满足生产工艺的要求并注意减少厂房构件类型和规格,同时使不同厂房结构形式所采用的构件能最大限度地互换和通用,有利于提高厂房工业化水平。

厂房的定位轴线分为横向和纵向两种。与横向排架平面平行的称为横向定位轴线;与横向排架平面垂直的称为纵向定位轴线。定位轴线应予编号。

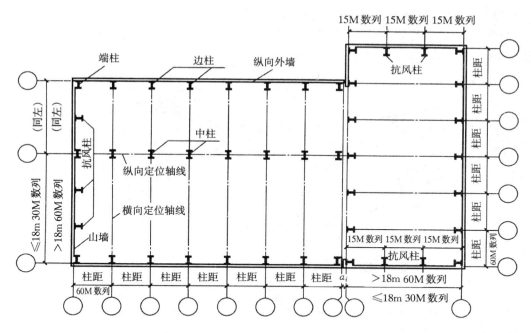

图 9 - 12　单层厂房平面柱网布置及定位轴线划分

1．横向定位轴线

横向定位轴线是垂直厂房长度方向（即平行于横向排架）的定位轴线，其轴线间的距离称为柱距。横向定位轴线主要用来标注厂房纵向构件如屋面板、吊车梁的长度（标志尺寸）。

2．纵向定位轴线

纵向定位轴线是平行厂房长度方向（即垂直于横向排架）的定位轴线，其轴线间的距离称为跨度。纵向定位轴线主要用来标注厂房横向构件，如屋架的长度（标志尺寸）和确定屋架（或屋面梁）、排架柱等构件间的相互关系。

9.8　单层厂房的结构构件

单层厂房的骨架由承重构件（屋盖结构体系、柱、基础、基础梁、吊车梁等）和保证厂房的整体性和稳定性的连系梁、圈梁、支撑等部分构成。

9.8.1　屋盖结构体系

单层厂房的屋盖体系起着承重和围护的双重作用。因此屋盖构件分为承重构件（屋架、屋面梁、托架）和覆盖构件（屋面板、瓦）两部分。目前单层厂房屋盖结构形式可分为无檩和有檩两种体系。

无檩体系：大型屋面板直接支承（焊牢）在屋架或屋面梁上的称为无檩体系。其优点是整体性好，刚度大，构件数量少，施工速度快，但屋面自重一般较重，大、中型厂房多采用这样屋盖结构形式，无檩体系屋盖如图 9 - 13（a）所示。

有檩体系：小型屋面板（或瓦材）支承在檩条上，檩条又支承在屋架上。其优点是屋盖重量轻，构件小，吊装容易，但整体刚度较差，构件数量多，适用于小型厂房和吊车吨位小的中型工业厂房，有檩体系屋盖如图9-13(b)所示。

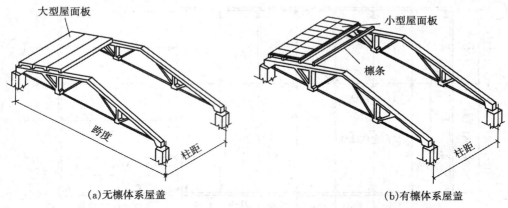

(a)无檩体系屋盖　　　　　　　　　　(b)有檩体系屋盖

图9-13　屋盖结构体系

目前无檩体系较为常用。无檩体系屋盖由屋面板（包括天沟板）、屋架或屋面梁（包括屋盖支撑）、天窗架和托架等组成。

屋盖结构的主要作用是承受屋面活荷载、雪载、自重以及其他荷载，并将这些荷载传给排架柱；其次还起围护作用。有时为了采光和通风需要，屋盖结构中还设有天窗架及其支撑。

9.8.2　柱

1. 排架柱

单层厂房柱的形式很多，常用的如图9-14所示，分为下列几种：

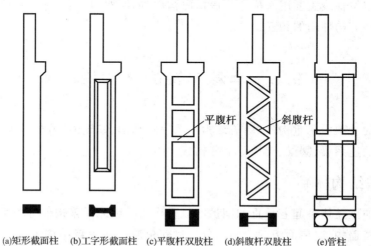

(a)矩形截面柱　(b)工字形截面柱　(c)平腹杆双肢柱　(d)斜腹杆双肢柱　(e)管柱

图9-14　柱的形式

（1）矩形截面柱：如图9-14(a)所示，其外形简单，施工方便，但自重大，经济指标差，主要用于截面高度 $h \leqslant 700$ mm的偏压柱。

（2）工字形柱：如图 9-14(b)所示，能较合理地利用材料，在单层厂房中应用较多，已有全国通用图集可供设计者选用。但当截面高度 $h \geqslant 1600$ mm 后，自重较大，吊装较困难，故使用范围受到一定限制。

（3）双肢柱：如图 9-14(c)、(d)所示，可分为平腹杆双肢柱与斜腹杆双肢柱两种。前者构造简单，制造方便，在一般情况下受力合理，且腹部整齐的矩形孔洞便于布置工艺管道，故应用较广泛。当承受较大水平荷载时，宜采用具有桁架受力特点的斜腹杆双肢柱。双肢柱与 I 形柱相比，自重较轻，但整体刚度较差，构造复杂，用钢量稍多。

（4）管柱：单层厂房柱的形式虽然很多、但在同一工程中，柱型及规格最好统一，以便为施工创造有利条件。通常应根据有无吊车、吊车规格、柱高和柱距等因素，做到受力合理、模板简单、节约材料、维护简便，同时要因地制宜，考虑制作、运输、吊装及材料供应等具体情况。一般可按柱截面高度 h 参考以下原则选用：当 $h \leqslant 500$ mm 时，采用矩形柱；当 $600 \leqslant h \leqslant 800$ mm 时，采用矩形柱或工字形柱；当 $900 \leqslant h \leqslant 1200$ mm 时，采用工字形柱；当 $1300 \leqslant h \leqslant 1500$ mm 时，采用工字形柱或双肢柱；当 $h \geqslant 1600$ mm 时，采用双肢柱。

2. 抗风柱

单层厂房的端墙(山墙)，受风面积较大，一般需要设置抗风柱将山墙分成几个区格，使墙面受到的风载一部分(靠近纵向柱列的区格)直接传至纵向柱列，另一部分则经抗风柱下端直接传至基础和经上端通过屋盖系统传至纵向柱列。

当厂房高度和跨度均不大(如柱顶在 8 m 以下，跨度为 9~12 m)时，可在山墙设置砖壁柱作为抗风柱；当高度和跨度较大时，一般都设置钢筋混凝土抗风柱，柱外侧再贴砌山墙。在很高的厂房中，为不使抗风柱的截面尺寸过大，可加设水平抗风梁或钢抗风桁架，如图 9-15(a)所示，作为抗风柱的中间铰支点。

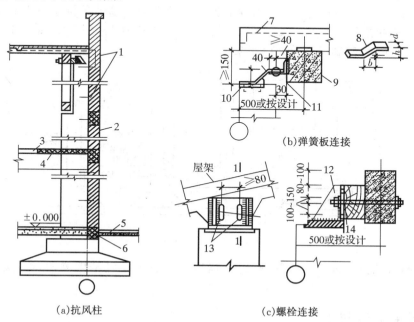

(a)抗风柱　　(b)弹簧板连接　　(c)螺栓连接

图 9-15 抗风柱及连接示意图

1—锚拉钢筋；2—抗风柱；3—吊车梁；4—抗风梁；5—散水坡；6—基础梁；7—屋面纵筋或檩条；8—弹簧板；9—屋架上弦；10—柱中预埋件；11—螺栓；12—加劲板；13—长圆孔；14—硬木块

抗风柱一般与基础刚接，与屋架上弦铰接，根据具体情况，也可与下弦铰接或同时与上、下弦铰接。抗风柱与屋架连接必须满足两个要求：一是在水平方向必须与屋架有可靠的连接以保证有效地传递风载；二是在竖向允许两者之间有一定相对位移，防止厂房与抗风柱沉降不均匀时产生不利影响。所以，抗风柱和屋架一般采用竖向可以移动，水平向又有较大刚度的弹簧板连接，如图 9-15(b)所示；如厂房沉降较大时，则宜采用螺栓连接，如图 9-15(c)所示。

9.8.3 基础及基础梁

基础支承厂房上部结构的全部荷载，然后连同自重传递给地基，因此基础起着承上传下的作用，是厂房结构中的重要构件之一。

单层厂房柱下基础，按施工方法的不同可分为预制柱下基础和现浇柱下基础。现浇柱下基础常用于多层现浇框架结构，预制柱下基础则用于装配式单层厂房结构。

1. 柱下独立基础

单层厂房中的柱下基础可有各种形式，如独立基础（扩展基础）、条形基础及桩基础等，但最常用的是柱下独立基础。基础是一个重要的结构构件，作用是承受厂房上的全部荷载，然后基础将其上部的全部荷载传递到地基土中。在基础设计中，不仅要保证基础有足够的承载力，而且要保证地基的变形，使基础的沉降不能过大，以免引起上部结构的开裂甚至破坏。

2. 基础梁

在进行厂房结构布置时，应尽可能将圈梁，连系梁和过梁结合起来，以节约材料、简化施工，使一个构件在一般厂房中，能起到两种或三种构件的作用。通常用基础梁来承托围护墙体的重量，而不另做墙基础。基础梁底部距土壤表面应预留 100 mm 的空隙，使梁可随柱基础一起沉降。当基础梁下有冻胀性土时，应在梁下铺设一层干砂、碎砖或矿渣等松散材料，并预留 50～150 mm 的空隙，这可以防止土壤冻结膨胀时将梁顶裂。基础梁与柱一般不要求连接，将基础梁直接放置在柱基础杯口上或当基础埋置较深时，放置在基础上面的混凝土垫块上，如图 9-16 所示。施工时，基础梁支承处应座浆。

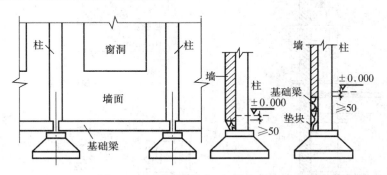

图 9-16 基础梁的位置（单位：mm）

当厂房不高、地基比较好、柱基础又埋得较浅时，也可不设基础梁而做砖石或混凝土墙基础。

9.8.4 连系梁与圈梁

1. 连系梁

连系梁的作用是连系纵向柱列，以增强厂房的纵向刚度并传递风载到纵向柱列。此外，连系梁还承受其上部墙体的重量。连系梁通常是预制的,两端搁置在柱牛腿上,其连接可采用螺栓连接或焊接连接。过梁的作用是承托门窗洞口上部墙体的重量。

2. 圈梁

圈梁的作用是将墙体同厂房柱箍在一起,以加强厂房的整体刚度,防止由于地基的不均匀沉降或较大振动荷载引起对厂房的不利影响。圈梁设置于墙体内,和柱连接仅起拉结作用。由于圈梁不承受墙体重量,所以柱上不设置支承圈梁的牛腿。

圈梁的布置与墙体高度、对厂房刚度的要求以及地基情况有关。

对于一般单层厂房,可参照下述原则布置圈梁:对无桥式吊车的厂房,当墙厚≤240 mm,檐高为 5～8 m 时,应在檐口附近布置一道圈梁,当檐高大于 8 m 时,宜增设一道圈梁;对有桥式吊车或有极大振动设备的厂房,除在檐口或窗顶布置圈梁外,还应在吊车梁处或墙中适当位置增设一道圈梁,当外墙高度大于 15 m 时,还应适当增设圈梁。

圈梁应连续设置在墙体的同一平面上,并尽可能沿整个建筑物形成封闭状。当圈梁被门窗洞口切断时,应在洞口上部墙体中设置一道附加圈梁(过梁),其截面尺寸不应小于被切断圈梁的截面尺寸。两者搭接长度应满足规范要求。

9.8.5 支撑

1. 屋盖支撑

屋盖支撑包括横向向水平支撑(上弦或下弦横向水平支撑)、纵向水平支撑(上弦或下弦纵向水平支撑)、垂直支撑和纵向水平系杆(加劲杆)等。横向水平支撑和垂直一般布置在厂房端部和伸缩缝两侧的第二(或第一)柱间内,屋盖支撑的种类如图 9-17 所示。

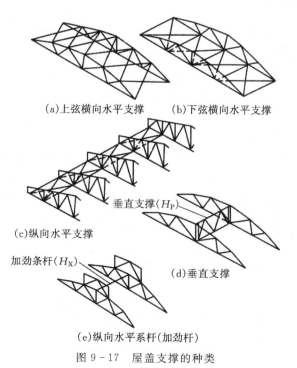

(a)上弦横向水平支撑　　　(b)下弦横向水平支撑

垂直支撑(H_P)

(c)纵向水平支撑

加劲条杆(H_X)　　　　　(d)垂直支撑

(e)纵向水平系杆(加劲杆)

图 9-17 屋盖支撑的种类

2. 柱间支撑

柱间支撑的作用主要是提高厂房的纵向刚度和稳定性。对于有吊车的厂房,柱间支撑分柱间支撑的形式有上部和下部两种,前者位于吊车梁上部,用以承受作用在山墙上的风力并保证厂房上部的纵向刚度;后者位于吊车梁下部,承受上部支撑传来的力和吊车梁传来的吊车纵向制动力,并把它们传至基础,如图 9-18 所示。

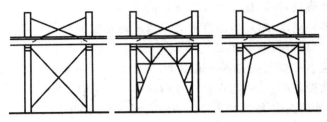

图 9-18　柱间支撑的形式

柱间支撑宜用交叉形式,交叉倾角通常在 35°~55°之间。当柱间因交通、设备布置或柱距较大而不宜或不能采用交叉式支撑时,可采用门架式支撑。柱间支撑一般采用钢结构,杆件截面尺寸应进行强度和稳定性验算。

9.9　单层厂房围护构件与其他构造

9.9.1　单层工业厂房屋面

单层工业厂房主要由骨架和围护结构两大部分组成。围护结构主要包括屋面、天窗、外墙、侧窗和大门以及地面和其他设施等。

单层工业厂房屋面的基本功能与民用建筑的屋面功能基本相同,但也存在一定的差异。一是屋面面积大,接缝多,而且多跨厂房各跨间还会有高差,这就使得厂房屋面在排除雨水方面比较不利;二是屋面上常设有各种天窗、天沟、檐沟、雨水斗及雨水管等,构造复杂;三是直接受厂房内部的振动、高温、腐蚀性气体、积灰等因素的影响。因此解决好屋面的排水和防水是厂房屋面构造的主要问题。有些地区还要处理好屋面的保温、隔热问题;对于有爆炸危险的厂房,还须考虑屋面的防爆、泄压问题;对于有腐蚀气体的厂房,还要考虑防腐蚀的问题等。

通常情况下,屋面的排水和防水是相互补充的。排水组织好,会减少渗漏的可能性,从而有助于防水;而高质量的屋面防水也会有益于屋面排水。因此,要防排结合,统筹考虑,综合处理。

1. 屋面排水

(1)屋面排水坡度。卷材防水屋面坡度要求较平缓,一般以 1/3~1/5 为宜;非卷材防水屋面,则要求排水快,坡度一般为 1/4。

(2)屋面排水方式。

①无组织排水。在少雨地区或较低的厂房中,应采用无组织排水。以使排水通畅,构造简单,降低造价。对可能有大量积灰的屋面以及有腐蚀性介质的厂房,更应优先采用无组织排水,如图 9-19 所示。

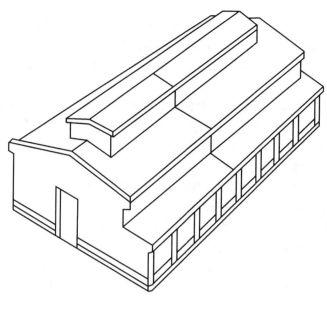

图 9-19 无组织排水

②有组织排水。有组织排水系统主要由天沟、雨水斗及雨水管等组成。有组织排水系统可分为两种：

a.有组织内排水。有组织内排水,如图 9-20 所示。将屋面汇集的雨水引向中间跨和纵墙天沟处,经雨水斗进入厂房内的雨水竖管及地下排水管网。

b.有组织外排水。冬季室外气温不低的地区可采用有组织外排水,如图 9-21 所示。多跨厂房用水平悬吊管将雨水斗连通到外墙的雨水竖管处。

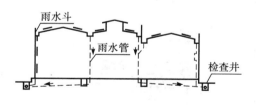

图 9-20 有组织内排水

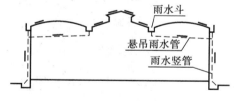

图 9-21 有组织外排水

2. 屋面防水构造

(1)卷材防水屋面。防止横缝处卷材开裂的措施有：

①增强屋面基层的刚度和整体性,以减小屋面变形,如选择刚度大的板型,保证屋面板与屋架的焊接质量,填缝要密实,合理设置支撑系统等。

②选用性能优良的卷材。选用卷材时,应首先考虑其耐久性和延展性,要优先选用改性沥青油毡等新型防水材料。

③改进油毡的接缝构造。在无保温层的大型屋面板上铺贴油毡防水层时,先将找平层沿横缝处做出分格缝,缝中用油膏填充。

(2)构件自防水屋面。构件自防水屋面防水的关键是板缝的处理,常用的有嵌缝式、脊带式和搭盖式。

①嵌缝式、脊带式防水。嵌缝式防水是利用大型屋面板做防水层,板缝嵌油膏防水。为提高其防水效果,可在嵌缝上再粘贴一层卷材或玻璃布做防水层,则成为脊带式防水。

②搭盖式防水。搭盖式防水是用F型屋面板做防水构件,板纵缝上下搭接,横缝和脊缝用盖瓦覆盖。

③波形瓦(板)屋面。常用的波形瓦屋面有石棉水泥波瓦、镀锌铁皮波瓦和压型钢板等。

a.石棉水泥波瓦屋面的优点是:重量轻、施工简便;其缺点是易脆裂,耐久性和保温隔热性差,所以主要用于一些仓库及对室内温度状况要求不高的厂房中。

石棉水泥波瓦的规格有大波瓦、中波瓦和小波瓦三种。在厂房中常采用大波瓦。石棉水泥瓦与檩条的固定要牢固,其做法是用挂钩固定,用卡钩保证变位,同时挂钩也是柔性连接,允许少量位移。瓦面与挂钩螺丝间设橡皮垫圈。

b.镀锌铁皮波瓦屋面是较好的轻型屋面材料,它抗震性能好,在高烈度地震区应用比大型屋面板优越,适合一般高温工业厂房和仓库。

c.压型钢板屋面是一种新型的屋面材料。用压型钢板做屋面防水层,施工速度快、重量轻、防锈、耐腐、美观,可根据需要设置保温、隔热及防漏层,适应性较强。

3. 屋面细部构造

(1)挑檐。当采用有组织外排水时,檐口设檐沟板,其支撑方式同檐口板。为保证檐沟排水通畅,沟底应做1‰～5‰的坡度,坡向水斗。为防止檐沟渗漏,沟内油毡应较屋面多铺一层,油毡端头需封固于檐沟外壁上。需经常清扫积灰时,檐沟外壁上应设置金属栏杆。

(2)天沟。天沟有边天沟和内天沟两种。边天沟,如图9-22所示,即在女儿墙内侧放置

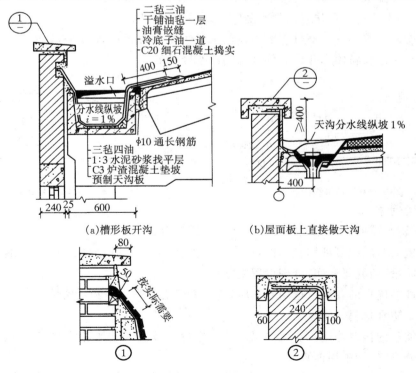

(a)槽形板开沟   (b)屋面板上直接做天沟

图 9-22　女儿墙边天沟

天沟板,女儿墙根部设出水口,其构造处理同民用建筑。也可直接在大型屋面板上做成内天沟,如图 9-23 所示,内天沟的天沟板是搁置在相邻两榀屋架的端头上,多采用两块天沟板组成,两个天沟板接缝处的防水构造要处理好。

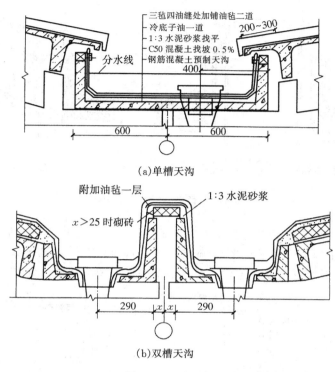

(a)单槽天沟

(b)双槽天沟

图 9-23　内天沟

(3)屋面泛水。

①女儿墙泛水。女儿墙泛水构造如图 9-24 所示。女儿墙泛水有纵墙和山墙两种情况。纵墙女儿墙防水,构造做法与民用建筑相同,泛水处的卷材比普通屋面增加一层。山墙女儿墙与屋面的交接缝均与屋面流水方向平行,因受屋面坡度的影响,雨水侵入缝内的机会较少,其泛水可沿屋面做成。

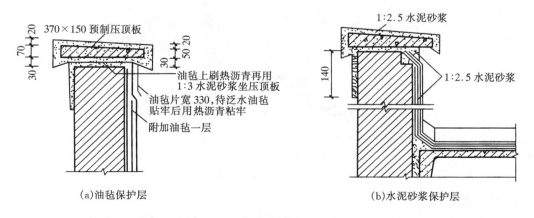

(a)油毡保护层　　　　　　　　　　　　(b)水泥砂浆保护层

图 9-24　女儿墙泛水构造

②管道出屋面泛水。管道出屋面泛水构造如图9-25所示。在厂房中常有通风管道及生产设备伸出屋面。管道与屋面向交缝的构造处理若不当,极易漏水。

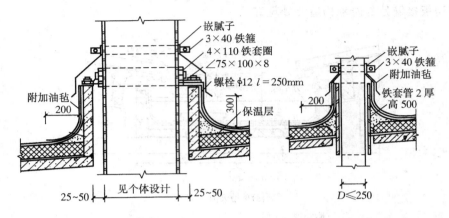

图 9-25　管道出屋面泛水构造

③高低跨泛水。高低跨泛水构造如图9-26所示。当厂房出现平行高低跨时,高跨的侧墙是由搁置在柱子牛腿上的墙梁承受,牛腿有一定的高度,因此,高跨墙余低跨屋面之间形成一段较大的空隙,高低跨泛水就是这段空隙的防水构造处理。其做法分有天沟和无天沟两种。

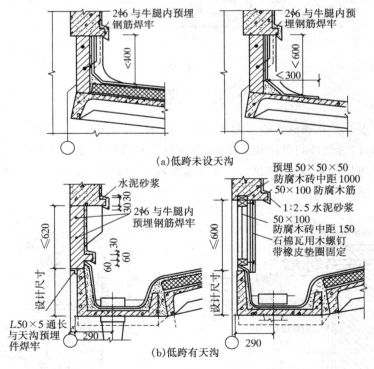

图 9-26　高低跨泛水构造

4. 屋面保温与隔热

(1)屋面保温。按保温层与屋面板所处的相对位置,保温层可设在屋面板上部、下部或屋面板中部,如图 9-27 所示。屋面板上铺保温层的构造做法与民用建筑平屋顶相同,在厂房屋面中也广为采用。

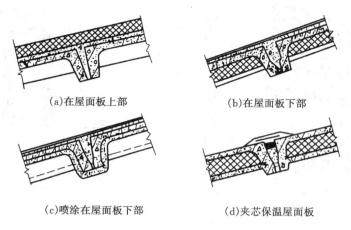

(a)在屋面板上部　　　　　　　　(b)在屋面板下部

(c)喷涂在屋面板下部　　　　　　(d)夹芯保温屋面板

图 9-27　保温层设置的不同位置

(2)屋面隔热。厂房的屋面隔热措施与民用建筑相同。当厂房高度大于 8 米,且采用钢筋混凝土屋面时,屋面对工作区的辐射热有影响,屋面应考虑隔热措施。通风屋面隔热效果较好,构造简单,施工方便,在一些地区采用较广;也可在屋面的外表面涂刷反射性能好的浅色材料,以达到降低屋面温度的效果。

9.9.2　单层工业厂房的侧窗、大门和天窗

单层工业厂房的侧窗、大门和天窗是供采光、通风、日照和交通运输使用的,由于厂房生产和工艺要求的不同,增加了使用的特殊性。在进行侧窗、大门和天窗设计时,应考虑在坚固耐久、开关方便的前提下,节省材料,降低造价。

1. 侧窗

(1)侧窗的特点与类型。

在工业厂房中,侧窗不仅要满足采光和通风的要求,还要根据生产工艺的需要,满足其他一些特殊要求。如有爆炸危险的车间,侧窗应便于泄压;要求恒温恒湿的车间,侧窗应有足够的保温隔热性能;洁净车间要求侧窗防尘和密闭等。由于工业建筑侧窗面积较大,在进行构造设计时,应在坚固耐久、开关方便的前提下,节省材料,降低造价。

工业建筑侧窗一般采用单层窗,只有严寒地区在 4 m 以下高度范围,或生产有特殊要求的车间(恒温、恒湿、洁净),才部分或全部采用双层窗。

工业建筑侧窗常用的开启方式有:平开窗、中悬窗、固定窗、立旋窗等。侧窗的类型及组合如图 9-28 所示。

(2)侧窗构造。

①木侧窗。工业建筑木侧窗的构造与民用建筑的木窗构造基本相同,但由于采光和通风的需要,厂房的侧窗面积较大,为了保证窗的整体刚度,窗料断面也随之增大,同时一个侧窗往往用几个基本窗拼框而成。考虑到我国木材紧缺的现状以及木侧窗使用中的问题,其应用有逐步被钢窗替代的趋势。需用时可参考有关图集选用。

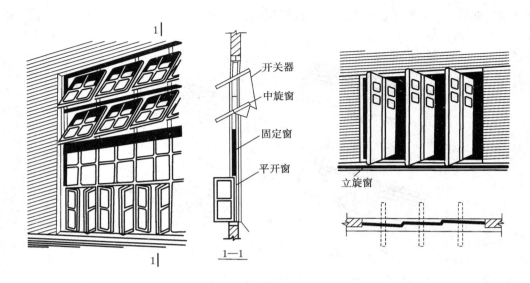

图 9-28 侧窗的类型级组合

②钢侧窗。

a.实腹钢窗。工业厂房钢侧窗多采用高的标准钢窗型钢,它适用于中悬窗、固定窗和平开窗,窗口尺寸以 300 mm 为模数。为便于制作和安装,基本钢窗的尺寸一般不宜大于 1800 mm ×2400 mm(宽×高)。大面积的钢侧窗须由若干个基本窗拼接而成,即组合窗。

b.空腹钢窗。空腹钢窗是用冷轧低碳带钢,经高频焊接轧制成型。它具有重量轻、刚度大等优点,与实腹钢窗相比可节约钢材 40%~50%,但不宜用于有酸碱介质腐蚀的车间。

2. 厂房大门

(1)大门的尺寸。厂房大门主要是供生产运输车辆及人通行、疏散之用。门的尺寸应根据所需运输工具、运输货物的外形并考虑通行方便等因素而定。一般门的宽度应比满载货物的车辆宽 600~1000 mm,高度应高出 400~600 mm。大门的尺寸以 300 mm 为模数。

(2)大门的类型。按门的开启方式分为平开门、推拉门、折叠门、升降门、卷帘门及上翻门等,如图 9-29 所示。

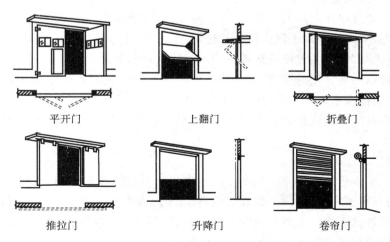

图 9-29 几种常见的大门开启方式

（3）大门的构造。

①平开门。平开门的洞口尺寸一般不宜大于 3.6 m×3.6 m，当门的面积大于 5 m² 时，宜采用角钢骨架。大门边框有钢筋混凝土和砖砌两种。门洞宽度大于 3m 时，采用钢筋混凝土门框，在安装铰链处预埋铁件。洞口较小时可采用砖砌门框，墙内砌入有预埋铁件的混凝土块，砌块的数量和位置应与门扇上铰链的位置相适应。一般每个门扇设两个铰链。

②推拉门。推拉门由门扇、门轨、地槽、滑轮及门框组成。门扇可采用钢板门、钢木门、空腹薄壁钢门等。每个门扇的宽度不大于 1.8 m，根据门洞的大小，可做成单轨双扇、双轨双扇、多轨多扇等形式，常用单轨双扇。推拉门支承的方式有上挂式和下滑式两种，当门扇高度小于 4 m 时，采用上挂式，即门扇通过滑轮挂在洞口上方的导轨上。

③折叠门。折叠门有侧挂式、侧悬式和中悬式三种，如图 9-30 所示。

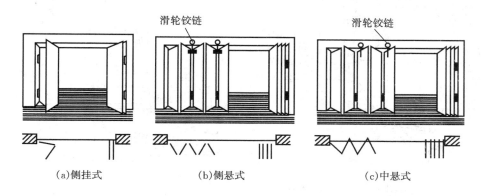

图 9-30 折叠门的类型

④特殊要求的门。防火门用于加工易燃品的车间或仓库，除了应具备普通门的作用外，还应具有防火、隔烟、抑制火灾蔓延、保护人员疏散的特殊功能。保温门和隔声门：保温门要求门扇具有较好的保温性能，且门缝密闭性好。

3. 天窗

在大跨度和多跨的单层工业厂房中，为了满足天然采光和自然通风的要求，常在厂房的屋顶设置各种类型的天窗。

（1）天窗的类型。按天窗的功能有采光天窗和通风天窗。在实际工作中，天窗一般不会只起采光或通风的作用，采光天窗可同时具有通风天窗功能，通风天窗也可兼有采光作用。

（2）矩形采光天窗构造。

①天窗架。天窗架是天窗的承重结构，它直接支承在屋架上，天窗架的材料与屋架相同，常用钢筋混凝土天窗架和钢天窗架。天窗架的宽度根据采风和通风要求一般为厂房跨度的 1/2～1/3 左右，且应尽可能将天窗架支承在屋架的节点上。天窗架的高度应根据采光和通风的要求，并结合所选用的天窗扇尺寸确定，一般高度为宽度的 0.3～0.5 倍。

②天窗扇。天窗扇有钢制和木制两种。钢天窗扇具有耐久、耐高温、重量轻、挡光少、不宜变形、关闭严密等优点，因此工业建筑中多采用钢天窗扇。

③天窗檐口。天窗檐口如图 9-31 所示。一般情况下，天窗屋面的构造与厂房屋面相同。天窗檐口常采用无组织排水，由带挑檐的屋面板构成，挑出长度一般为 300～500 mm。

④天窗侧板。天窗侧板如图9-31所示,是天窗窗口下部的围护构件,其主要作用是防止屋面上的雨水流入或溅入室内。天窗侧板应高出屋面不小于300 mm。侧板的形式有两种。当屋面为无檩体系时,采用钢筋混凝土侧板,侧板长度与屋面板长度一致。当屋面为有檩体系时,侧板可采用石棉水泥波瓦等轻质材料。侧板安装时向外稍倾斜,以利排水。侧板与屋面交接处应做好泛水处理。

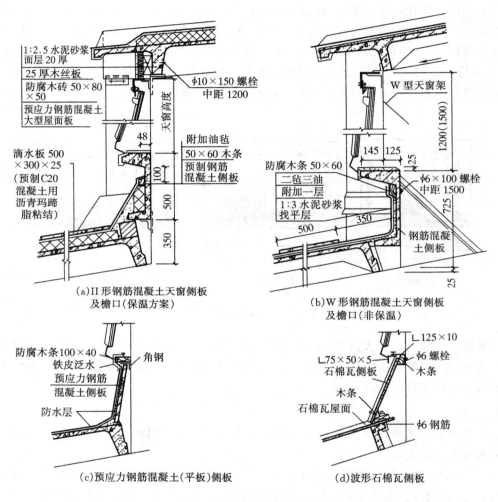

(a)Ⅱ形钢筋混凝土天窗侧板及檐口(保温方案)

(b)W形钢筋混凝土天窗侧板及檐口(非保温)

(c)预应力钢筋混凝土(平板)侧板

(d)波形石棉瓦侧板

图9-31 天窗侧板及檐口

⑤天窗端壁。天窗端壁有预制钢筋混凝土端壁和石棉水泥瓦端壁。

(3)平天窗构造。

①平天窗的类型。平天窗的类型有采光板、采光罩和采光带三种形式,如图9-32所示。

a.采光板。采光板是在屋面板上留孔,装设平板透光材料。板上可开设几个小孔,也可开设一个通长的大孔。固定的采光板只作采光用,可开启的采光板以采光为主,兼作少量通风。

b.采光罩。采光罩是在屋面板上留孔装弧形透光材料,如弧形玻璃钢罩、弧形玻璃罩等。采光罩有固定和可开启两种。

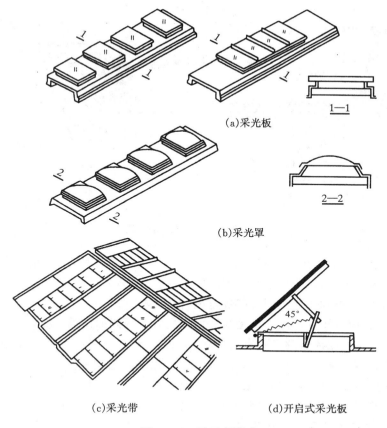

(a)采光板

1—1

(b)采光罩

2—2

(c)采光带　　　　　　　(d)开启式采光板

图 9 - 32　平天窗形式

c.采光带。采光带是指采光口长度在 6 米以上的采光口。采光带根据屋面结构的不同形式,可布置成横向采光带和纵向采光带。

②平天窗的构造。

a.井壁。平天窗在采光口周围做井壁泛水,井壁上安放透光材料。泛水高度一般为 150～200 mm。井壁有垂直和倾斜两种。井壁可用钢筋混凝土、薄钢板、塑料等材料制成。预制井壁现场安装,工业化程度高,施工快。但应处理好与屋面板之间的缝隙,以防漏水。平天窗的井壁构造如图 9 - 33 所示。

b.防水。玻璃与井壁之间的缝隙是防水的薄弱环节,可用聚氯乙烯胶泥或建筑油膏等弹性较好的材料垫缝,不宜用油灰等易干裂材料。

c.防太阳辐射和眩光。平天窗受直射阳光强度大,时间长,如果采用一般的平板玻璃和钢化玻璃透光材料,会使车间内过热和产生眩光,有损视力,影响安全生产和产品质量。因此应优先选用扩散性能好的透光材料,如磨砂玻璃、乳白玻璃、夹丝压花玻璃、玻璃钢等。也可在玻璃下面加浅色遮阳格片,以减少直射光增加扩散效果。

d.安全防护。防止冰雹或其他原因破坏玻璃,保证生产安全,可采用夹丝玻璃。若采用非安全玻璃(如普通平板玻璃、磨砂玻璃、压花玻璃等),须在玻璃下加设一层金属安全网。

e.通风。南方地区采用平天窗时,必须考虑通风散热措施,使滞留在屋盖下表面的热气及

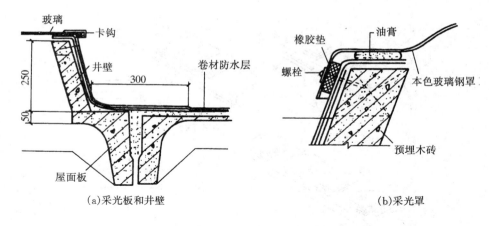

(a)采光板和井壁　　　　　　　　　(b)采光罩

图 9-33　平天窗的井壁构造

时排至室外。目前采用的通风方式有两类：一是采光和通风结合处理，采用可开启的采光板、采光罩或带开启扇的采光板，既可采光又可通风，但使用不够灵活；二是采光和通风分开处理，平天窗只考虑采光，另外利用通风屋脊解决通风，构造较复杂。

(4)矩形避风天窗。矩形避风天窗是在矩形采光天窗两侧加设挡风板构成的。

①挡风板的形式。挡风板的形式有立柱式(直或斜立柱式)和悬挑式(直或斜悬挑式)。

立柱式是将立柱支承在屋架上弦的柱墩上，用支撑与天窗架相连，结构受力合理，但挡风板与天窗之间的距离受屋面板排列的限制，立柱处防水处理较复杂。

悬挑式的支架固定在天窗架上，挡风板与屋面板脱开，处理灵活，适用于各类屋面，但增加了天窗架的荷载，对抗震不利。挡风板可向外倾斜或垂直设置，向外倾斜的挡风板，倾角一般与水平面成 $50°\sim70°$，当风吹向挡风板时，可使气流大幅度飞跃，从而增加抽风能力，通风效果比垂直的好。

挡风板常用石棉波形瓦、钢丝网水泥瓦、瓦楞铁等轻型材料，用螺栓将瓦材固定在檩条上。檩条有型钢和钢筋混凝土的两种，其间距视瓦材的规格而定。檩挑焊接在立柱或支架上，立柱与天窗架之间设置支撑使其保持稳定。

②挡雨设施。设大挑檐方式，使水平口的通风面积减小。垂直口设挡雨板时，挡雨板与水平夹角越小通风越好，但不宜小于 $15°$水平口设挡雨片时，通风阻力较小，是较常用的方式，挡雨片与水平面的夹角多采用 $60°$度。挡雨片高度一般为 $200\sim300$ mm。在大风多雨地区和对挡雨要求较高时，可将第一个挡雨片适当加长。

当用石棉水泥波瓦做挡雨片时，常用型钢或钢三角架做檩条，两端置于支撑上，水泥波瓦挡雨片固定在檩条上。

(5)井式天窗。

①井底板。井底板位于屋架下弦，搁置的方法有两种：纵向铺板和横向铺板，如图 9-34和图 9-35 所示。

②井口板及挡雨设施。井式天窗通风口一般做成开敞式，不设窗扇，但井口必须设置挡雨设施。做法有井上口挑檐，设挡雨片，垂直口设挡雨板等。井上口挑檐，影响通风效果；因此多采用井上口设挡雨片的方法。

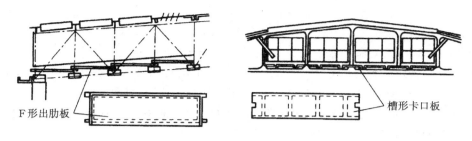

图 9 - 34 纵向铺板构造

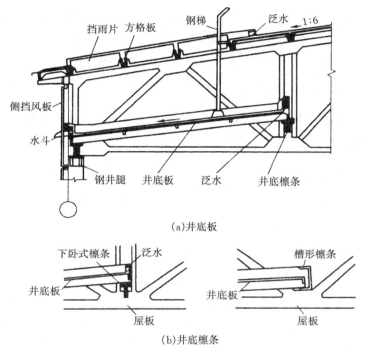

(a)井底板

(b)井底檩条

图 9 - 35 纵向铺板构造

③窗扇设置。如果厂房有保暖要求,可在垂直井口设置窗扇。沿厂房纵向的垂直口,可以安设上悬或中悬窗扇。

④排水措施。边井外排水可采用无组织排水、单层天沟排水和双层天沟排水方式,如图9-36所示。

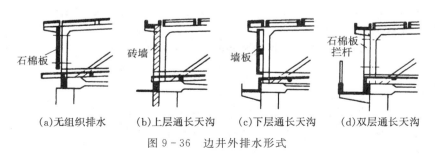

(a)无组织排水 (b)上层通长天沟 (c)下层通长天沟 (d)双层通长天沟

图 9 - 36 边井外排水形式

a.无组织排水:上下层屋面均做无组织排水,如图 9-36(a)所示,井底板的雨水经挡风板与井底板的空隙流出,构造简单,施工方便,适用于降雨量不大的地区。

b.单层天沟排水:上层屋檐做通长天沟,下层井底板做自由落水,适用于降雨量较大的地区,如图 9-36(b)所示。另一种是下层设置通长天沟,上层自由落水,适用于烟尘量大的热车间及降雨量大的地区,如图 9-36(c)所示。天沟兼做清灰走道时,外侧应加设栏杆。

c.双层天沟排水:在雨量较大的地区,灰尘较多的车间,采用上下两层通长天沟有组织排水,如图 9-36(d)所示,这种形式构造复杂,用料较多。

9.9.3 单层工业厂房外墙

单层厂房的外墙主要是根据生产工艺、结构条件和气候条件等要求设计的。一般冷加工车间外墙除考虑结构承重外,常常考虑热工方面的要求;热加工车间由于散发大量的余热,外墙一般不要保温,只起围护作用;精密生产、纺织工业的厂房为了保证生产工艺条件,需要考虑空间恒温、恒湿要求,外墙在设计和构造上比一般做法要复杂得多;有腐蚀性介质的厂房外墙需要考虑防酸、碱等有害物质侵蚀的特殊要求。

单层厂房的外墙由于高度与长度都比较大,要承受较大的风荷载,同时还要受到机器设备与运输工具振动的影响,因此墙身的刚度与稳定性应有可靠的保证。

1. 砖墙及块材墙

(1)墙与柱的相对位置。砖墙与柱子的相对位置有三种方案。一种是墙体砌筑在柱的外侧,一般单层厂房多采用此方案。另一种方案是将墙体砌筑在柱的中间。第三种是方案是将墙部分嵌入在排架柱中。

(2)墙的一般构造。

①墙与柱的连结。为了使砖墙与排架柱保持一定的整体性及稳定性,墙体与柱子之间应有可靠的连接。通常的做法是沿柱子高度方向每隔 $500 \sim 600$ mm 伸出两根 $\phi6$ 的钢筋,砌墙时砌入墙内,墙柱的连接如图 9-37 所示。

②山墙与屋面板的连接。单层厂房的山墙面积比较高大,为保证其稳定性和抗风要求,山墙与抗风柱及端柱除用钢筋拉结外,在非地震区,一般商应在山墙上部沿屋面设置 2 根 $\phi8$ 钢筋于墙中,并在屋面板的板缝中嵌入一根 $\phi12$(长为 1000 mm)钢筋与山墙中的钢筋拉结,如图 9-38 所示。

③墙身变形缝。伸缩缝的缝宽一般为 $20 \sim 30$ mm;沉降缝的缝宽一般为 $30 \sim 50$ mm;抗震缝的缝宽一般为 $50 \sim 90$ mm;在厂房纵横跨交接处设缝时,缝宽宜取 $100 \sim 150$ mm。变形缝的设置应与抗震缝统一考虑。

(3)墙的抗震与抗震措施。对震区厂房和有震源产生的车间,除满足一般构造要求外,还需采取必要的抗震和抗震措施:

①用轻质板材代替砖墙,特别是高低跨相交处的高跨封墙以及山墙山尖部位应尽量采用轻质板材;

②尽量不做女儿墙;

③加强砖墙与屋架、柱子(包括抗风柱)的连接,并适当增设圈梁;

④单跨钢筋混凝土厂房,砖墙可嵌砌在柱子之间,由柱两侧伸出钢筋砌入砖缝;

⑤设置防震缝;

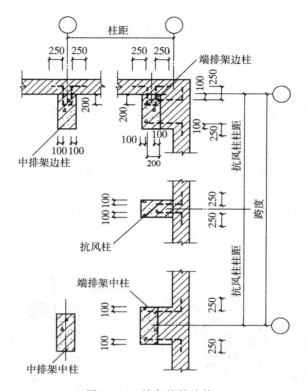

图 9 - 37　墙与柱的连接

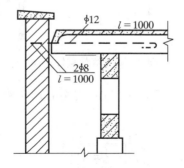

图 9 - 38　山墙与屋面板的连接

⑥必须严格保证施工质量。

（4）砌块墙。砌块墙的连接与砖墙基本相同，即块材砌筑要横平竖直灰浆饱满，错缝搭接，块材与柱子之间由柱子伸出钢筋砌入水平缝内实现锚拉。

2. 大型板材墙和轻质板材墙

（1）大型板材墙。

①墙板的类型和尺寸。墙板按其构造和材料可分为如下几种：

a. 钢筋混凝土槽形板、空心板。这类板的优点是耐久性好、制造简单、可施加预应力。

b. 配筋轻混凝土墙板。这种板种类较多，优点是比普通混凝土和砖墙轻，保温隔热性能好。缺点是吸湿性较大,故必须加水泥砂浆等防水面层。

c.复合墙板。这种板是用钢筋混凝土、塑料板、薄钢板等材料做成骨架,其内填以矿毡棉、泡沫塑料、膨胀珍珠岩板等轻质保温材料而成。其特点是,材料各尽所长,性能优良。主要缺点是制造工艺较复杂。

墙板的长和高采用 300 mm 为扩大模数,板长有 4500 mm、6000 mm、7500 mm(用于山墙)和 12000 mm 四种,可适用于 6 m 或 12 m 柱距及 3 m 整倍数的跨距。板高有 900 mm、1200 mm、1500 mm、1800 mm 四种。板厚以 20 mm 为模数进级,常用厚度为 160～240 mm。

②墙板的布置。墙板排列的原则应尽量减少所用墙板的规格类型。墙板可从基础顶面开始向上排列至檐口,顶上一块为异形板;也可从檐口向下排,多余尺寸埋入地下;还可以柱顶为起点,由此向上和向下排列。

③墙板与柱的连接。墙板与柱子的连接有柔性连接和刚性连接两种。

a.柔性连接:墙板在垂直方向由钢支托支撑,水平方向用螺栓挂钩拉结固定,如图 9 - 39 所示。

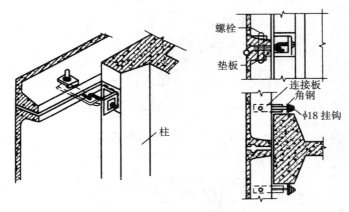

图 9 - 39　墙板柔性连接

b.刚性连接:在墙板和柱子上设置预埋件,安装时用角钢将其焊接在一起,无需钢支托,如图 9 - 40 所示。

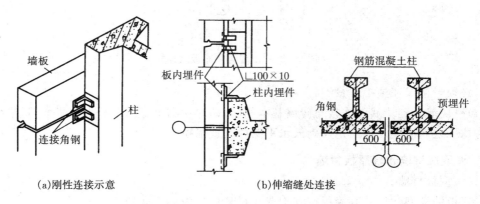

(a)刚性连接示意　　　　　(b)伸缩缝处连接

图 9 - 40　墙板刚性连接

④板缝处理。

a.水平缝。主要是防止沿墙面下淌的雨水渗入内侧。做法是用憎水材料(油膏、聚氯乙烯胶泥等)填缝,将混凝土等亲水材料表面刷防水涂料,并将外侧缝口敞开使其不能形成毛细管作用。

b.垂直缝。主要是防止风将水从侧面吹入和墙面水流入。由于垂直缝的胀缩变形较大,单用填缝的办法难以防止渗透,常配合其他构造措施加强防水。

(2)轻质板材墙。

①压型钢板外墙。压型钢板是将薄钢板压制成波形断面而成。

②石棉水泥波瓦墙板。石棉水泥波瓦用于厂房外墙时,一般采用大波瓦。石棉水泥瓦与厂房骨架的连接通常是通过连接件悬挂在连系梁上。

3. 开敞式外墙

(1)石棉水泥瓦挡雨板。石棉水泥瓦挡雨板的特点是重量轻,它由型钢支架(或钢筋支架)、型钢檩条、石棉水泥瓦(中波)挡雨板及防溅板构成。型钢支架焊接在柱的预埋件上,石棉水泥瓦用弯钩螺栓勾在角钢檩条上。挡雨板垂直间距视车间挡雨要求和飘雨角而定(一般取雨线与水平夹角为30°左右)。

(2)钢筋混凝土挡雨板。钢筋混凝土挡雨板分有支架和无支架两种,其基本构件有支架、挡雨板和防溅板。各种构件通过预埋件焊接予以固定。

9.9.4　单层工业厂房地面及其他设施

工业厂房地面面积大,荷重大,材料用量大,要能满足生产使用要求。如生产精密仪器的车间,地面要求满足防尘要求;有化学侵蚀的车间,地面应满足防腐蚀要求等。因厂房内工段数量较多,各工段生产要求不同,也增加了地面和钢梯等其他设备构造的复杂性。

1. 厂房地面的特点与要求

单层厂房地面面积大,荷重大,材料用量多。据统计,一般机械类厂房混凝土地面的混凝土用量约占主体结构的25%～50%。所以正确而合理地选择地面材料和相应的构造,不仅有利于生产,而且对节约材料和基建投资都有重要意义。

工业厂房的地面,首先要满足生产使用要求。同时厂房地面面积大,承受荷载重,还应具有抵抗各种破坏作用的能力。

(1)具有足够的强度和刚度,满足大型生产和运输设备的使用要求,有良好的抗冲击、耐振、耐磨、耐碾压性能。

(2)满足不同生产工艺的要求,如生产精密仪器仪表的车间应防尘,生产中有爆炸危险的车间应防爆,有化学侵蚀的车间应防腐等。

(3)处理好设备基础、不同生产工段对地面不同要求引起的多类型地面组合拼接。

(4)满足设备管线敷设、地沟设置等特殊要求。

(5)合理选择材料与构造做法,降低造价。

2. 常用地面的类型与构造

(1)地面的组成与类型。单层工业厂房地面由面层、垫层和基层组成。当它们不能充分满足适用要求或构造要求时,可增设其他构造层,如结合层、找平层、隔离层等,如图9-41所示;

特殊情况下,还需设置保温层、隔声层等。

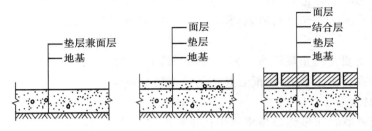

图 9-41 厂房地面的组成

①面层的选择。面层有整体面层和块料面层两大类。由于面层是直接承受各种物理、化学作用的表面层,因此应根据生产特征、使用要求和技术经济条件来选择面层。

②垫层的设置与选择。垫层是承受并传递地面荷载至基层的构造层。按材料性质不同,垫层可分为刚性垫层、半刚性垫层和柔性垫层三种。

刚性垫层是指用混凝土、沥青混凝土和钢筋混凝土等材料做成的垫层。它整体性好,不透水,强度大,适用于直接安装中小型设备、受较大集中荷载、且要求变形小的地面,以及有侵蚀性介质或大量水、中型溶液作用或面层构造要求为刚性垫层的地面。

半刚性垫层是指灰土、三合土、四合土等材料做成的垫层。其受力后有一定的塑性变形,它可以利用工业废料和建筑废料制作,因而造价低。

柔性垫层是用砂、碎(卵)石、矿渣、碎煤渣、沥青碎石等材料做成的垫层。它受力后产生塑性变形,但造价低,施工方便,适用于有较大冲击、剧烈震动作用或堆放笨重材料的地面。

垫层的选择还应与面层材料相适应,同时应考虑生产特征和使用要求等因素。如现浇整体式面层、卷材及塑料面层以及用砂浆或胶泥做结合层的板块状面层,其下部的垫层宜采用混凝土垫层;用砂、炉渣做结合层的块材面层,宜采用柔性垫层或半刚性垫层。

垫层的厚度主要根据作用在地面上的荷载情况来定,其所需厚度应按《工业建筑地面设计规范》的有关规定计算确定。按构造要求的最小厚度及最低强度等级配合比,见表 9-1。

表 9-1 垫层最小厚度、最低强度等级和配合比

序 号	名 称	最小厚度(mm)	最低强度等级和配合比
1	混凝土	60	C7.5(水泥、砂、碎石)
2	四合土	80	1:1:6:12(水泥、石灰渣、砂、碎砖)
3	三合土	100	1:3:6(石灰、砂、粒料)
4	灰土	100	2:3(石灰、素土)
5	粒料	60	(砂、煤渣、碎石等)

注:混凝土垫层兼面层时,混凝土最低强度等级为 C15,最小厚度为 60 mm。

混凝土垫层应做接缝。接缝按其作用可分为伸缝和缩缝两种。厂房内混凝土垫层因室内受温度变化影响不大,故不设伸缝,只设缩缝。缩缝分为纵向和横向两种,平行于施工方向的缝称为纵向缩缝,垂直于施工方向的缝称为横向缩缝。

纵向缩缝间距为 3~6 m,横向缩缝间距为 6~12 m。纵向缩缝宜采用平头缝;当混凝土垫

层厚度大于 150 mm 时,宜采用企口缝。横向缩缝则采用假缝的形式,即上部有缝,但不贯通地面,其目的是引导垫层的收缩裂缝集中于该处。混凝土垫层缩缝形式如图 9 - 42 所示。

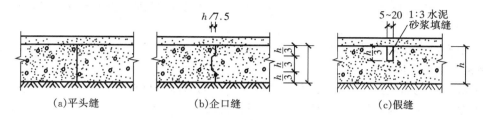

(a)平头缝　　　　　　(b)企口缝　　　　　　(c)假缝

图 9 - 42　混凝土垫层缩缝形式

③基层(地基):是承受上部荷载的土壤层,是经过处理的基土层,最常见的是素土夯实。地基处理的质量直接影响地面承载力,地基土不应用过湿土、淤泥、腐殖土、冻土以及有机物含量大于 8% 的土做填料。若地基土松软,可加入碎石、碎砖或铺设灰土夯实,以提高强度,用单纯加厚混凝土垫层和提高其强度等级的办法来提高承载力是不经济的。

④结合层、隔离层、找平层。

a.结合层应根据面层和垫层的条件来选择,水泥砂浆或沥青砂浆结合层适用于有防水、防潮要求或稳固而无变形的地面。当地面有防酸防碱要求时,结合层应采用耐酸砂浆或树脂胶泥等。此外,块材、板材之间的拼缝也应填以与结合层相同的材料,有冲击荷载或高温作用的地面常用砂做结合层。

b.隔离层的作用是防止地面腐蚀性液体由上向下或地下水由下向上渗透扩散。如果厂房地面有侵蚀性液体影响垫层时,隔离层应设在垫层之上,可采用再生油毡(一毡二油)或石油沥青油毡(二毡三油)来防止渗透。地面处于地下水位毛细管作用上升范围内,而生产上又需要有较高的防潮要求时,地面需设置防水的隔离层,且隔离层应设在垫层下,可采用一层沥青混凝土或灌沥青碎石的隔离层,防止地下水影响的隔离层设置如图 9 - 43 所示。

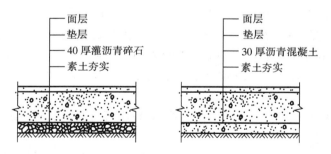

图 9 - 43　防止地下水影响的隔离层设置

c.找平层起找平或找坡的作用。当面层较薄,要求面层平整或有坡度时,垫层上需设找平层。在刚性垫层上,找平层一般为 20 mm 厚 1:2 或 1:3 水泥砂浆;在柔性垫层上,找平层宜采用细石混凝土制作(不小于 30 mm 厚)。找坡层常为 1:1:8 水泥石灰炉渣做成(最薄处 30 mm 厚)。

(2)常见地面的构造做法。

①单层整体地面:是将面层和垫层合为一层直接铺在基层上。

常用的地面有：①灰土地面：素土夯实后，用 3：7 灰土夯实到 100～150 mm 厚。②矿渣或碎石地面：素土夯实后用矿渣或碎石压实至不小于 60 mm 厚。③三合土夯实地面：100～150 mm 厚素土夯实以后，再用 1：3：5 或 1：2：4 石灰，砂（细炉渣），碎石（碎砖），三合土夯实。

这类地面可承受高温及巨大的冲击作用，适用于平整度和清洁度要求不高的车间，如铸造车间、炼钢车间、钢坯库等。

②多层整体地面垫层厚度较大，面层厚度薄。不同的面层材料可以满足不同的生产要求。

a.水泥砂浆地面与民用建筑构造做法相同。为增加耐磨要求可在水泥砂浆中加入适量铁粉。此地面不耐磨，宜起尘，适用于有水、中性液体及油类作用的车间。

b.水磨石地面同民用建筑构造，若对地面有不起火要求，可采用与金属或石料撞击不起火花的石子材料，如大理石，石灰石等。此地面强度高、耐磨、不渗水、不起灰，适用于对清洁要求较高的车间，如汽轮发电机车间、计量室、仪器仪表装配车间、食品加工车间等。

c.混凝土地面有 60 mm 厚 C15 混凝土地面和 C20 细石混凝土地面等。为防止地面开裂，可在面层设纵横向的分仓缝，缝距一般为 12m，缝内用沥青等防水材料灌实。如采用密实的石灰石、碱性的矿渣等做混凝土的骨料，可做成耐碱混凝土地面。此地面在单层工业厂房中应用较多，适用于金工车间、热处理车间、机械装配车间、油漆车间、油料库等。

d.水玻璃混凝土地面。水玻璃混凝土由耐酸粉料、耐酸砂子、耐酸石子配以水玻璃胶结剂和氟硅酸钠硬化剂调制而成。此地面机械强度高、整体性好，具有较高的耐酸性、耐热性，但抗渗性差，须在地面中加设防水隔离层。水玻璃混凝土地面多用于有酸腐蚀作用的车间或仓库。

e.菱苦土地面。菱苦土地面是在混凝土垫层上铺设 20 mm 厚的菱苦土面层。菱苦土面层由苛性菱镁矿、砂子、锯末和氯化镁水溶液组成，它具有良好的弹性，保温性能，不产生火花，不起灰。适用于精密生产装配车间，计量室和纺纱、织布车间。

③块材地面是在垫层上铺设块料或板料的地面，如砖块、石块、预制混凝土地面砖、瓷砖、铸铁板等。块材地面承载力强，便于维修。

a.砖石地面：砖地面面层由普通砖侧砌而成，若先将砖用沥青浸渍，可做成耐腐蚀地面。石材地面有块石地面和石板地面，这种地面较粗糙、耐磨损。

b.预制混凝土板地面采用 C20 预制细石混凝土板做面层。主要用于预留设备位置或人行道处。

c.铸铁板地面有较好的抗冲击和耐高温性能，板面可直接浇筑成凸纹或穿孔防滑。

（3）地面细部构造。

①地面变形缝。地面变形缝的位置应与建筑物的变形缝一致。同时在一般地面与振动大的设备基础之间应设变形缝，地面上局部堆放荷载与相邻地段的荷载相差悬殊时也应设变形缝。变形缝应贯穿地面各构造层，宽度为 20～30 mm，用沥青类材料填充。

②交界缝。两种不同材料的地面，由于强度不同，接缝处是易破坏的地方，应根据使用情况采取措施加强。当厂房内车辆行驶频繁、磨损大时，应在交界处的垫层中预埋钢板焊接角钢嵌边，或用混凝土预制块加固。防腐地面与一般地面交界处，应设挡水条，防止腐蚀性液体泛流。

③地面与铁轨的连接。厂房内铺设铁轨时，为使铁轨不影响其他车辆和行人的通行，铁轨

应与地面相平,铁轨两侧不小于 850 mm 范围内铺设块材地面,以便维修和安装。

④地面坡度与地沟。生产中须经常冲洗或需排除各种液体的地面,必须设置排水坡和排水沟。较光滑的地面坡度取 1%~2%,较粗糙的地面坡度可取 2%~3%。地面排水一般多用明沟,明沟不宜过宽,以免影响通行和生产操作,一般为 100~250 mm,过宽时加设盖板或篦子,沟底最浅处为 100 mm,沟底纵向坡度一般为 0.5%。敷设管线的地沟,沟壁用砖砌,其厚度一般不小于 240 mm,要求防水时,沟壁及沟底均应作防水处理。沟深及沟宽根据敷设检修管线的要求确定。盖板根据荷载大小制成配筋预制板。

⑤坡道。厂房出入口处为便于各种车辆通行,在门外侧设坡道,坡道两侧一般较门洞口各宽 500 mm,坡度一般为 10%~15%,最大不超过 30%,若采用大于 10% 的坡度,其面层应作防滑齿槽。

3. 其他设施

(1)平台与钢梯。在厂房中由于使用需要,常设置各种钢梯,它们的宽度一般为 600~800 mm,梯级每步高为 300 mm,其形式有直梯和斜梯两种。直梯的梯梁常采用角钢,踏步用 φ18 圆钢;斜梯的梯梁多用 6 mm 厚钢板,踏步用 3 mm 厚花纹钢板,也可用不少于 2 根 φ18 的圆钢制作。

①作业梯。作业梯是供工人上下作业平台或跨越生产设备联动线的交通联系工具,为节约钢材和减少占地,其坡度一般较陡,有 45°、59°、73° 及 90° 四种,作业梯的形式如图 9-44 所示。

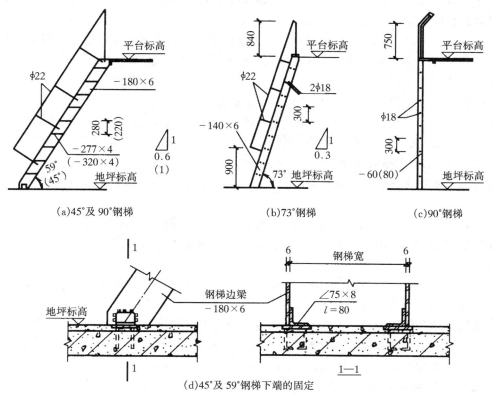

图 9-44 作业梯的形式

②吊车梯。吊车梯是为吊车司机上下而设的,其位置应设在便于上吊车操纵室的地方,同时应考虑不妨碍工艺布置和生产操作,一般多设在端部第二个柱距的柱边。一般每台吊车应设一个吊车梯。在多跨厂房内,当相邻两跨均有吊车时,吊车梯可设在中柱上,以供两侧的吊车司机用,吊车梯及连接如图9-45所示。

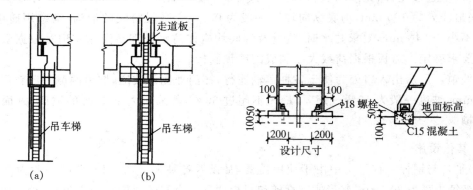

图9-45 吊车梯及连接

③消防检修梯。当单层工业厂房屋面高度大于9m时,应设通往屋面的室外钢梯用于消防检修,供到屋面进行检修、清灰、清除积雪及擦洗天窗用,兼供消防用。消防检修梯底端应高出室外地面1000~1500 mm,以防儿童攀爬。梯与外墙表面距离通常不小于250 mm,梯梁用焊接的角钢埋入墙内,墙预留孔260 mm×260 mm,深度最小为240 mm,然后用C15混凝土嵌固或做成带角钢的预制块砌墙时砌入。

(2)走道板。走道板又称安全走道板,是为维修吊车或检修吊车而设。走道板沿吊车梁顶面铺设,高温车间、吊车为重级工作制或露天跨设吊车时,不论吊车台数、轨顶高度,均应在跨度的两侧设通长走道板。

在边柱位置:利用吊车梁与外墙的空隙设走道板。

在中柱位置:当中列柱上只有一列吊车梁时,设一条走道板,并在上柱内侧考虑通行宽度,当有两列吊车梁,且标高相同时,可设一条走道板并考虑两侧通行的宽度,当其标高相差很大或为双层吊车,则仍根据需要设两层走道板。

露天跨的走道板常设在露天柱上,不设在靠车间外墙的一侧,以减小车间边柱外牛腿的出挑长度。

走道板由支架、走道板和栏杆组成。走道板有木板、钢板、钢筋混凝土板等,其中钢筋混凝土板用得较多,其支架和栏杆为钢材。走道板一般用钢支架支撑固定,若利用外墙支撑,可不另设支架。

(3)隔断。用隔断可以根据不同需要在单层工业厂房内设置出车间办公室、工具间、临时仓库等房间。隔断高度一般为2100 mm。

①木隔断多用于车间内的办公室、工具室。因构造不同分为全木隔断和组合木隔断,隔断木扇也可装玻璃。木隔断耗用木材较多,且不耐火,现已较少采用。

②砖隔断常用240 mm厚砖墙,或有壁柱的120 mm厚砖墙。砖隔断施工方便,造价较低,并有防火及防腐蚀性能,故应用较广。

③金属网隔断由金属网及框架组成,其构造如图9-46所示。金属网可用钢板网或镀锌

铁丝网。框架可用普通型钢、钢管柱或冷弯薄壁型钢制作。

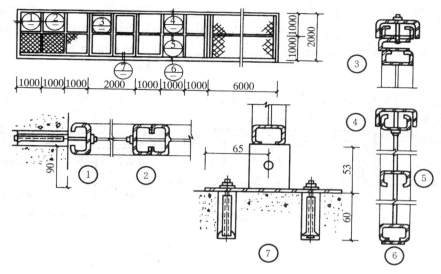

图 9-46 金属网隔断构造

④钢筋混凝土隔断多为预制装配式,施工方便,经久耐用,适用于火灾危险性大和湿度大的车间。它由拼板和立柱及上槛组成,立柱与拼板分别用螺栓与地面连接,上槛卡紧拼板,并用螺栓与立柱固定。拼板上部可装玻璃或金属网以采光和通风。装配式钢筋混凝土隔断构造如图 9-47 所示。

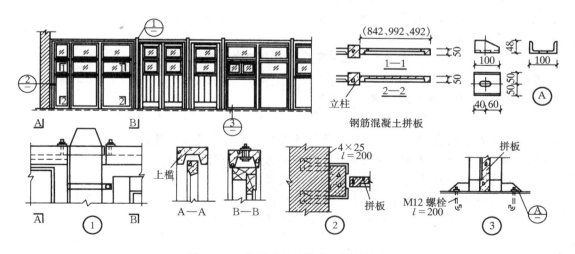

图 9-47 装配式钢筋混凝土隔断构造

⑤混合隔断下部为 1000 mm 左右高 120 mm 厚的砖墙,上部为玻璃木隔断或金属网隔断。为保证隔断的稳定性,沿墙每隔 3m 砌一砖柱。

(4)地沟。单层工业厂房地沟主要用于铺设各种管线,有电缆地沟,通风、采暖、压缩空气管道地沟等。地沟断面尺寸应根据生产工艺所需的管道数量、大小、类型等确定。地沟上面一般应加设盖板。

常用的地沟有砖砌地沟和现浇钢筋混凝土地沟。砖砌地沟用于地下水位以上,其沟底为现浇混凝土,沟壁由普通砖砌筑。现浇钢筋混凝土地沟能用于地下水位以下,其沟底和沟壁均由混凝土整体浇筑而成。地沟应根据地下水位情况采取防水或防潮措施。地沟盖板多位预制钢筋混凝土板,设有活络拉手,如图9-48所示。地沟盖板还有木板、钢板等形式。

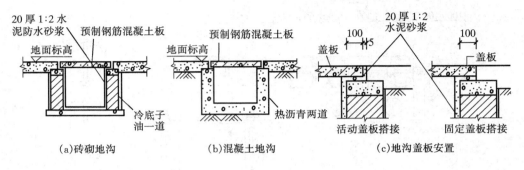

(a)砖砌地沟　　　　　(b)混凝土地沟　　　　　(c)地沟盖板安置

图9-48　地沟的构造

思考题

1. 什么是工业建筑、工业厂房?

2. 工业厂房建筑的主要特征是什么?

3. 工业厂房建筑的分类有哪几种?

4. 排架结构单层厂房由哪几个部分组成?

5. 厂房内部常见的起重吊车设备有哪些形式? 其适用范围如何?

6. 怎样确定单层厂房的高度?

7. 什么是柱网? 确定柱网尺寸时对跨度和柱距有什么规定?

8. 厂房定位轴线的作用是什么?

9. 为什么单层厂房要在山墙处设抗风柱?

10. 连系梁有什么作用? 圈梁有什么作用?

11. 单层厂房的支撑包括哪两大部分? 各部分又由哪些部分组成?

12. 单层厂房屋面排水有哪几种方式? 各适用于哪些范围?

13. 单层厂房为什么设置天窗? 天窗有哪些类型?

14. 厂房地面有什么特点和要求? 地面由哪些构造层次组成? 它们各有什么作用?

15. 天窗有哪些类型? 试分析它们的优缺点及适用性。

第 10 章
建筑设计的内容、依据和程序

本章学习要点

1. 初步掌握建筑设计的概念,深刻理解建筑设计所涵盖的三方面的内容

2. 认识建筑设计应遵循的依据和原则,理解人体尺度和空间尺度的内涵

3. 了解建筑设计过程的几大阶段,掌握建筑设计各阶段的主要任务及主要内容,并具备收集整理全套文件、设计图纸的能力

10.1 建筑设计的内容

每一项建筑工程从拟定计划到建成使用都要经过若干环节,一般包括编制工程设计任务书、设计指标及方案审定、选址及场地勘测、建筑工程设计、施工招标与组织、配套及装修工程、试运行及交付使用和回访总结等几个阶段。

建筑工程设计是指设计一幢建筑物或建筑群所要做的全部工作,包括建筑设计、结构设计、设备设计等三个方面的内容。人们习惯上将这三部分统称为建筑设计。

从专业分工的角度确切地说,建筑设计是指建筑工程设计中由建筑师承担的那一部分设计工作。建筑设计是在总体规划的前提下,根据建设任务要求和工程技术条件进行房屋的空间组合设计和细部设计,并以建筑设计图的形式表示出来。建筑设计工作是其中比较关键的环节,是整个设计工作的先行,常处于主导地位,具有较强的政策性、技术性和综合性。

10.1.1 建筑设计

建筑设计包括总体设计和个体设计两方面,一般是由注册建筑师来完成。它包括建筑空间环境的组合设计和构造设计两部分内容。

(1)建筑空间环境的组合设计:通过建筑空间的规定、塑造和组合,综合解决建筑物的功能、技术、经济和美观等问题。建筑空间环境的组合设计主要通过建筑总平面设计、建筑平面设计、建筑剖面设计、建筑体型与立面设计来完成。

(2)建筑空间环境的构造设计:主要是确定建筑物各构造组成部分的材料及构造方式。建筑空间环境的构造设计包括对基础、墙体、楼地层、楼梯、屋顶、门窗等构配件进行详细的构造设计,也是建筑空间环境组合设计的继续和深入。

建筑设计的内容包括建筑空间和建筑物实体两大部分。

建筑空间是供人使用的场所,它们的大小、形态、组合及流通关系与使用功能密切相关,同时还反映了一种精神上的需求。

建筑物实体同时具有利用价值和观赏价值。其利用价值是指对空间的界定作用以及许多其他方面的物质需求,例如防水、隔热、保温等;而其观赏价值则是指对建筑形态的构成作用。

10.1.2　结构设计

结构设计是根据建筑设计选择切实可行的结构布置方案,进行结构的计算及构件设计,并用结构设计图表示。通常由结构工程师完成。

10.1.3　设备设计

设备设计主要包括建筑物的给水排水、电气照明、采暖通风空调、动力等方面的设计,由有关专业的设备工程师配合建筑设计来完成,并分别用水、暖、电等设计图表示。

10.2　建筑设计依据

10.2.1　使用功能

1. 人体尺度和人体活动所需的空间尺度

人体尺度及人体活动所占的空间尺度是确定民用建筑内部各种空间尺度的主要依据。例如家具设备的尺寸,踏步尺寸,窗台和栏杆的高度,门、走道、楼梯的宽度和高度以及房间的高度等都与人体尺度及人体活动所需的空间尺度密切相关。据有关资料表明,我国成年人的平均身高,男子为 167 cm,女子为 156 cm。人体尺度及人体活动所需要的空间尺度如图 10-1 所示。

2. 家具、设备的尺寸和使用它们的必要空间

各类房间内部通常都要布置家具设备,房间内家具设备的尺寸,以及人们使用它们所需活动空间是确定房间内部使用面积的重要依据。

10.2.2　自然条件

1. 气象资料

气象资料包括建筑物所在地区的温度、湿度、日照、雨雪、风向和风速等,是建筑物的自然通风、保温隔热、防水防潮等设计的重要依据。

气候条件对建筑设计有较大影响,例如我国南方多是湿热地区,设计时应考虑隔热、通风和遮阳等问题,建筑风格多以通透为主;我国北方干冷地区则考虑保温、防风沙等问题,建筑风格趋向闭塞、严谨。

日照与风向通常是确定房屋朝向和间距的主要因素,降雨量的大小对建筑的屋顶形式与构造以及防排水处理等也有一定影响。

图 10-2 为我国部分城市的风向频率玫瑰图,图中实线部分表示全年风向频率,虚线部分表示夏季风向频率。风向频率玫瑰图(简称风玫瑰图或风向图)是依据该地区多年来统计的各个方向吹风的平均日数的百分数值,按比例绘制而成的图形,一般用 16 个或 8 个罗盘方位表示。玫瑰图上所表示的风的吹向,是指由外吹向地区中心的,最大风频方向即为该地区的主导风向。

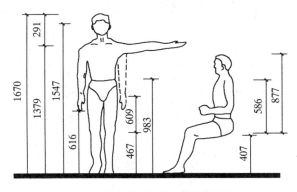

(a)中等身材男子的人体基本尺度

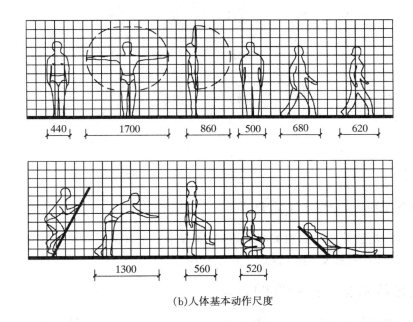

(b)人体基本动作尺度

图 10-1　人体尺度及人体活动所需要的空间尺度

2. 地形、地质以及地震烈度

建筑基地地形的平缓或起伏、地质构成、土壤特性与地基承载力的大小,对建筑物的平面组合、建筑体型、结构布置与构造处理等都有明显的影响。坡度陡的地形,常使房屋结合地形错层建造,复杂的地质条件要求基础采用不同的结构和构造处理等。

地震烈度表示当发生地震时,地面及建筑物遭受破坏的程度。地震对建筑的破坏作用也很大,有时是毁灭性的。烈度在 6 度以下时,地震对建筑物影响较小,一般可不考虑抗震措施。9 度以上地区,地震破坏力很大,一般应尽量避免在该地区建筑房屋。这就要求我们无论是从建筑的体形组合到细部构造设计都必须考虑抗震措施,才能保证建筑的使用年限与坚固性。

3. 水文条件

水文条件是指地下水位的高低及地下水的性质,直接影响到建筑物的基础和地下室。设计时应根据地下水位的高低及地下水性质确定是否在该地区建造房屋或采取相应的防水和防腐措施。

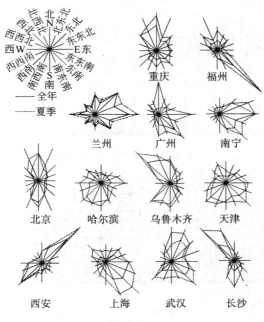

图 10-2　风向频率玫瑰图

10.2.3　满足设计文件的有关要求

建筑设计应满足设计文件的相关要求,包括建设单位主管部门有关的规定、工程设计任务书、城建部门同意设计的批文、委托设计工程项目表等。

10.2.4　满足技术和设计标准的要求

建筑设计标准化是实现建筑工业化的前提。为此,建筑构造应尽量采用标准化设计,建筑设计应采用建筑模数协调统一标准。除此以外,建筑设计应遵照国家制订的标准、规范以及各地或国家各部、委颁发的标准执行。采用定型通用构配件,以提高构配件间的通用性和互换性,为构配件生产工业化、施工机械化提供条件。

10.2.5　执行行业政策和技术规范、注意环保、经济合理

建设政策是建筑业的指导方针,技术规范常常是知识和经验的结晶。从事建筑设计应时常了解这些政策,法规。对强制执行的标准,必须认真执行。另外,从材料选择到施工方法都必须注意保护环境,降低消耗,节约投资。

10.2.6　注意美观

有时一些细部构造,直接影响着建筑物的美观效果。所以构造方案应符合人们的审美观念。

综上所述,建筑构造设计的总原则应是坚固适用、先进合理、经济美观。

10.3　建筑设计程序

进行建筑设计时,会遇到许多矛盾和问题,寻找解决各种矛盾和问题的最佳方案是建筑设计的核心。为了使建筑设计顺利进行,保证质量,少走弯路,少出差错,应按先后顺序加以解决。通常是从宏观到微观,从整体到局部,从大处到细节,从功能体型到具体构造,逐步深入,循序渐进。

对较大的建设项目,建筑设计程序包括设计前的准备阶段、初步设计阶段、技术设计阶段和施工图设计阶段。

10.3.1　设计前的准备阶段

在进行设计之前,必须做好充分的准备工作,了解并掌握与设计有关的各种文件、外部条件和客观情况。

1. 核实并熟悉设计任务的必要文件

(1)主管部门的批文。上级主管部门对建设项目的批准文件,文件中包括建设项目的使用要求、建筑面积、单方造价、投资总额等内容。

(2)城建部门的批文。城建部门同意设计的批复文件,文件中包括用地范围(常用红线划定),以及规划、环境等城镇建设对该建筑的设计要求等内容。

(3)设计任务书。具体着手设计前,首先需要熟悉设计任务书,以明确建设项目的设计要求。这是经上级部门批准,提供给设计部门进行设计的依据性文件,设计任务书的内容有:

①建设项目总的要求和建造目的的说明;

②建筑物的具体使用要求、建筑面积以及各类用途房间之间的面积分配;

③建设项目的总投资和单方造价,并说明原有建筑、道路等室外设施费用情况;

④建设基地范围、大小,原有建筑、道路、地段环境的描述,并附地形测量图;

⑤供电、供水和采暖、空调等设备方面的要求,并附水源、电源的接用许可文件;

⑥设计期限和项目建设进度计划安排要求。

2. 收集必要的设计原始数据

通常建设单位提出的设计任务,主要是从使用要求、建设规模、造价和建设进度方面考虑的,房屋的设计和建造,还需要收集下列有关原始数据和设计资料。

(1)气象资料:所在地区的温度、湿度、日照、雨雪、风向、风速以及冻土深度等;

(2)地形、地质、水文资料:基地地形及标高,土壤种类及承载力,地下水位以及地震烈度等;

(3)水电等设备管线资料:基地地下的给水、排水、电缆等管线布置,以及基地上的架空线等供电线路情况;

(4)设计项目的有关定额指标:国家或所在省市地区有关设计项目的定额指标,例如住宅的每户面积或每人面积定额,学校教室的面积定额,以及建筑用地、用材等指标。

3. 设计前的调查研究

设计前调查研究的主要内容有：

(1)建筑物的使用要求。深入访问使用单位中有实践经验的人员，了解使用单位对拟建建筑的使用要求，认真调查同类已建房屋的实际使用情况，通过分析和总结，对所设计房屋的使用要求，做到"胸中有数"。

(2)建筑材料供应和结构施工等技术条件。了解设计房屋所在地区建筑材料供应的品种、规格、价格等情况，预制混凝土制品以及门窗的种类规格，新型建筑材料的性能、价格以及采用的可能性。结合房屋使用要求和建筑空间组合的特点，了解并分析不同结构方案的选型，当地施工单位的技术力量和起重、运输等设备条件。

(3)基地踏勘。根据城建部门所划定的建筑红线进行现场踏勘，深入了解现场的地形、地貌，以及基地周围原有的建筑、道路、绿化等，考虑拟建房屋的位置和总平面布局的可能性。

(4)当地建筑传统经验和生活习惯。了解当地传统建筑的设计布局和施工经验以及文化传统、生活习惯、风土人情等。传统建筑中有许多结合当地地理、气候条件的设计布局和创作经验，可以借鉴。

10.3.2　初步设计阶段

建筑设计过程按工程复杂程度、规模大小及审批要求，划分为不同的设计阶段。一般分为两阶段设计或三阶段设计。建筑设计一般分为初步设计和施工图设计两个阶段，对于技术上复杂而又缺乏经验的工程，经主管部门指定或由设计部门自行确定可增加技术设计阶段，即初步设计、技术设计和施工图设计三个阶段。大型民用建筑工程设计在初步设计之前应进行方案设计，小型建筑工程设计可以用方案设计代替初步设计。

1. 主要任务

初步设计阶段是设计过程中的一个关键性阶段，也是整个设计构思基本成型的阶段。它的主要任务是根据设计任务书及收集和调研所得的资料，结合基地条件、功能要求、建筑标准以及技术上和经济上的可能性与合理性，提出设计方案。一般可提出几个方案，以供比较和选择，在征求建设单位的意见并经有关部门审议后，确定最后的方案。

2. 设计内容

初步设计的内容包括确定房屋内部各种使用空间的大小和形状；确定建筑平面、空间布局和外形以及总平面布置；选定主要建筑材料、设备型号和数量以及结构方案；提出主要技术经济指标和建筑工程概算。

3. 图纸和设计文件

初步设计的图纸和设计文件有：

(1)建筑总平面。常采用的比例是1：500或1：1000或1：2000，应表示出用地范围，建筑物位置、大小、层数、朝向、设计标高、道路、绿化、基地上各种设施的布置及经济技术指标。地形复杂时，应表示粗略的竖向设计意图。

(2)各层平面图及主要剖面、立面图。常用的比例是1：100或1：200，应标出建筑物的总尺寸、开间、进深、层高等各主要控制尺寸，同时要标出门窗位置，各层标高，室内固定设备的布置、立面处理等。

（3）设计说明书。设计方案的主要意图及优缺点，主要结构方案及构造特点，建筑材料、装修标准以及结构、设备主要技术经济指标等系统的说明。

（4）工程概算书。建筑物投资估算，主要材料用量及单位消耗量。

（5）根据设计任务的需要，可能辅以鸟瞰图、透视图或建筑模型。

10.3.3 技术设计阶段

1. 主要任务

技术设计是三阶段设计的中间阶段，是初步设计的具体化阶段，也是各种技术问题的定案阶段。其主要任务是在初步设计的基础上，进一步确定建筑、结构、设备等各工种之间的技术问题，并根据技术要求，对初步设计做出合理地修改。

2. 设计内容

技术设计的内容包括确定结构和设备的布置并进行结构和设备的计算；修正建筑设计方案并进行主要的建筑细部和构造设计；确定主要建筑材料、建筑构配件、设备管线的规格及施工要求等。

技术设计的内容为各工种相互提供资料、提出要求，并共同研究和协调编制拟建工程各工种的图纸和说明书，为各工种编制施工图打下基础。经批准后的技术图纸和说明书即为编制施工图、主要材料设备订货以及工程拨款的依据文件。

3. 图纸和设计文件

技术设计的图纸和文件有：建筑总平面图和平、立、剖面图，图中应标明与技术有关的详细尺寸；结构、设备的设计图和计算书；各技术工种的技术条件说明书；根据技术要求修正的工程概算书。

10.3.4 施工图设计阶段

1. 主要任务

施工图设计就是把设计意图和全部的设计结果通过图纸表达出来，作为施工制作的依据。施工图设计阶段是设计工作和施工工作的桥梁。其主要任务是在初步设计或技术设计的基础上，确定各个细部的构造方式和具体做法，进一步解决各技术工种之间的矛盾，并编制出一套完整的、能据以施工的图纸和文件。

2. 设计内容

施工图设计的内容包括确定全部工程尺寸和用料；绘制建筑、结构、设备等工种的全部施工图纸，编制工程说明书、结构及设备计算书和预算书。

3. 图纸和设计文件

施工图设计的图纸及设计文件有：

（1）建筑总平面：常用比例 1：500，1：1000，1：2000，应详细标明建筑用地范围、建筑物及室外工程（道路、围墙、大门、挡土墙等）设施等所在位置的尺寸、标高，并附必要的说明及详图。

（2）建筑各层平面图、立面图、剖面图：常用比例 1：50，1：100，1：200。除了表达初步设计或技术设计内容以外,还应详细标明出墙段、门窗洞口及一些细部尺寸、详图索引符号等。

(3)建筑构造节点详图:根据需要可采用1∶1,1∶2,1∶5,1∶20等比例。建筑构造详图主要包括檐口、墙身和各构件的节点详图,楼梯、门窗以及室内、立面的装修详图等。应表示清楚各部分构件的构造关系、材料、尺寸及做法等。

(4)各工种相应配套的施工图纸:如基础平面图、基础详图、楼板及屋顶平面图和详图、结构布置图、结构构造节点详图等结构施工图;给排水、电器照明以及暖气或空气调节等设备施工图。

(5)设计说明书:包括施工图设计依据,设计规模和建筑面积,主要结构类型,标高定位,建筑装修做法以及用料说明等。

(6)结构及设备设计的计算书。

(7)工程预算书。

思考题

1. 建筑设计的内容包括哪三个方面?

2. 建筑设计的基本要求和依据是什么?

3. 建筑设计的程序分为几个阶段?

4. 设计阶段的两阶段设计和三阶段设计分别是什么?每一阶段的设计的任务、内容及图纸、设计文件分别是什么?

第 11 章
建筑平面设计

本章学习要点

1. 掌握使用房间、辅助房间和交通联系部分的平面设计
2. 掌握影响平面组合的因素以及组合方式

任何一栋建筑物,都是由若干个单体空间有机地组合起来的整体空间,而表达建筑物的三维空间的设计中,人们常从建筑平面、建筑剖面、建筑立面三个不同方向的投影图来综合分析建筑物的各种特性,并通过相应的图纸来表达其设计意图。由此可见,建筑的平面、立面、剖面只是一个完整设计内容中各个组成部分,它们之间是严格按照空间关系而互相联系的。一般来说,建筑平面设计是整个建筑设计中的一个重要组成部分,对建筑方案的确定起着决定性的作用,是建筑设计的基础,因为建筑平面设计不仅决定了空间的组合,还影响建筑的剖面设计、立面设计。所以,在进行方案设计时,只有综合考虑建筑平面、立面、剖面三者的关系,按照完整的三维空间概念去进行设计,反复修改,才能完成一个好的建筑设计。

11.1 平面设计的内容

民用建筑类型繁多,各类建筑房间的使用性质和组成类型也不相同。无论是由几个房间组成的小型建筑物或由几十个甚至上百个房间组成的大型建筑物,从组成平面各部分的使用性质来分析大致可以分成如下三大类。

第一类:主要使用房间。主要使用房间是建筑物的核心,由于它们的使用要求不同,形成了不同类型的建筑物,如住宅中的起居室、卧室;教学楼中的教室、办公室;商业建筑中的营业厅;影剧院中的观众厅等都是构成各类建筑的主要使用房间。

第二类:次要使用房间(或称之为辅助房间)。辅助房间是为保证建筑物主要使用要求而设置的,与主要使用房间相比,它属于建筑物的次要部分,如公共建筑中的卫生间、贮藏室以及各种电气、水暖等设备用房;住宅建筑中的厨房、浴室、厕所等。

第三类:交通联系空间。这一部分包括建筑中用于房间之间、楼层之间、建筑内部与外部过渡的空间,如各类建筑中的走廊、门厅、过厅、楼梯、坡道以及电梯和自动扶梯等。

任何一幢完整的建筑,都包含以上三个方面的内容,如图 11-1 所示。

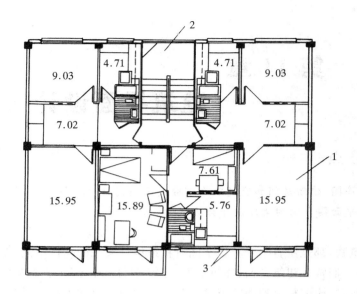

图 11-1　住宅单元平面组成示意图
1—使用部分；2—交通联系部分；3—房屋构件所占面积

11.2　主要使用房间设计

主要使用房间是各类建筑的主要部分，是供人们工作、学习、生活、娱乐等的必要房间。由于建筑类别不同，使用功能不同，对主要使用房间的要求也不一致。如住宅中的卧室是满足人们休息、睡眠用的；教学楼中的教室是满足教学用的；电影院中的观众厅是满足人们观看电影和集会用的等等。虽然如此，但总的来说，主要使用房间的设计应考虑的基本因素却是一致的，即要求有适宜的尺度，足够的面积，恰当的形状，良好的朝向、采光和通风条件，便捷的内外交通条件，建筑面积的有效利用以及合理的结构布局和便于施工等。

11.2.1　房间的面积

房间面积是由其使用面积和结构或围护构件所占面积组成的。我们通常把一个房间的使用面积分为家具、设备占用的面积，人们活动所需要的面积，室内行走需要的交通面积等几个部分，如图 11-2 所示。确定房间的面积应主要考虑以下因素。

1. 房间的用途及活动特点

如住宅的起居室、卧室面积相对较小；电影院的观众厅，除了人多、座位多以外，还需要考虑人流迅速疏散的要求，所需面积就较大；室内游泳馆、健身房，由于使用活动的特点，要求有较大的面积；旅馆建筑中标准比较高的客房，虽然人数较少，但使用面积较大。

2. 房间的容纳人数

房间的容纳人数不但直接影响了房间的面积大小，而且决定了室内家具与设备的数量和室内交通面积的大小。如设计一个教室，首先就必须弄清楚教室的规模、要容纳多少学生上

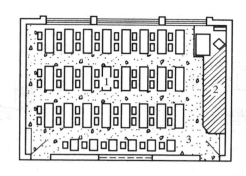

图 11-2　教室室内使用面积分析示意
1—家具占用面积；2—使用活动面积；3—行走交通面积

课、需布置多少课桌椅；餐厅的面积大小主要决定于就餐人数及就餐方式；图书馆的书库面积大小决定于藏书的册数。一般情况下，规模大、容纳人数多的房间，面积也相应需要大一些。

在实际工作中，房间面积的确定主要是依据我国有关部门及各地区制定的面积定额指标，根据房间的容纳人数及面积定额就可以得出房间的总面积。应当指出：每个人所需的面积除面积定额指标外，还需通过调查研究并结合建筑物的标准综合考虑。表 11-1 是部分民用建筑房间面积定额参考指标。

表 11-1　部分民用建筑物房间面积定额参考指标

项目 建筑类型	房间名称	面积定额（m²/人）	备注
中小学	普通教室	1～1.2	小学取下限
	教师办公室	3.5	
办公楼	普通办公室	3.0	
	单间办公室	10.0	
	中小型会议室	0.8	无会议桌
		1.8	有会议桌
图书馆	普通阅览室	1.8～2.5	4～6 桌双面阅览桌
电影院	观众厅	0.6～0.8	
公路客运站	候车室	1.10	按最高聚集人数计

有些建筑的房间面积指标未作规定，使用人数也不固定，如展览室、营业厅等，这就要求设计人员根据设计任务书的要求，对同类型、规模相近的建筑进行调查研究，充分掌握他们的使用特点，结合经济条件，通过分析比较得出合理的房间面积。

3. 家具设备及人体活动使用面积

确定房间使用面积的大小，除了需要掌握室内家具、设备的数量和尺寸外，还需要了解人们在使用这些家具、设备时所需的活动面积的大小，这些面积的确定又都和人体活动的基本尺度有关。如起居室内沙发组成会客区域所需要的面积，如图 11-3 所示；卧室中使用衣柜时所需要的活动区域面积,如图 11-4 所示;教室中学生就座、起立时桌椅旁所需的实用活动面积,如图 11-5 所示。

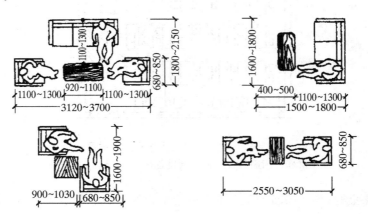

图 11-3 沙发布置所需面积

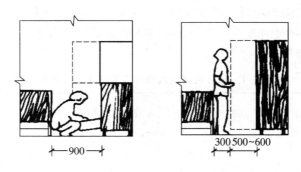

图 11-4 衣柜使用时所需的活动面积

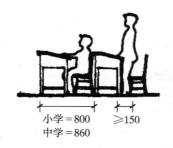

图 11-5 中小学桌椅旁必要面积

4. 房间内的交通面积

房间内的交通面积是指连接各个使用区域的面积。如学校的教室中课桌行与行之间的通道宽度:小学为 500~550 mm,中学为 550~600 mm,最后一排距后墙距离大于 600 mm 等,均为教室的交通面积。有些房间的交通面积和家具使用面积可能重合或互换,如图 11-6 所示,住宅中房间门到阳台之间的通道为交通面积,也是人们使用立柜时的活动面积。

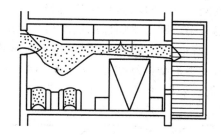

图 11-6　交通面积与使用面积合二为一

11.2.2　房间的形状

民用建筑常见的房间形状有矩形、方形、多边形、圆形等。在具体设计中,应从使用要求、结构形式与结构布置、经济条件、美观等方面综合考虑,选择合适的房间形状。

绝大多数的民用建筑房间形状常采用矩形,其主要原因如下:

(1)矩行平面体型简单,墙体平直,便于家具布置和设备的安排,使用上能充分利用室内有效面积,有较大的灵活性。

(2)结构布置简单,便于施工。以中小学教室为例,矩形平面的教室,由于进深和开间较大,如果采用预制构件,结构布置方式一般有两种情况:一是纵墙搁梁,楼板支撑在大梁和横墙上;再一就是采用长板直接支撑在纵墙上,省去大梁。以上两种方式均便于统一构件类型,简化施工。对于面积较小的房间,则结构布置更为简单,可以将同一长度的板直接支撑在横墙或纵墙上。

(3)矩形平面便于统一开间、进深,有利于平面及空间的组合。如学校、办公楼、旅馆等建筑常采用矩形平面房间沿走道一侧或两侧布置,统一的开间和进深使建筑平面布置紧凑,用地经济。当房间面积较大时,为保证良好的采光和通风,常采用沿外墙长向布置的组合方式。

当然,矩形平面也不是唯一的形式。就中小学教室而言,在满足视、听及其他要求的条件下,也可以采用方形或六角形平面形状,如图 11-7 所示。方形教室的优点是进深加大,开间缩短,外墙减少,相应的交通线路缩短,用地经济。同时,方形教室缩短了最后一排的视距,视听条件有所改善,但为了保证水平视角 α 的要求,前排两侧均不能布置课桌椅。

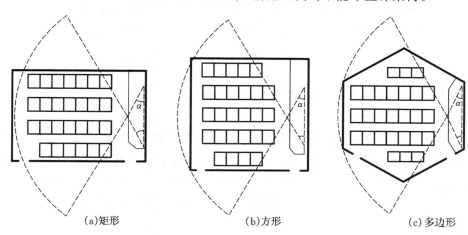

(a)矩形　　　　　　　　　(b)方形　　　　　　　　　(c)多边形

图 11-7　教室平面形状

对于一些单层大空间如观众厅、杂技场、体育馆等房间,形状则首先应满足这类建筑的特殊功能及视听要求。如杂技场常采用圆形平面以满足演马戏时动物跑弧线的需要。观众厅要满足良好的视听要求,既要看得清也要听得清。观众厅的平面形状一般有矩形、钟形、扇形、六边形、圆形等,如图 11 – 8 所示。圆形结构复杂,适用于中小型观众厅。圆形平面有严重的声场分布不均现象,一般观众厅很少采用,但由于视线及疏散条件较好,常用于大型体育馆。

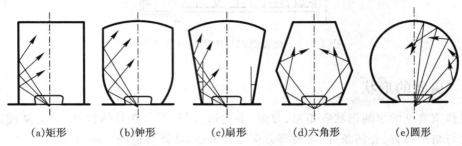

(a)矩形　　　(b)钟形　　　(c)扇形　　　(d)六角形　　　(e)圆形

图 11 – 8　观众厅的平面形状

11.2.3　房间的尺寸

房间尺寸是指房间的面宽和进深,而面宽常常是由一个或多个开间组成。确定房间的尺寸是房间设计内容的进一步量化,对常用的矩形平面房间来说,房间的平面尺寸一般不用长宽来表示,而是用开间和进深来表示房间平面的二维尺寸。开间是指房间在建筑外立面上所占的宽度,进深是指垂直于开间的房间深度尺寸。开间和进深并不是房间的净宽净深尺寸,而是房间两个房间的轴线尺寸,如图 11 – 9 所示。

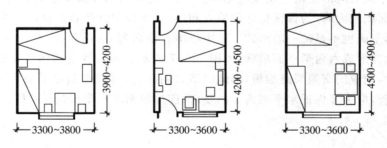

图 11 – 9　卧室开间和进深尺寸

确定房间的尺寸主要从下面几方面进行综合考虑:

1. 满足家具设备布置的要求

确定房间开间、进深尺寸,首先应考虑家具设备的布置要求,并要增加它的适应性。如住宅中的主卧室要求床能在两个方向布置,一般开间常取 3.3～3.6m,进深方向应考虑床宽、衣柜的长度以及床头柜的宽度,一般进深取 4.2～4.5m,如图 11 – 10 所示。次卧室按照布置一个单人床和写字台考虑即可,开间尺寸一般取 2.7～3.0m,如图 11 – 11 所示。

2. 满足视听要求

有的房间如教室、会堂、观众厅等的平面尺寸除满足家具设备布置及人们活动要求外,还应保证有良好的视听条件。为使前排两侧座位不致太远,必须根据水平视角、视距、垂直视角的要求,充分研究座位的布置排列,确定合适的房间尺寸。

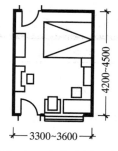

图 11-10　主卧室平面布置

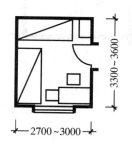

图 11-11　次卧室平面布置

从视听的功能考虑,教室的平面尺寸应满足以下的要求,如图 11-12 所示。

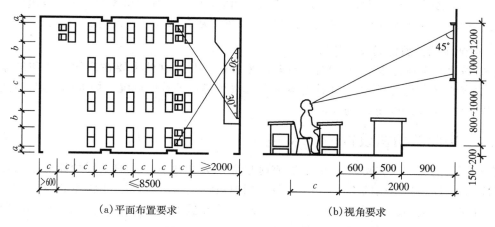

（a）平面布置要求　　　　　（b）视角要求

图 11-12　教室课桌椅布置要求

（1）为防止第一排座位距黑板太近,垂直视角太小易造成学生近视,因此,第一排座位距黑板的距离必须大于或等于 2.0 m,以保证垂直视角大于 45°（垂直视角:第一排学生眼睛与黑板垂面上边缘形成的夹角大于 45°）。

（2）为防止最后一排座位距黑板太远,影响学生的视觉和听觉,后排距黑板的距离不宜大于 8.5 m。

（3）为避免学生过于斜视而影响视力,水平视角（即前排边座与黑板远端的视线夹角）应大于或等于 30°。

按照以上要求,并结合家具设备布置、学生活动要求、建筑模数协调统一标准等的规定,中学教室平面尺寸常取 6300 mm×9000 mm、6600 mm×9000 mm、6900 mm×9000 mm 等。

3. 良好的天然采光

民用建筑中,大部分房间都需要良好的天然采光,一般房间多采用单侧或双侧采光,因此,房间的进深常受到采光的限制。一般单侧采光时进深不大于窗上口至地面距离的 2 倍,双侧采光时进深可较单侧采光时增大一倍。采光方式对房间进深的影响如图 11-13 所示。

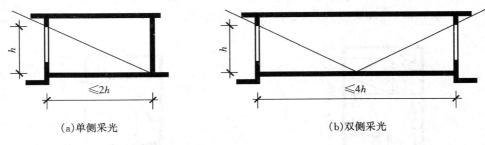

(a)单侧采光　　　　　　　　　(b)双侧采光

图 11-13　采光方式对房间进深的影响

4. 经济合理的结构布置

一般民用建筑常采用墙体承重的梁板式结构和框架结构体系。房间的开间、进深尺寸应尽量使构件规格化、统一化,同时使梁板构件符合经济跨度要求,所以较经济的开间尺寸是不大于 4.00 m,钢筋混凝土梁较经济的跨度是不大于 9.00 m。对于由多个开间组成的大房间,如教室、会议室、餐厅等,应尽量统一开间尺寸,减少构建类型。

5. 符合建筑模数协调统一标准

为提高建筑工业化水平,必须统一构建类型,减少规格,这就需要在房间开间和进深上采用统一的模数,作为协调建筑尺寸的基本标准。按照建筑模数协调统一标准的规定,房间的开间、进深尺寸一般以 300 mm 为模数。

11.2.4　房间的门窗设置

房间的门是供出入和交通联系用的,有时也兼采光和通风。窗的主要功能是采光、通风。同时门窗也是外围户结构的组成部分。因此,门窗设计是一个综合性问题,它的大小、数量、位置及开始方式都直接影响到房间的通风和采光、家具布置的灵活性、房间面积的有效利用、人流活动及交通疏散、建筑外观及经济性等各个方面。

1. 门的宽度及数量

门的宽度取决于人体尺寸、人流股数及家具设备的大小等因素。一般单股人流通行最小宽度取 550 mm,一个人侧身通行需要 300 mm。所以,门的最小宽度一般为 700 mm,常用于住宅中的厕所、浴室。住宅中卧室、厨房、阳台的门应考虑一个人携带物品通行,卧室常取900 mm,厨房可取 800 mm。普通教室、办公室等的门应考虑一个人正面通行,另一人侧身通行,常采用 1000 mm。

当房间面积较大,使用人数较多时,单扇门宽度小,不能满足通行要求,此时应根据使用要求采用双扇门、四扇门或增加门的数量。双扇门的宽度可为 1200～1800 mm,四扇门的宽度可为 2400～3600 mm。

根据《建筑设计防火规范》的规定,当房间面积超过 60 m² 及使用人数超过 50 人时,门的数量不少于 2 个,并分设于房间的两端,以保证安全疏散。有大量人流集散的房间,如剧场、电影院、礼堂、体育馆的观众厅,由于人流集中,为保证紧急情况下人流迅速、安全地疏散,门的数量和总宽度应按每 100 人 600 mm 宽计算,并结合人流通行方便分别设双扇外开门于通道外,且每扇门宽度不应小于 1400 mm。

2. 窗的面积

窗在建筑中的主要作用是采光通风,也是围护结构的一部分。窗的面积大小主要根据室内采光、通风要求来考虑的。采光方面,窗的大小直接影响室内照度是否满足要求。各类房间照度要求,是由室内使用性质来确定的。由于影响室内照度强弱的因素,主要是窗户面积的大小。所以,通常以窗口透光部分的面积与房间地面面积的比(即采光面积比),来初步确定或校验窗户面积的大小。表 11 - 2 是民用建筑中根据房间使用性质确定的采光等级和相应的窗地面积比指标,可供设计时参考使用。有特殊要求的房间,有时为了取得良好的通风效果,往往加大开窗面积。

表 11 - 2 民用建筑采光等级

采光等级	视觉工作特征		房间名称	窗地面积比
	工作或活动要求精确程度	要求识别的最小尺寸(mm)		
Ⅰ	极精密	<0.2	绘图室、制图室、画廊、手术室	1/3~1/5
Ⅱ	精密	0.2~1	阅览室、医务室、健身房、专业实验室	1/4~1/6
Ⅲ	中精密	1~10	办公室、会议室、营业厅	1/6~1/8
Ⅳ	粗糙	>10	观众厅、居室、盥洗室、厕所	1/8~1/10
Ⅴ	极粗糙	不作规定	贮藏室、门厅、走廊、楼梯间	1/10 以下

3. 门窗的位置

房间的门窗位置直接影响到家具布置、人流交通、采光、通风等。所以,合理地确定门窗位置是房间设计的又一重要因素。

(1)门窗位置应尽量使墙面完整,便于家具设备布置和充分利用室内有效面积。图11 - 14分别表示旅馆和集体宿舍门的位置。在一般情况下,为了节约空间,减少门开启时占用的面积,常将门设于房间的一角,不但有利于家具的合理布置,且房间面积利用率高,如图 11 - 14(a)所示,但对于集体宿舍,为便于多布置床,常将门设在房间的墙中央,如图 11 - 14(c)所示。

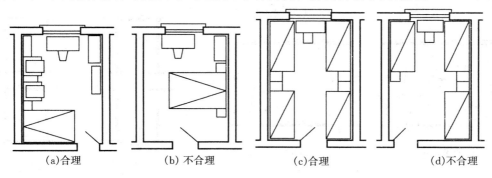

| (a)合理 | (b) 不合理 | (c)合理 | (d)不合理 |

(a)、(b)旅馆客房;(c)、(d)集体宿舍

图 11 - 14 旅馆客房、集体宿舍门位置的比较

当小房间中门的数量不止一个时,应尽量使门靠拢,以减少交通面积。图 11 - 15(b)表示卧室门窗位置比较。其中图 11 - 5(a)门窗分散,不利于布置家具,且交通面积多、线路长;图 11 - 5(b)适当调整门窗位置,保留几个完整墙角,室内布置得以改善;图 11 - 5(c)窗放在墙中,影响床的布置;图 11 - 5(d)将窗靠边设置,有利于布置双人床,而且也改善了书桌的采光条件。

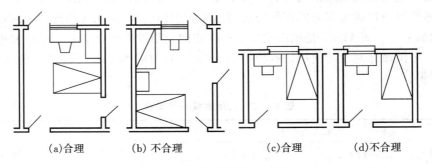

(a)合理　　　　(b)不合理　　　　(c)合理　　　(d)不合理

图 11 - 15　卧室门窗位置比较

(2)门窗位置应有利于采光、通风。窗口在房间中的位置决定了光线的方向及室内采光的均匀性。内廊式建筑的房间采用单侧采光,这种方式外墙上开窗面积大,但光线不均匀,近窗点很亮,远窗点较暗,提高窗口高度可使远光点光线增强。外廊式建筑的房间可设双侧窗,在外墙处设宽普通侧窗,靠外廊一侧墙面设置普通侧窗或高侧窗,这样可以改变单侧采光不均匀的现象,同时也有利于室内的通风。

房间的自然通风由门窗来组织,通过门窗的设置,使室外新鲜空气由上风一侧的门窗洞口进入,再通过下风一侧的门窗洞口将污浊空气排走,从而达到室内通风换气的目的。门窗在房间中的位置决定了气流的走向,影响到室内通风的范围。所以门窗位置应尽量使气流通过活动区,加大通风范围,并应尽量使室内形成穿堂风。图 11 - 16 为门窗位置对气流的影响。

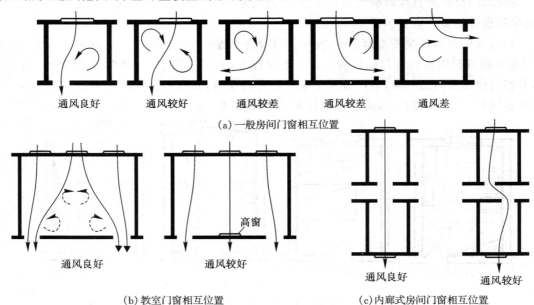

通风良好　　通风较好　　通风较差　　通风较差　　通风差

(a)一般房间门窗相互位置

通风良好　　　　通风较好

(b)教室门窗相互位置

通风良好　　　通风较好

(c)内廊式房间门窗相互位置

图 11 - 16　门窗平面位置对气流组织的影响

（3）门的位置应方便交通，利于疏散。在使用人数较多的公共建筑中，为方便人流交通和在紧急情况下人们迅速、安全地疏散，门的位置必须与室内走道紧密配合，使通行线路便捷，如图 11-17 所示。

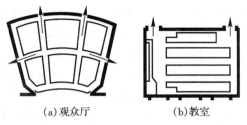

(a)观众厅　　　　(b)教室

图 11-17　门与走道的位置关系

（4）门窗的开启方向一般有外开和内开，大多数房间的门均采用内开方式，可防止门开启时影响室外的人行交通。对于人流较多的公共建筑如影剧院、候车厅、体育馆、商店的营业厅，以及有爆炸危险的实验室等，为便于安全疏散，这些房间的门必须向外开。有的房间由于平面组合的需要，几个门的位置比较集中，并且经常需要同时开启，这时要注意协调几个门的开启方向，防止门相互碰撞和妨碍人们通行，如图 11-18 所示。

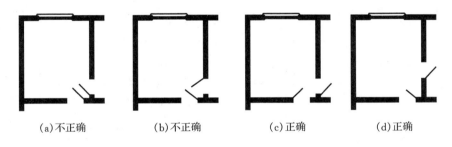

(a)不正确　　　　(b)不正确　　　　(c)正确　　　　(d)正确

图 11-18　房间中两个门靠近时的开启方式

为避免窗扇开启时占用室内空间，大多数的窗采用外开方式。

11.3　辅助房间设计

民用建筑除了主要使用房间以外，还有很多辅助性房间，如学校中的厕所、储藏室等，住宅中的卫生间、厨房等，旅馆建筑中的盥洗室、浴室等。这些房间在整个建筑平面中虽然属于次要地位，但却是不可缺少的部分，如果处理不当，会造成使用、维修管理不便或造价增加等缺陷。这类房间的平面设计原理和方法与主要使用房间的平面设计基本相同，但因它们的特殊使用性质，因此，设计时受到的限制较多，需合理布置。

11.3.1　厕所

厕所设计首先应了解各种设备及人体活动所需要厕所卫生的基本尺度，再根据使用人数确定所需的厕所卫生设备数量以及房间的基本尺寸和布置形式。

1. 厕所的设备及数量

厕所的卫生设备主要有大便器、小便器、洗手盆、污水池等。

大便器有蹲式和坐式两种。可根据建筑标准及使用习惯分别选用。一般多采用蹲式,这是因为蹲式大便器使用卫生、便于清洁,对于使用频繁的公共建筑如学校、医院、办公楼、车站等尤其适用。而标准较高、使用人数少或老年人使用的厕所如宾馆、敬老院等则宜采用坐式大便器。公共建筑中考虑到残疾人的需要也应设置坐式大便器。

小便器有独立小便器和合用小便槽(池)两种。独立小便器有悬挂式和落地式之分。合用小便槽多靠墙设置,一般按 600 mm/人计。小便器的种类应根据使用人数、对象及建筑标准选用。如学校教学楼由于使用人数较多、使用时间较集中宜选用小便槽,而办公楼宜选用独立小便器。

卫生设备的数量主要取决于使用人数、使用对象、使用特点。一般使用频繁、使用时间集中的建筑,卫生设备的数量应相对多一些。卫生设备个数具体设计中可按表 11 - 3 并结合调查研究最后确定其数量。

表 11 - 3 部分民用建筑厕所设备个数参考指标

建筑类型	男小便器（人/个）	男大便器（人/个）	女大便器（人/个）	洗手盆或龙头（人/个）	男女比例	备注
旅馆	20	20	12			男女比例按设计要求
宿舍	20	20	15	15		男女比例按实际使用情况
中小学	40	40	25	100	1:1	小学数量应稍多
火车站	80	80	50	150	2:1	
办公楼	30	40	20	40	3:1~5:1	
影剧院	35	75	50	140	2:1~3:1	
门诊部	50	100	50	150	1:1	总人数按全日门诊人次计
幼托所		5~10	5~10	2~5	1:1	

2. 厕所设计的一般要求

(1)厕所在建筑物中常处于人流交通线上,与走道及楼梯间相联系,如走道两端、楼梯间及出入口处、建筑物转角处等。同时,厕所本身从卫生和使用上考虑常设置前室,以前室作为公共交通空间和厕所的缓冲地,并可使厕所隐蔽一些。

(2)大量人群使用的厕所,应具有良好的天然采光与通风,以便排除臭气。少数人使用的厕所允许间接采光,但必须有抽风设施(如气窗、抽风井)。为保证主要使用房间的良好朝向,厕所可布置在方位较差的一面。

(3)厕所位置应有利于节省管道,减少立管并靠近室外给排水管道。同层平面中男、女厕所最后并排布置,避免管道分散。多层建筑中应尽可能把厕所布置在上下相对应的位置。

（4）结合不同类型建筑的使用特点以确定厕所的位置、面积及设备数量。对于使用时间集中、使用人数多的厕所，卫生器具应适当增多，面积宜适当加大，位置应分散、均匀布置。

3. 厕所的布置方式

厕所的平面形式可分为两种：一种是无前室，另一种是有前室的，如图 11-19 所示。带前室的厕所有利于隐蔽，可以改善通往厕所的走道和过厅的卫生条件。前室设双重门，通往厕所的门可设弹簧门，便于随时关闭。前室一般设有洗手盆及污水池，为保证必要的使用空间，前室的深度应不小于 1.5~2.0 m。当厕所面积小，不可能布置前室时，应注意门的开启方向，务必使厕所蹲位及小便器处于隐蔽位置。

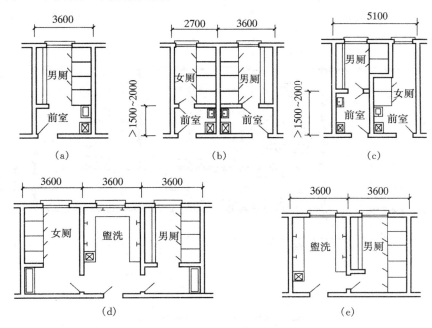

（a）、（b）、（c）有前室，（d）、（e）无前室

图 11-19　厕所布置形式

11.3.2　浴室、盥洗室

1. 设备及数量

浴室和盥洗室的主要设备有洗脸盆、污水池、淋浴器，有的设置浴盆等。除此以外，公共浴室还有更衣室，其中主要设备有挂衣钩、衣柜、更衣凳等。设计时可根据使用人数确定卫生器具的数量，如表 11-4 所示，同时结合设备尺寸及人体活动所需的空间尺寸进行房间布置。

表 11-4　浴室、盥洗室设备个数参考指标

建筑类型	男浴器 （人/个）	女浴器 （人/个）	洗脸盆或龙头 （人/个）	备注
旅馆	40	8	15	男女比例按设计
幼托所	每班 2 个		2~5	

2. 布置方式与设计要求

浴室、盥洗室常与厕所布置在一起,称为卫生间。卫生间可分为专用卫生间和公共卫生间。公共卫生间通常设在旅馆、公寓、宿舍等建筑内,将沐浴、厕所和盥洗室分成几个既有分割又有联系的空间。公共卫生间的位置应设在使用方便而又隐蔽之处,并保证有良好的天然采光和自然通风。专用卫生间使用人数较少,常用于住宅、宾馆和高级病房,其位置常与使用房间结合在一起。为保证主要适用房间靠近外墙,通常将卫生间沿内墙布置,采用人工照明和竖向通风道通风。

卫生间要严密防水、防渗漏,并选择不吸水、不吸污、耐腐蚀、易清洗及防滑的墙面和地面材料。卫生间的地面应略低于其他房间地面,并应有不小于5‰的坡度坡向地漏。如图11-20、图11-21所示。

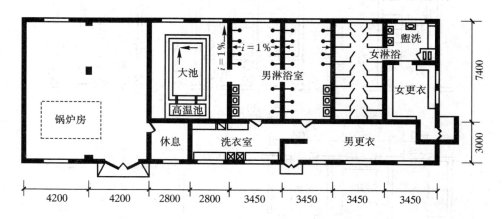

图 11-20　某工厂公共浴室的布置

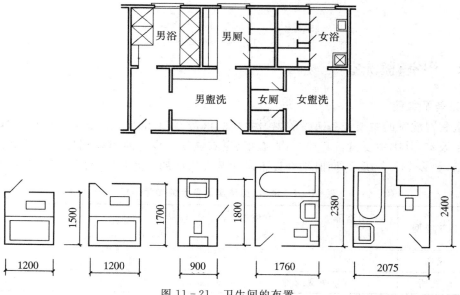

图 11-21　卫生间的布置

11.3.3 厨房

本章所说的厨房是指住宅、公寓内每户的专用厨房。厨房主要用于烹调,面积较大的厨房可兼做餐厅。随着人民生活水平和住宅标准的不断提高,对厨房的设计要求也不断赋予新的内容。

厨房设计时应满足以下几方面的要求:

(1)厨房应有良好的采光和通风条件,为此,在平面组合中应将厨房紧靠外墙布置。为防止油烟、废气、灰尘进入卧室、起居室,厨房布置应尽可能避免通过卧室、起居室来组织自然通风,厨房灶台上方可设置专门的排烟罩。

(2)尽量利用厨房的有效空间布置足够的贮藏设施,如壁龛、吊柜等。为方便存取,吊柜底距地高度不应超过 1.7 m。除此以外,还可充分利用案台、灶台下部的空间贮藏物品。

(3)厨房的墙面、地面应考虑防水,便于清洁。地面应比一般房间地面低 20~30 mm。

(4)厨房室内布置应符合操作流程,并保证必要的操作空间,为使用方便、提高效率、节约时间创造条件。

厨房按平面布置方式有单排、双排、L 形和 U 形四种,如图 11－22 所示。单排布置适用于在宽度方向上只能单排布置设备的狭长平面或在另一侧布置餐桌的厨房,由于各个设备都需要留出自己的操作面积,面积利用不够充分;双排布置是将各个设备分列两侧,操作时需要 180°转身,往复走动,从而增加体力消耗,但有些住宅,厨房设有服务阳台,多选用此种方式布置,利用空余的外墙开阳台门窗;L 形和 U 形布置的厨房,操作省力而且方便。

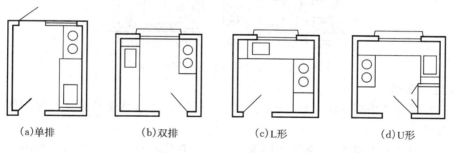

(a)单排   (b)双排   (c)L形   (d)U形

图 11－22 厨房布置类型

11.4 交通联系部分的设计

建筑物除了有满足使用要求的各种房间外,还需要有交通联系部分把各个房间之间以及室内外之间联系起来,建筑物内部交通联系部分包括水平交通空间(走道)、垂直交通空间(楼梯、电梯、坡道)、交通枢纽空间(门厅、过厅)等。一幢建筑物是否适用,除主要使用房间和辅助房间本身及其位置是否恰当外,很大程度上取决于主要使用房间和辅助房间与交通联系部分相互位置是否合理,以及交通联系部分是否使用方便。

对于交通联系部分的最基本设计要求包括以下几点:

(1)要有足够的通行宽度以保证通行顺畅;

(2)平时人流通畅,紧急情况下疏散迅速、安全;

(3)满足必要的采光、通风要求;

(4)在满足使用要求的前提下,尽量减少交通联系部分的面积,以节省投资。

11.4.1 走道

走道也称走廊、过道,是水平交通空间,起到联系同层各个房间的作用。

1. 走道的分类

走道按使用性质的不同可以分为以下两种类型:

(1)交通型。

完全是为交通而设置的走道,这类走道内不允许再有其他的使用要求,如办公楼、旅馆等建筑的走道。

(2)综合型。

这类走道是在满足正常的交通情况下,根据建筑的性质,在走道内安排其他的使用功能,如学校建筑的走道,要考虑学生课间休息;展览馆的展廊应考虑布置陈列橱窗、展柜,满足边走边看的要求;医院门诊部的走道要考虑到两侧或一侧兼作候诊之用,如图 11-23 所示。

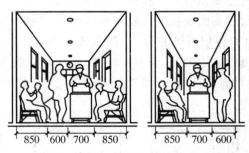

图 11-23 医院候诊廊基本宽度的确定

2. 走道的宽度

走道的宽度主要根据人流通行、安全疏散、走道性质、空间感受及走道两侧门的开启方向等因素综合考虑。

专为人行的交通型走道,其宽度可根据人流通行股数并结合门的开启方向综合考虑。对于有车流或兼有其他功能的走道,应结合实际使用功能和走道内家具设备及人们活动方式特点适当加宽走道的尺寸。如医院建筑利用走道单侧候诊时,走道净宽度不小于 2100 mm,两侧候诊时,净宽不小于 3000 mm,如图 11-23 所示。一般单股人流走道净宽为 900 mm 左右,两股人流走道净宽 1150 mm 左右,三股人流走道净宽 1700 mm 左右,如图 11-24 所示。当房间门向走道一侧开启时,走道视具体情况加宽,如图 11-25 所示。

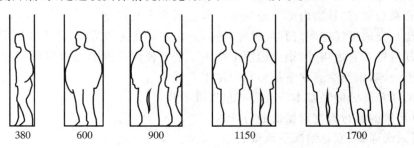

图 11-24 不同宽度走道的通行人流示意

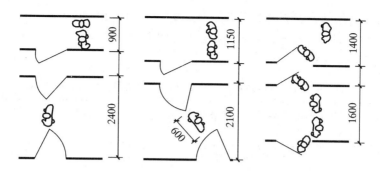

图 11-25　门的开启方向对走道宽度的影响

　　建筑规范对一些民用建筑的走道宽度作了规定。如中小学学校教学楼走道的净宽度,当两侧布置房间时,不应小于 2100 mm,一侧布置房间时不应小于 1800 mm。

　　走道的宽度除满足上述要求外,还要符合安全疏散的防火规范,如表 11-5 所示。

表 11-5　楼梯、外门和走道宽度指标(m/万人)

	一、二级	三级	四级
1、2 层	0.65	0.75	1.00
3 层	0.75	1.00	—
≥4 层	1.00	1.25	—

注:底层外门的总宽度应按该层以上最多的一层人数计算,不供楼上人员疏散用的外门,可按本层人数计算。

3. 走道的长度

　　走道的长度可根据组合房间的实际需要来确定,但同时要满足防火规范的有关规定。从防火的角度看,走道有普通走道和袋形走道之分。普通走道是指位于两个外部出口或楼梯间之间的走道,袋形走道是指位于一个出入口或楼梯间两侧或尽端房间的走道,如图 11-26 所示。这两种走道的长度,根据建筑性质和耐火等级提出不同的要求。表 11-6 是房间门至外部出口或封闭楼梯间之间的最大距离的规定,它既是对走道长度的限制,也是确定楼梯和外部出口的位置、数量的根据。

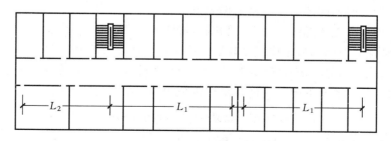

图 11-26　走道类型
L_1—普通走道;L_2—袋形走道

若采用的是非封闭的开敞式楼梯间,则位于两个楼梯间之间的房间的门至楼梯间的距离应按表 11-6 中的数据减少 5 m;位于袋形走道两侧或尽端的房间的门至楼梯间的距离应按表 11-6 中的数据减少 2 m。

表 11-6 房间门至外部出口或封闭楼梯间的最大距离(单位:m)

名称	位于两个外部出口或楼梯间之间的房间 (L1)			位于袋形走道两侧或尽端的房间 (L2)		
	耐火等级			耐火等级		
	一、二级	三级	四级	一、二级	三级	四级
托儿所、幼儿园	25	20	—	20	15	—
医院、疗养院	35	30	—	20	15	—
学校	35	30	25	22	20	—
其他民用建筑	40	35	25	22	20	15

4. 走道的采光

走道宜采用自然采光,窗地面积比一般不低于 1/10。对于两侧布置房间的走道,可采取以下方式采光:走道尽端开窗直接采光;利用门厅、过厅、开敞式楼梯间直接采光;利用走道两侧墙上设高窗或门上亮间接采光,间接采光走道的窗地面积比以不小于 1/5 为宜。在走道设计中一般不宜有高差或踏步,如不可避免,在高差处应有良好的自然采光。

11.4.2 楼梯

楼梯是解决多层建筑各层之间垂直联系及高层建筑紧急疏散的重要通道。楼梯的设计主要根据其使用要求确定合理的楼梯梯段宽度和休息平台宽度,选择适当的楼梯形式,考虑建筑物的楼梯数量及分布位置。楼梯宽度的确定原则与走道的宽度确定相似,主要根据使用性质、使用人数和防火规范来确定。一般供单人通行的楼梯宽度应不小于 850 mm,2 人通行最小宽度不小于 1100 mm,3 人通行宽度 1650～1800 mm,楼梯休息平台宽度要大于或等于楼梯梯段宽度,以便做到与梯段等宽和搬运家具时方便通行。

楼梯平面形式的选择,应当依据其使用性质来决定,直跑楼梯有明确的方向感,空间导向明确,常给人以严肃向上的感觉。双跑楼梯是民用建筑中最常用的一种形式,占用面积小,流线简洁,使用方便。三跑楼梯体态灵活,较开敞,特别适合楼梯间进深小的建筑。

建筑物的楼梯数量以及分布位置是建筑平面设计中非常重要的问题。楼梯数量主要根据楼层人数和紧急疏散的要求来决定的,当只设一个疏散楼梯时,应满足表 11-7 的要求。当设置两部以上的楼梯时,楼梯的分布应使整个建筑物的人流组织均匀有序、主次分明。

表 11-7 设置一个疏散楼梯的条件

耐火等级	层数	每层最大建筑面积/m²	人数
一、二级	二、三层	400	第二层和第三层人数之和不超过 100 人
三级	二、三层	200	第二层和第三层人数之和不超过 50 人
四级	二层	200	第二层人数不超过 30 人

一般在主入口处设置一个位置明显的主要楼梯,可容纳较大的人流,在次要出入口处或建筑物的适当位置如在建筑物走道转折处设置次要楼梯,容纳数量较小的人流或供紧急疏散用。

另外,楼梯的平面设计可以是封闭式的楼梯和非封闭的楼梯,封闭的楼梯不如非封闭式开敞的楼梯那么具有装饰效果。但是,从消防安全的角度来看,封闭楼梯的安全疏散能力明显高于非封闭楼梯。封闭的楼梯按照不同的要求还可以设计为封闭楼梯间和更为安全的防烟楼梯间。

11.4.3　门厅

门厅作为交通枢纽,其主要作用是接纳、分配人流,室内外空间过渡及各方面交通(过道、楼梯等)的衔接。同时,根据建筑物使用性质不同,门厅还兼有其他功能,如医院门厅常设挂号、收费、取药的房间,旅馆门厅兼有休息、会客、接待、登记、小卖等功能。除此以外,门厅作为建筑物的主要出入口,其不同空间处理可体现出不同的意境和形象,诸如庄严、雄伟与小巧、亲切等不同气氛。因此,民用建筑中门厅是建筑设计重点处理的部分。

门厅的大小应根据各类建筑的使用性质规模及质量标准等因素来确定,设计时可参考有关面积定额指标。表 11-8 为部分民用建筑门厅面积参考指标。

表 11-8　部分建筑门厅面积设计参考指标

建筑名称	面积定额	备注
中小学校	0.06～0.08m²/每生	
食堂	0.08～0.18m²/每座	包括洗手、小卖
城市综合医院	11m²/每日百人次	包括衣帽和询问
旅馆	0.2～0.5m²/床	
电影院	0.13m²/每个观众	

门厅的布局可分为对称式与非对称式两种。对称式的布置常采用轴线的方法表示空间的方向感,将楼梯布置在主轴线上或对称布置在主轴线两侧,具有严肃的气氛,非对称式门厅布置没有明显的轴线,布置灵活,楼梯可根据人流交通布置在大厅中任意位置,室内空间富有变化。在建筑设计中,常常由于自然地形、布局特点、功能要求、建筑性格等各种因素的影响采用对称式门厅和非对称式门厅,如图 11-27 所示。

门厅设计应注意:门厅应处于总平面中明显而突出的位置,一般应面向主干道,使人流出入方便;门厅内部设计要有明确的导向性,同时交通流线组织简明醒目,减少相互干扰现象;由于门厅是人们进入建筑物首先到达、经常停留的地方,因此门厅的设计,除了合理的解决好交通枢纽等功能要求外,门厅内的空间组合和建筑造型要求,也是公共建筑中重要的设计内容之一;门厅对外出口的宽度按防火规范的要求不得小于通向该门厅的走道、楼梯宽度的总和。外门的开启方向一般宜向外或采用弹簧门。

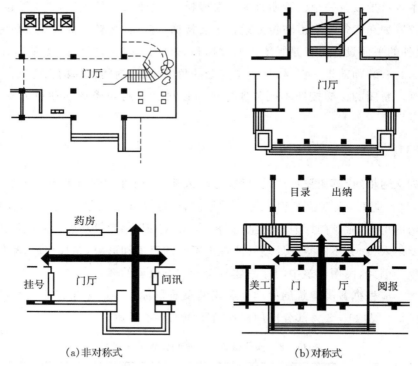

(a)非对称式　　　　　　　　　　(b)对称式

图 11 - 27　门厅的平面布置方式

11.5　建筑平面组合设计

平面组合设计的任务是把建筑物各组成空间依据它们之间的功能关系,遵循合理工程技术逻辑,结合周围的环境特征,组织成为一个良好的建筑整体,使之成为一个内部使用功能、结构造型、设备布置合理的有机整体,使建筑整体能反映时代特点和具有地方风格的良好形象。

11.5.1　平面组合影响因素

1. 使用功能

建筑由于性质不同,就有不同的功能要求。这种要求很大程度上取决于各种房间按功能要求的组合上。如学校教学楼设计中,虽然教室、办公室、实验室本身的面积大小、形状、门窗布置均满足使用要求,但它们之间的相互关系及走廊、门厅、楼梯的布置不合理,就会造成使用不便,相互干扰,影响使用。

平面组合的好坏主要体现在功能分区和流线组织。合理的功能分区是将建筑物若干部分按不同的使用要求进行分类,并根据它们之间的关系加以划分,使之分区明确,联系方便。

在分析功能关系时,常借助功能分析图来分析建筑功能及各部分的相互关系。如单元式住宅,平面是由起居室、卧室、厨房、卫生间及阳台组成,这些房间在使用上要相互联系,设计时可以用不同大小的方块图形代替其位置,再用直线表示其相互关系,就形成了住宅的单元功能分析图,如图 11-28 所示。

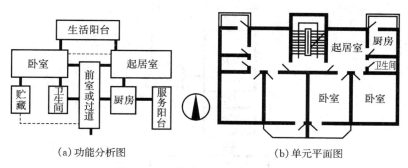

(a)功能分析图   (b)单元平面图

图 11-28 住宅功能分析及平面图

围绕功能分析图,根据建筑物不同使用特征进行以下几个方面分析。

(1)主次关系。组成建筑的各部分,按使用性质必然存在着主次关系,在平面组合时应分清主次、合理安排。如居住建筑中卧室和起居室由于其使用特点决定它是主要使用房间,而卫生间、厨房等是次要房间。教学楼中,教室是主要使用房间,办公室、厕所是次要使用房间。其他建筑如商业建筑、医院建筑都可以按主次关系进行分类。

平面组合时,要根据各个房间的使用要求,各自安排它们在平面中的位置。主要使用房间布置在朝向较好的位置,使其具有良好的通风采光条件,主要活动的房间,应靠近主要出入口,方便疏散,人流导向明确。次要房间可布置在条件较差的位置,如图 11-29 所示。

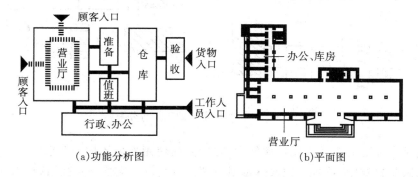

(a)功能分析图   (b)平面图

图 11-29 商业建筑房间的主次关系

(2)内外关系。建筑个房间组成根据使用特点,可以形成明显的内外关系。那些使用时对外联系比较密切和频繁的部分,直接为外来人员服务,如食堂建筑中餐厅对外直接服务,而厨房则是内部使用的房间,在平面组合中,应把餐厅布置在地段外侧,厨房布置在内侧,如图 11-30所示。

(3)联系与分割。当建筑物中房间较多、使用功能又比较复杂的时候,常根据房间的使用性质如闹与静、洁与污等方面反映的特性进行功能分区,使其既分隔又联系。如学校建筑中普通教室与音乐教室,它们之间联系密切,但为防止声音干扰,必须适当隔开;教室与办公室,为避免学生对办公室产生影响,而把教室和办公室分隔。所以,教学楼平面组合设计中,必须对以上不同功能要求进行联系与分隔处理,使其功能合理,如图 11-31 所示。

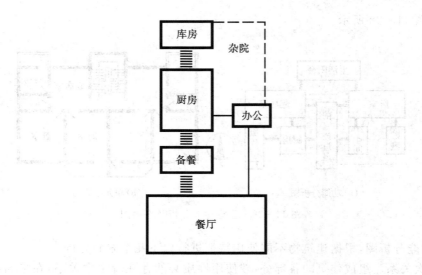

图 11-30　食堂房间的内外关系

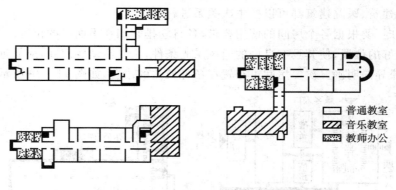

图 11-31　教学楼房间的联系与分割

（4）使用顺序和交通流线。民用建筑中，因房间的使用性质不同，房间之间存在着明显的先后顺序，如医院建筑中"挂号→候诊→诊断→理疗→划价→交费→取药"这一组功能关系，车站建筑中的"问讯→售票→候车→检票→进入站台上车"以及出站时经过检票出站等，在平面布置时，要很好地考虑这些使用流线的顺序，使建筑符合使用要求；流线组织合理与否将直接影响平面组合是否合理，当一个建筑有多种流线时，要特别注意使各种流线简捷、通畅，尽量避免相互交叉和干扰，如图 11-32 所示。

2. 结构类型

建筑结构与材料是构成建筑物的物质基础，在很大程度上影响着建筑的平面组合。因此平面组合在考虑满足使用功能要求的前提下，应选择经济合理的结构方案，并使平面组合与结构布置协调一致。

目前民用建筑常用的结构类型有三种，即砖混结构、框架结构、空间结构。

（1）砖混结构。建筑物主体结构由砖墙、钢筋混凝体楼板等材料构成，称为砖混结构。其

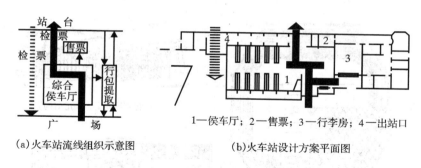

(a)火车站流线组织示意图 　　　　(b)火车站设计方案平面图

1—侯车厅；2—售票；3—行李房；4—出站口

图 11-32　小型火车站流线关系及平面图

特点是：墙体既是承重构件，又起着围护和分隔室内外空间的作用；在平面布置上，室内空间的大小和形状受到限制，房间的组合也不够灵活。所以适用于房间开间和进深尺寸较小、层数不多的学校建筑、办公楼、医院和居住建筑等。砖混结构的承重体系有横墙承重、纵墙承重、纵横墙混合承重等几种方式，究竟选择哪一种方式，要结合建筑性质和组合特点综合考虑。

（2）框架结构。框架是由梁、板、柱组成的骨架承重结构，它的特点是强度高、整体性好、刚度大、抗震性好。结构体系本身将承重和围护构件分开，可充分发挥材料的各自性能，如围护结构可用保温性能好、自重轻的材料。框架结构是空间布局更灵活、较自由，它适用于火车站、图书馆、商场等建筑，如图 11-33 所示。

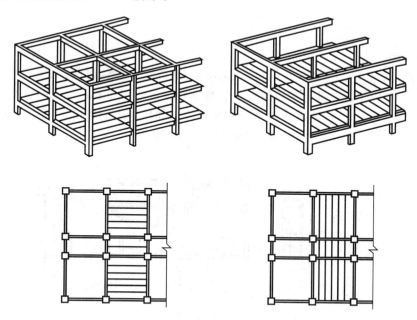

图 11-33　框架结构

（3）空间结构。随着建筑技术、建筑材料、建筑施工方法的不断发展和建筑结构理论的进步，新的结构形式——空间结构迅速发展起来，这类结构用材经济，受力合理，并为解决大跨度的公共建筑提出了有利条件。目前常用的空间结构形状有折板结构、薄壳结构、悬索结构、网架结构等，如图 11-34 所示。

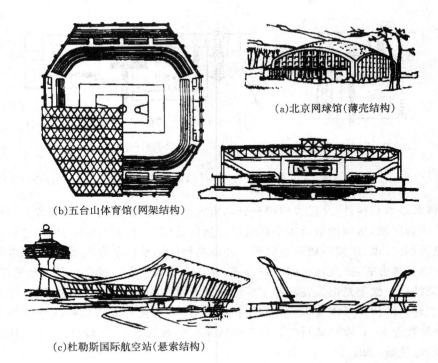

(a)北京网球馆(薄壳结构)

(b)五台山体育馆(网架结构)

(c)杜勒斯国际航空站(悬索结构)

图 11-34　空间结构

3. 设备管线

民用建筑中设备管线主要包括给排水、采暖空调、煤气、电器、通讯、电视等所需的设备线。它们都占有一定的空间,在进行平面组合时应将这些设备管线布置在建筑的合适位置,管线尽量相对集中布置,上下对齐,以利于施工和节约管线。如住宅中的厨房、卫生间、旅馆建筑中的公共厕所、浴室、客房卫生间等就如此,如图 11-35 所示。

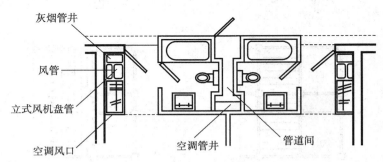

灰烟管井

风管

立式风机盘管

空调风口

空调管井

管道间

图 11-35　旅馆卫生间管道布置示意

4. 建筑造型

建筑平面组合设计和立面设计、建筑造型设计是相互制约、相互影响的,建筑造型和立面设计一般离不开功能要求,它是内部空间的反映,所以在建筑平面组合设计时,要为建筑造型和立面设计打下良好的基础,创造有利的条件。

11.5.2　平面组合形式

1. 走道式组合

走道式组合就是用走道把使用房间连接起来,各房间沿走道一侧或两侧布置,特点是使用房间与交通部分明确分开,各房间相对独立,房间门直接开向走道,通过走道相互联系。

走道式组合有单外廊、双外廊、单内廊、双内廊等几种形式,如图 11 - 36 所示。

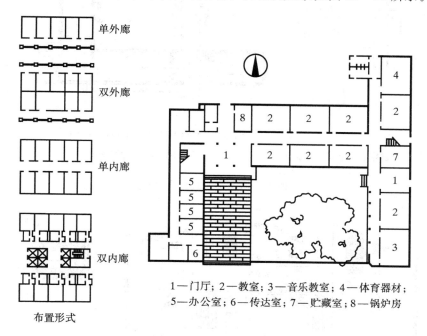

1—门厅;2—教室;3—音乐教室;4—体育器材;
5—办公室;6—传达室;7—贮藏室;8—锅炉房

图 11 - 36　走道式组合

外走道基本上可以保证主要房间有好的朝向,并可获得较好的采光和通风;南走廊对房间具有遮阳作用,多用于南方地区,但是这种布局造价不够经济。

内走道各房间沿走道两侧布置,平面紧凑,占地面积小,节约用地,外墙较短,有利于节约能源,对寒冷地区建筑有利,这种走道可能走道一侧的房间朝向较好,另一侧较差,但在组合中可把楼梯、卫生间、库房等房间布置在较差一侧,也不影响建筑使用。

2. 套间式组合

套间式组合是房间与房间之间相互穿套,穿套原则是按使用上的流线要求而定,其特点是将使用面积和交通面积融为一体,平面积凑,面积利用率高,这种组合方式也称为串联式,如展览馆建筑,如图 11 - 37 所示。

3. 大厅式组合

大厅式组合是以公共活动的大厅为主穿插布置辅助房间,这种组合的特点是主体空间使用人数多、面积大、层高大。而其他使用房间服务于大厅,而且面积较小,但与大厅保持一定的联系,如火车站、体育馆、影剧院等,如图 11 - 38 所示。

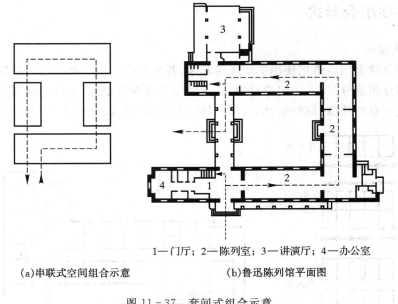

1—门厅；2—陈列室；3—讲演厅；4—办公室

(a)串联式空间组合示意　　　　　(b)鲁迅陈列馆平面图

图 11-37　套间式组合示意

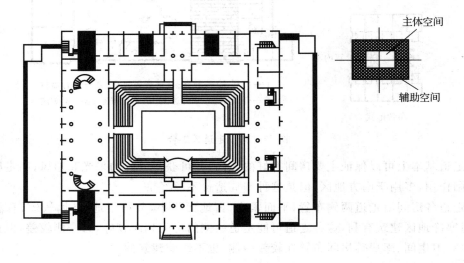

图 11-38　大厅式组合

4. 单元式组合

　　将关系密切的房间组合在一起，成为一个相对独立的整体，称为单元；再将几个单元按功能环境等要求沿水平或竖直方向重复组合而成为一栋建筑，称之为单元组合；这种组合的特点是功能分区明确，单元之间相对独立，组合布置灵活、适应性强，同时减少了设计、施工工作量；平面布置紧凑，单元与单元之间相对独立，互不干扰。这种组合方式广泛应用于住宅、学校、医院等建筑中，如图 11-39 所示。

5. 混合式组合

　　在民用建筑中，由于功能上的要求，往往不能局限于一种组合方式，而必须采用多种组合

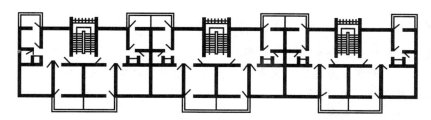

图 11 - 39 单元式住宅组合示意

形式,这种组合称之为混合式组合,它具有根据实际需要不拘于形式而注重满足使用功能、适应性强、灵活性大的特点。图 11 - 40 为剧院建筑混合式组合平面图,门厅和咖啡厅形成套间式组合,大厅与周边的附属建筑形成大厅式组合,后台部分演员化妆、服装、道具形成走道式组合。

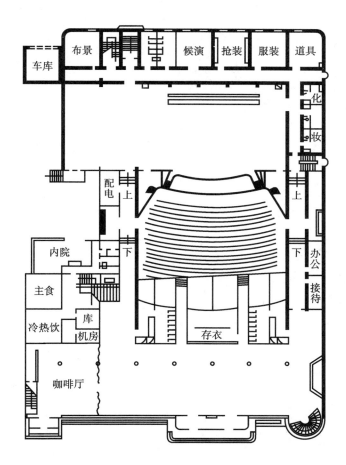

图 11 - 40 混合式组合

思考题

1. 建筑平面有哪几部分组成？
2. 确定房间的面积应考虑哪些因素？为什么矩形平面被广泛采用？
3. 什么是房间的开间、进深？
4. 什么是窗的窗地面积比？
5. 门厅有什么作用？
6. 平面组合有哪几种组合形式？各有什么特点？

第 12 章
建筑剖面设计

本章学习要点

1. 影响房间剖面形状设计的重要因素
2. 房间各部分高度与房屋层数的确定
3. 建筑剖面的空间组合设计与利用

建筑剖面设计是建筑设计的重要组成部分,它的主要目的是根据建筑功能要求,规模大小以及环境条件等因素确定建筑各组成部分在垂直方向上的布置。剖面设计与平面设计和立面设计相互联系、相互影响。在实际设计中,要注意与其他设计的统一协调,才能使建筑剖面设计更完善、合理。

12.1 房间剖面形状的确定

房间的剖面形状分为矩形和非矩形两类,大多数民用建筑均采用矩形,因为矩形剖面简单、规整,便于垂直空间的组合,容易获得简洁而完整的体型,同时结构简单,施工方便。但有时根据特殊要求需要用到非矩形剖面。房间的剖面形状主要是根据使用要求和特点来确定,同时也要结合具体的物质技术、经济条件及特定的艺术构思,使之达到功能与艺术的完美结合。

影响房间剖面形状的因素有以下几个方面:

12.1.1 视觉要求

建筑剖面形状一般是由使用功能确定的。对于一般的建筑,如住宅、宿舍、办公楼、旅馆及商店等剖面形状均采用矩形。这样既能满足使用要求,又能发挥矩形剖面的优势。有些建筑对剖面形状有特殊要求,如影剧院的观众厅、体育馆的比赛大厅、教学楼中阶梯教室等。这类房间除平面形状、大小满足一定的视距、视角要求外,有时地面也需有一定的坡度,以保证良好的视觉要求,即舒适、无遮挡地看清对象。

地面的升起坡度主要与设计视点的选择、座位排列方式、排距、视线升高值等因素有关。

设计视点是指按设计要求所能看到的极限位置。设计视点定得越低,观众的视野范围就越大,观众厅地面升起也就越陡;设计视点定得越高,观众的视野范围就越小,观众厅地面升起也就越平缓。设计视点的选择在很大程度上影响着观众厅地面升起的坡度。如图 12 − 1 所示。

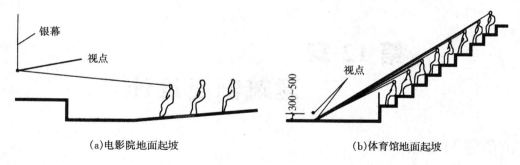

(a)电影院地面起坡　　　　　　　　　　(b)体育馆地面起坡

图 12-1　设计视点与地面坡度的关系

各类建筑在功能、观看对象的不同,设计视点的选择也不同。电影院的视点多选在银幕布底边中心点,这样可以保证观众的视线能够看到银幕的全部画面;体育馆场常以篮球场为准,通常设计视点定在篮球场边线或边线上空 300 mm～500 mm 处,阶梯教室的设计视点常选在教师的讲台桌面上方,大约距地 1100 mm 的位置以上不同的建筑其剖面陡缓的程度根据建筑设计视点的要求各不相同。

设计视点确定后,还要确定每排视线升高值 C,常称为地面起坡值。后排与前排观众的视线升高差称为 C 值,它的确定与人眼到头顶的高度及视觉标准有关,一般定为 120 mm,当座位错位排列时,C 取 60 mm,可保证视线无遮挡,如图 12-2 所示。显然,错位排列布置地面起坡要缓一些。地面起坡计算通常采用"图解法""分阶递加法""相似三角形法"等。

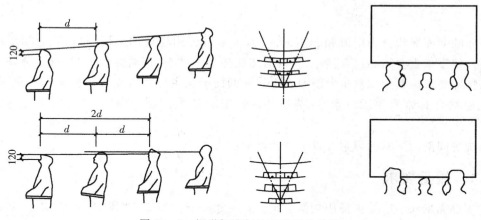

图 12-2　视觉标准与地面升起的关系

图 12-3 为中学阶梯教室地面开高剖面。排距取 900 mm,其中图(a)为对位排列,视线逐排升高 120 mm,地面起坡较大;图(b)为错位排列,视线每两排升高 120 mm,地面起坡较小。

12.1.2　音质要求

影剧院、会堂等建筑,主要的观演大厅由于对音质要求较高,故而需要比较特殊的剖面形式。为保证室内声场分布均匀,防止出现空白区、回声和聚焦等现象,在剖面设计中要注意顶棚、墙面、地面的处理。由于声音的入射角等于声音的反射角,一般说来,凹面易产生聚焦,声场分布不均匀,凸面是声扩散面,不会产生聚焦,声场分布均匀。所以顶棚往往设计成平的或

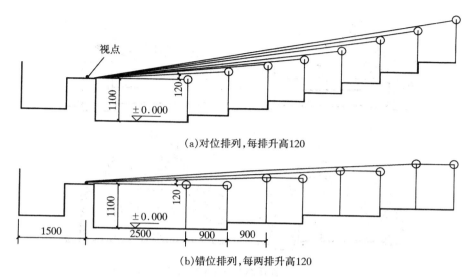

(a)对位排列,每排升高120

(b)错位排列,每两排升高120

图 12-3　中学阶梯教室的地面升高剖面图

多个倾斜于舞台方向的平面,而应避免设计成内凹及拱顶等形状,以免产生声音的聚焦及回声。图 12-4 为观众厅的几种剖面形状及声音反射示意图。

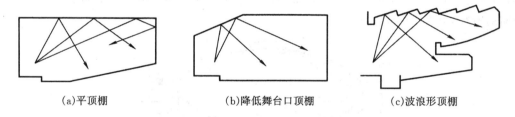

(a)平顶棚　　　　　(b)降低舞台口顶棚　　　　　(c)波浪形顶棚

图 12-4　几种剖面形状及声音反射示意图

12.1.3　室内采光、通风的要求

　　按一般使用要求,进深不大的房间,通常采用侧窗采光和通风已足够满足室内卫生的要求。但当房间进深大或功能上有特殊要求时,常在建筑剖面设计中设置各种形式的天窗,从而形成不同的剖面形状。如展览馆中的陈列室,为使室内照度均匀、稳定、柔和并减轻和消除眩光的影响,避免直射阳光损害陈列品,常设置各种形式的采光窗,图 12-5 为不同的采光方式对房间剖面形状的影响。对于厨房一类房间,由于在操作过程中常散发出大量蒸汽、油烟等,可在顶部设置排气窗以加速排除有害气体。图 12-6 为设置顶部排气窗的厨房剖面形状。

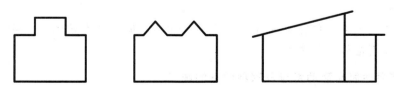

图 12-5　采光形式对剖面形状的影响

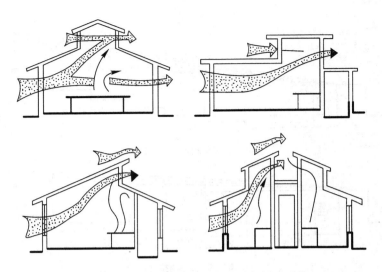

图 12-6　设置顶部排气窗的厨房剖面形状

　　当然除以上影响房间剖面形状的主要因素以外,还有诸如建筑结构形式、建筑材料和施工技术要求等多方面的影响因素。比如,矩形的剖面形状规整、简单、有利于采用梁板式结构布置,同时施工也较简单;大跨度建筑房间剖面由于结构形式的不同而形成不同于砖混结构的内部空间的特征,如图 12-7 所示。

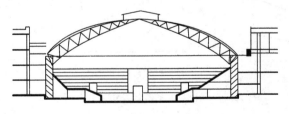

图 12-7　结构形式对剖面的影响

12.2　房屋各部分高度的确定

12.2.1　房间的净高和层高

　　房间的净高是指楼地面到结构层(梁、板)底面或顶棚下表面之间的距离,如果房间顶棚下有暴露的大梁,则净高应算至梁底面。楼层层高是指该层楼地面到上一层楼地面之间的距离。如图 12-8 所示。

　　房间高度恰当与否直接影响房间的使用,以及室内空间的艺术效果。在通常情况下,房间高度的确定主要考虑以下几个方面。

1. 室内使用性质和活动特点及家具设备的影响

　　(1)房间的净高与人体活动尺度有很大关系,从人体活动尺度和家具设备在高度方向的布置考虑,净高 2.4 m 已能满足正常的使用要求。通常房间设计的最小高度,可考虑人进入室

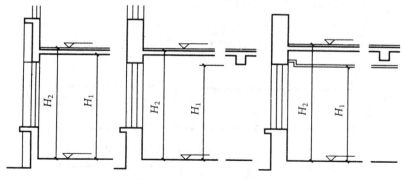

图 12-8　楼层净高和层高

H_1—净高；H_2—层高

内举手不致触到顶棚为宜，如图 12-9 所示。一般房间净高应不低于 2.20 m。不同类型的房间由于人数的不同以及人在其中活动特点的差异，也要求有不同的房间净高和层高。卧室使用人数少、面积不大，净高常取 2.8～3.0 m；教室使用人数多，面积相应增大，一般取 3.30～3.60 m；公共建筑的门厅人流较多，高度可较其他房间适当提高；商店营业厅净高受房间面积及客流量多少等因素的影响，国内大中型营业厅（无空调设备的）底层层高为 4.2～6.0 m，二层层高为 3.6～5.1 m 左右。

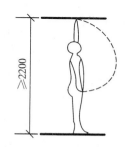

图 12-9　房间最小净高

（2）房间的家具设备以及人们使用家具设备的必要空间，也直接影响到房间的净高和层高。如图 12-10 所示，学生宿舍通常设有双层床，为保证上、下居住者的正常活动，室内净高不应小于 3.0 m，层高一般取 3.3 m 左右；医院手术室净高应考虑手术台、无影灯以及手术操作所必要的空间，净高不应小于 3.0 m；游泳馆比赛大厅，房间净高应考虑跳水台的高度、跳水台至顶棚的最小高度；对于有空调要求的房间，通常在顶棚内布置有水平风管，确定层高时应考虑风管尺寸及必要的检修空间。

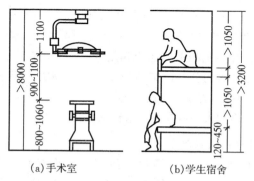

（a）手术室　　　　　　　（b）学生宿舍

图 12-10　手术室和学生宿舍的使用要求与净高的关系

2. 采光、通风、气容量等卫生要求

（1）采光要求。房间的高度应有利于天然采光。房间里光线的照射深度，主要靠窗户的高度来解决，侧窗上沿愈高，光线照射深度愈远；侧窗上沿愈低，光线照射深度愈浅。因此，进深越大,要求窗户上沿的位置越高,即相应房间的净高也要高一些。当房间采用单侧采光时,通常窗户上沿离地的高度,应大于房间进深长度的一半,如图 12-11(a)所示。当房间允许两侧开窗时,房间的净高不小于总深度的 1/4,如图 12-11(d)所示。

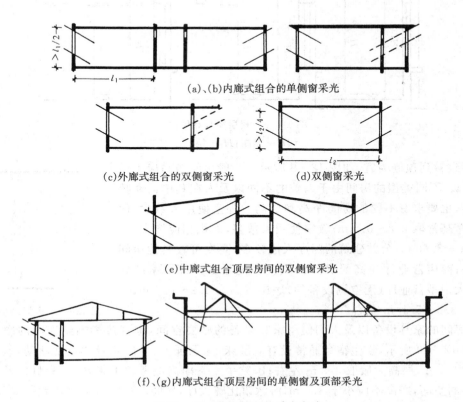

(a)、(b)内廊式组合的单侧窗采光

(c)外廊式组合的双侧窗采光   (d)双侧窗采光

(e)中廊式组合顶层房间的双侧窗采光

(f)、(g)内廊式组合顶层房间的单侧窗及顶部采光

图 12-11 学校教室的采光方式

(2)通风要求。房间的通风主要涉及进风口和排风口在剖面中的位置,也对房间净高有一定影响。潮湿和炎热地区的民用房屋,经常利用空气的气压差,来组织室内穿堂风,如在内墙上开设高窗,或在门上设置亮子等改善室内的通风条件,在这些情况下,房间净高就相应要高一些。

(3)气容量等卫生要求。室内通风换气还应满足卫生要求。即为了保证室内二氧化碳浓度低于一定水平,对一些容纳人数较多的公共建筑,应考虑房间正常的气容量,具体取值视房间用途而定,如中小学的教室卫生标准规定,每个学生的气容量应为 $3 \sim 5 \ m^3 /$ 人。电影院为 $4 \sim 5 \ m^3 /$ 人。设计时应根据房间的容纳人数、面积大小以及气容量标准,确定出符合卫生要求的房间高度。

3. 结构高度及其布置方式的影响

结构层高度主要包括楼板、屋面板、梁和各种屋架占的高度。结构层愈高,则层高愈大。一般进深较小的房间,多采用墙体承重,在墙上直接搁板,结构层高度所占高度较小;进深较大的房间,多采用梁板布置方式,梁底下凸出较多,结构层高度较大;房间如果采用吊顶构造时,层高则应再适当加高,以满足净高需要。

4. 建筑经济效果要求

层高是影响建筑造价的一个重要因素,在满足使用要求、采光、通风、室内观感等前提下,应尽可能降低层高。一般砖混结构的建筑,层高每减小 100 mm,可节省投资 1%。层高降低,又使建筑物总高度降低,从而缩小建筑间距,节约用地,节省材料,降低能耗。

5．室内空间比例

在确定房间高度时,既要考虑房间的高宽比例,又要注意选择恰当的尺寸,给人以正常的空间感。如图 12－12 所示,对于一些公共用房如果空间高度过低,就会使人感到压抑。一般来说,面积大的房间高度要高一些,面积小的房间则可适当降低,使房间面积与高度保持一个合适的比例。通常情况下,高宽比(高跨比)取 1∶3～1∶1 较好。

(a)宽而矮的空间比例　　　　　　　　　　(b)高而窄的空间比

图 12－12　空间比例不同给人以不同的感受

12.2.2　窗台高度

窗台高度与使用要求、人体尺度、家具尺寸及通风要求有关。大多数的民用建筑,窗台高度主要考虑方便人们工作、学习,保证书桌上有充足的光线。一般常取 900～1000 mm,这样窗台距桌面高度控制在 100～200 mm,保证了桌面上充足的光线,并使桌上纸张不致被风吹出窗外。

对于有特殊要求的房间,如展览建筑中的展室、陈列室,为沿墙布置展板,消除和减少眩光。常设高侧窗,实践中总结出窗台到陈列品的距离要使保护角大于 14°。为此,一般将窗下口提高到离地 2.5 m 以上;厕所、浴室窗台可提高到 1800 mm 左右;托儿所、幼儿园窗台高度应考虑儿童的身高,窗台高度常采用 600～700 mm;医院儿童病房为方便护士照顾病儿,窗台高度均应较一般民用建筑低一些。当然有些公共建筑的房间如餐厅、休息厅、娱乐活动场所,以及疗养建筑和旅游建筑,为使室内阳光充足和便于观赏室外景色,丰富室内空间,常将窗台做得很低,甚至采用落地窗。

12.2.3　室内外地面高差

为了防止室外雨水流入室内,并防止墙身受潮,一般民用建筑常把室内地坪适当提高,以使建筑物室内外地面形成一定高差,该高差主要由以下因素确定。

1．内外联系方便

住宅、商店、医院等建筑的室外踏步的级数常以不超过四级,即室内外地面高差不大于

600 mm 为好。而仓库类建筑为便于运输,在入口处常设置坡道,为不使坡道过长影响室外道路布置,室内外地面高差以不超过 300 mm 为宜。

2. 防水、防潮要求

为了防止墙身受潮,底层室内地面应高于室外地面,一般大于或等于 300 mm。

3. 地形及环境条件

位于山地和坡地的建筑物,应结合地形的起伏变化和室外道路布置等因素,综合确定底层地面标高,使其既方便内外联系,又有利于室外排水和减少土石方工程量。

4. 建筑物性格特征

一般民用建筑如住宅、旅馆、学校、办公楼等,是人们工作、学习和生活的场所,应具有亲切、平易近人的感觉,因此室内外高差不宜过大。纪念性建筑除在平面空间布局及造型上反映出它独自的性格特征以外,还常借助于室内外高差值的增大,如采用高的台基和较多的踏步处理,以增强严肃、庄重、雄伟的气氛。

12.3 建筑层数的确定

建筑层数在方案设计阶段就需要初步确定,如果层数不确定,建筑各层平面就无法布置、立面高度也无法确定。

12.3.1 影响确定建筑层数的因素

建筑层数类型有:低层、多层、高层。影响确定建筑层数的因素很多,主要有:建筑本身的使用要求,建筑基地环境和城市规划要求,建筑结构、材料和施工要求,建筑防震、建筑防火要求等。具体介绍如下:

1. 建筑使用要求

由于建筑用途不同,使用对象不同,对建筑的层数有不同的要求。如住宅、办公楼、旅馆等建筑,可采用多层和高层;对于托儿所、幼儿园等建筑,考虑到儿童的生理特点和安全,同时为便于室内与室外活动场所的联系,其层数不宜超过三层;医院门诊部为方便病人就诊,层数也以不超过三层为宜;影剧院、体育馆等一类公共建筑都具有面积和高度较大的房间,人流集中,为迅速而安全地进行疏散,宜建成低层。

2. 建筑基地环境与城市规划的要求

确定建筑的层数,不能脱离一定环境条件的限制。特别是位于城市街道两侧、广场周围、风景园林区等,必须重视建筑与环境的关系,做到与周围建筑物、道路、绿化等协调一致。同时要符合当地城市规划部门对整个城市面貌的统一要求。

3. 建筑结构、材料和施工的要求

建筑结构类型与材料是影响房屋层数的主要因素,建筑物建造时所用的结构体系和材料不同,允许建造的建筑物层数也不同,如表 12-1 所示。

一般砖混结构,墙体多采用砖砌筑,自重大,且随层数的增加,下部墙体会愈来愈厚,既费材料又减少使用面积,故常用于建造 6、7 层以下的民用建筑,如多层住宅、宿舍、中小学教学楼、中小型办公楼、医院、食堂等。

钢筋混凝土框架结构、剪力墙结构、框架剪力墙结构等多适用于多层或高层建筑。

空间结构体系,如薄壳、网架、悬索等则适用于低层大跨度建筑,如影剧院、体育馆、仓库、食堂等。

表 12-1　各种结构体系的许可高度(m)

结构体系		设计烈度		
		7 度	8 度	9 度
框架	现浇	50	40	
	装配	35	25	
剪力墙	无框支	140	110	70
	有框支	100	80	50
框架——剪力墙		120	90	50
筒体	单筒	120	90	50
	筒中筒、多筒	150	120	70

4. 地震烈度要求

地震烈度不同,对房屋的层数和高度要求也不同。砌体房屋总高度和层数限值如表 12-2 所示;钢筋混凝土房屋最大适用高度如表 12-3 所示。

表 12-2　砌体房屋总高度(m)和层数限值

砌体类型	最小墙厚	烈　　度							
		6		7		8		9	
		高度	层数	高度	层数	高度	层数	高度	层数
黏土砖	0.24	24	8	21	7	18	6	12	4
混凝土小砌块	0.19	21	7	18	6	15	5	不宜采用	
混凝土中砌块	0.20	18	6	15	5	9	3		
粉煤灰中砌块	0.24	18	6	15	5	9	3		

表 12-3　钢筋混凝土房屋最大适用高度(m)

结构类型	烈度			
	6	7	8	9
框架结构	同非抗震设计	55	45	25
框架-抗震墙结构		120	100	50

5. 防火要求

按照我国制定的《建筑设计防火规范》(GB 50016—2006)的规定,建筑层数应根据建筑的性质和耐火等级来确定。当耐火等级为一、二级时,层数原则上不作限制;为三级时,最多允许建 5 层;为四级时,仅允许建 2 层。详见表 12-4。

表 12 - 4　民用建筑的耐火等级、层数、长度和面积

耐火等级	最多允许层数	防火分区间		备注
		最大允许长度(m)	每层最大允许建筑面积(m²)	
一、二级	按本规范第1.0.3条规定	150	2500	1. 剧院、体育馆等的长度和面积,可以放宽 2. 托儿所、幼儿园的儿童用房不应设在4层及4层以上
三级	5	100	1200	1. 托儿所、幼儿园的儿童用房不应设在3层及3层以上 2. 电影院、剧院、礼堂、食堂不应超过2层 3. 医院、疗养院不应超过3层
四级	2	60	600	学校、食堂、菜市场不应超过1层

6. 经济条件要求

建筑层数与建筑的造价有密切的关系。对于砖混结构的住宅,在一定范围内,适当增加房屋层数,可降低住宅的造价。一般情况下,5、6层砖混结构的多层住宅是比较经济的。

多层建筑与高层建筑相比,12层中等标准的住宅建筑,单方造价约比5层、6层高出一倍,钢材、水泥用量约增加一倍半,这是因为高层建筑的结构费用和电梯、供水加压等设备费用均比多层砖混结构房屋高得多。以上分析表明,5层、6层砖混结构的房屋造价是比较经济的。但对建筑经济问题,应考虑综合经济效果,即除房屋本身造价外,尚需考虑征地、搬迁、小区建设及市政建设等投资费用。综合考虑以上费用,即可推断出10~12层住宅也是比较经济合理的层数。

12.3.2　建筑层数的确定

以上详细介绍了影响建筑层数的相关因素,在实际应用时,我们还需要根据实际情况进行具体分析。

当城市规划对建筑层数有明确要求时,要局部服从整体,按规划要求的层数进行建设;当城市规划对建筑层数无特殊要求时,应以使用要求为主选择建筑层数。一般情况下,当建设办公楼、住宅、宿舍等大量建筑时,应以5层、6层为主。

至于材料、结构技术条件及防火要求,可在满足使用与城市规划条件下,选择与层数相适应的结构形式与建筑耐火等级。

12.4　建筑空间的组合

建筑空间组合是在平面组合的基础上进行的,它是平面组合在高度方向的具体实施,是对平面设计中两维空间的补充和继续深入。为保证其使用、结构合理、体型简洁,应结合建筑层

数、建筑规模、基地环境等条件将各种不同形状、大小、高低的空间组合起来,使之成为使用方便、完美的整体。

12.4.1　单层建筑的空间组合

1. 层高相同或相近的单层建筑空间组合

层高相同的单层建筑要做等高处理。层高相近的单层建筑,因层高差小,通常为简化结构、构造和便于施工,可按主要房间需要高度确定该建筑高度,从而也形成等高的单层建筑。如教学楼中的普通教室和实验室,住宅中的起居室和卧室等,可组合在同一层上。如图 12 - 13 所示是某中学教学楼,其中教室、实验室、厕所与贮藏室等房间,从使用要求上需要组合在一起,因此将它们调整为同一高度。行政办公部分从功能分区考虑,平面组合上与教学部分分隔开,两部分因不同层高而出现的高差,可通过走廊中的踏步来解决。这样的空间组合方式,使用上满足功能要求,结构合理,也比较经济。

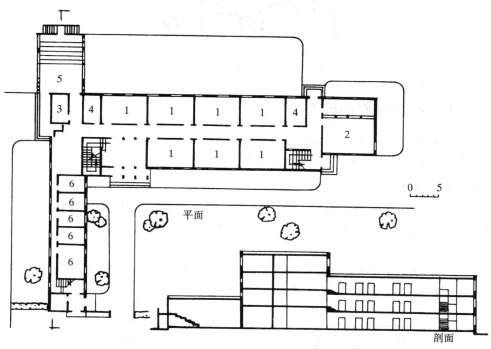

图 12 - 13　某中学教学楼的空间组合关系
1—教室;2—阅览室;3—贮藏室;4—厕所;5—阶梯教室;6—办公室

2. 层高差别大的单层建筑

对于层高差别较大的单层建筑,为避免等高处理后造成浪费,可按具体情况进行不同的空间组合,按各部分实际需要的高度设置,形成不等高的剖面形式。

如图 12 - 14 所示为一单层食堂的平面图和剖面图,因组成食堂的各部分功能要求不同,层高各不相同,餐厅部分因使用人数多,建筑面积大和室内通风采光的要求,需要较大的层高;备餐间因面积小,需要的高度不大;厨房因排气、通风需要,局部需加设梯楼,这样就形成了高度不同的剖面形式。

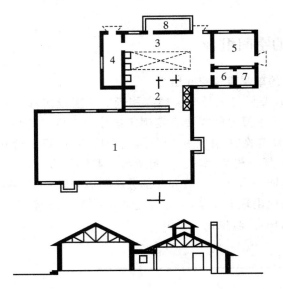

图 12 - 14　某食堂的剖面空间组合

1—餐厅;2—备餐;3—厨房;4—主食部;5—调味库;6—管理;7—办公;8—烧火间

12.4.2　多层建筑的空间组合

为了满足节约用地、规划布局和城市面貌及使用等方面要求,目前建筑多采用多层或高层的组合形式。由于建筑类型的不同,空间组合的方式大致分为以下几种:

1. 错层组合形式

当建筑物内部出现高低差,或由于地形的变化使房屋几部分空间的楼地面出现高低错落时,可采用错层的方式使空间取得和谐统一。具体处理方式如下:

(1)以踏步或楼梯联系各层楼地面以解决错层高差。对于层间高差小、层数少的建筑,可采用在较低标高的走廊上设置少量踏步的方法来解决。如图 12 - 15 所示的中学教学楼,当教室与办公部分相连时,因层高不一样,出现高差,可设踏步来调整错层高差。

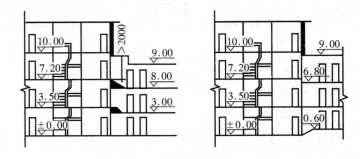

图 12 - 15　踏步解决层高高差

(2)用楼梯来解决错层高差。如图 12 - 16 所示,当组成建筑物的两部分空间高差较大时,可通过选用楼梯梯段的数量和调整梯段的踏步数量,使楼梯平台的标高与错层楼地面的标高一致。

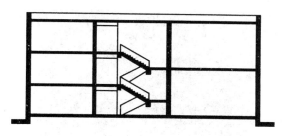

图12-16　用楼梯解决层高高差

（3）以室外台阶解决错层高差。这种错层较自由，能够较好地适应地形标高变化，比较灵活地进行随意错落布置。图12-17为垂直等高线布置的住宅建筑，各单元垂直错落，错层高差为一层，均由室外台阶到达楼梯间。用室外台阶解决高差的住宅实例。

图12-17　用室外台阶解决错层高差的住宅

2. 叠加组合形式

（1）上下对应，垂直叠加。对于各层仅有一个层高的建筑，不论各层高是否相等，均可采用上下房间、纵横墙、楼梯、卫生间对应布置的办法进行垂直叠加。

具体叠加时，要分析各层平面在空间的使用特征。

有些建筑如住宅、宿舍、旅馆、公寓等，层与层间没有先后使用顺序的要求，各层之间是并列关系，平面设计中往往用标准层来代替中间层以上各层，各层基本是一个模式。对这种建筑，各层的位置没有严格的顺序关系，只需按确定的层数，垂直叠加即可形成。还有一些建筑，层与层间的关系比较严谨，各层的位置也相对较为固定，如商店建筑，因使用上有对外、对内两部分，空间组合时，应按内、外有别的要求，合理安排建筑层次。一般多把对外营业部分设于下层，仓库设于地下室或紧靠营业厅的上层，宿舍安排在顶层，而且从垂直交通方面考虑，营业厅应与其他房间隔离，楼梯等垂直交通亦与营业厅隔离，以避免不安全事故发生。再如多层博物馆，当展览内容在一层安排不完时，为了连贯展出内容，层间使用就有一定的顺序性，各层位置应以展出需要顺序依次叠加。还有车站、航空港等交通类建筑，因每天接待旅客有进站、出站、中转之分，为了减少旅客间不必要的交叉、干扰，往往分层安排不同流向的人流。

图 12-18   盒子结构错位建筑

（2）上下错位叠加。有些建筑因造型需要，或者为了适应坡地建设环境，或者为了满足使用方面要求，建筑物各层采用上下错位叠加的方法，使建筑物获得较为丰富的建筑体型，可以使坡地得到了很好的利用，还可以为人们提供较大的使用平台，以满足居住者渴望得到楼层露天场地的要求，并为其提供休息、活动、眺望、日照、种植等条件。

需要注意的是：上下错位叠加应保证建筑物的平衡稳定、结构合理和有利于建筑采光通风。为此，采用悬挑的台阶形建筑，每次出挑应控制在 1.5 m 以内，而且叠加层数也不宜太多。

12.5   室内空间处理和空间利用

12.5.1   室内空间处理

建筑空间有内外之分，室内空间与人的关系最密切，它的处理是在满足建筑功能要求的前提下，对室内空间尺度、开关、内部装修、细部处理等进行一定的艺术处理，以满足人们的要求，形成一个较为理想、舒适的可供人们生活、工作、学习等需要的室内环境。室内空间处理的内容很多，以下主要从改善空间观感为出发点，介绍一些常见的处理方法。

1. 空间内部再分隔

室内空间再分割，主要是根据室内使用要求来创造所谓空间里的空间。可采用多种处理手法在室内水平方向与垂直方向上进行分隔以取得良好效果。如用隔断、部分隔墙、博古架、家具等手段把不同功能区域进行再分隔。

2. 利用细部处理，使室内尺度合宜

室内的细部处理恰当与否，是影响室内空间给人感受是否合适的重要因素。如住宅墙面用踢脚线、墙裙、挂镜线等水平划分时，墙裙作得过高，就使房间感到矮小，反之，作竖向划分或适当降低踢脚线或在房间安排矮小、轻巧的家具，都可体会到房间观感较高的效果。

3. 利用空间对比改善感受

当室内空间面积大而层高感觉不合意时，常用对比手法，降低局部顶棚高度或将顶棚做成高低错落，使需要表现的空间具有重点突出与主次分明的对比效果。当然也可以采用不同的材料、色彩、质感或光线的明暗等来分隔空间，使空间适用、完整、丰富而有变化。

以上介绍了一些建筑室内空间的处理方法。在实际设计中，内部空间的处理方式千变万化，应根据实际情况，创造性地加以运用。

12.5.2　建筑室内空间利用

建筑室内空间的利用，包括建筑的平面及剖面设计。充分利用室内空间，不仅可以增加使用面积和节约投资，而且还可以起到改善室内空间的比例、丰富室内空间的艺术效果。以下介绍几种利用室内空间的常用处理方法。

1. 夹层空间的利用

在公共建筑中的营业厅、体育馆、影剧院、候机楼等，由于功能要求其主体空间与辅助空间的面积和层高不一致，因此常采取在大空间周围布置夹层的方式，以达到利用空间及丰富室内空间的效果，如图 12－19 所示。

(a)某图书馆阅览室

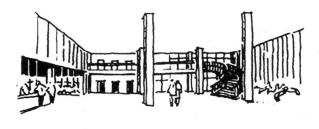

(b)某宾馆大厅

图 12－19　夹层空间利用

2. 房间上部空间的利用

房间上部空间主要是指除了人们日常活动和家具布置以外的空间。如图 12 - 20 所示,住宅中常利用房间上部空间设置搁板、吊柜作为贮藏之用。

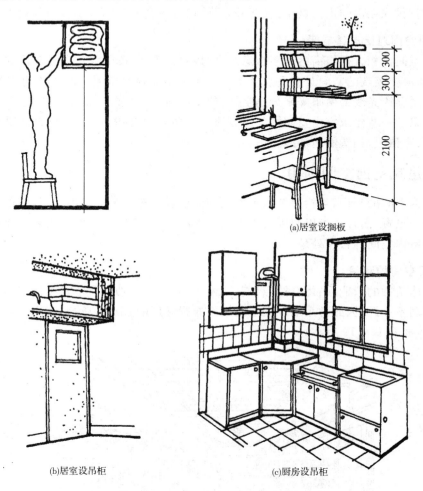

(a)居室设搁板

(b)居室设吊柜

(c)厨房设吊柜

图 12 - 20　房间上空设搁板、吊柜

3. 结构空间的利用

在建筑物中墙体厚度的增加,所占用的室内空间也相应增加,因此充分利用墙体空间可以起到节约空间的作用。通常多利用墙体空间设置壁柜、窗台柜,利用角柱布置书架及工作台。

4. 楼梯间及走道空间的利用

一般民用建筑楼梯间底层休息平台下至少有半层高,可采取降低平台下地面标高或增加第一梯段高度的方法来增加平台下的净空高度,可作为布置贮藏室、辅助用房以及室内外出入口之用。楼梯间顶层有一层半的空间高度,可以利用部分空间布置贮藏空间。如图 12 - 21(a)所示有些建筑房间内设有小型楼梯,可利用梯段下部空间布置家具等。民用建筑走道主要用于人流通行,其面积和宽度都较小,高度也相应要求低些,在设计时充分利用走道上部多余的空间布置设备管道及照明线路,再做吊顶,使空间得以充分利用。如图 12 - 21(b)、(c)所示。

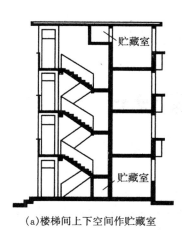

(a)楼梯间上下空间作贮藏室

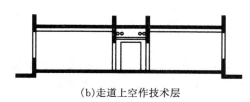

(b)走道上空作技术层

(c)住宅走道上空作吊柜

图 12-21　走道及楼梯间空间的利用

思考题

1. 如何确定房间的剖面形状,试举例说明。
2. 层高与净高的含义,试举例说明。
3. 房间窗台高度如何确定?
4. 确定建筑物的层数应考虑那些因素。
5. 建筑空间的组合有哪几种处理方式?
6. 建筑空间的利用有哪些处理手法?

第13章
建筑体型和立面设计

本章学习要点

1. 应掌握建筑体型组合的方式,含单一体型、单元组合体型

2. 掌握影响体型和立面设计的因素以及建筑构图的基本法则,如统一与变化、均衡与稳定、韵律与对比、比例与尺度等

3. 了解立面处理的方法,以及其在建筑造型中的应用。如立面的比例尺度、立面的线条处理和立面的色彩与质感及立面的重点与细部处理

13.1 建筑体型和立面设计的要求

13.1.1 反映建筑功能要求和建筑个性特征

建筑体型和立面是建筑物的外部形象。不同类型的建筑,由于功能要求不同,各自都有其独特的内部空间形式和空间组合。在建筑外形上也必然会具有不同的特点。因此,建筑物不同的功能要求在很大程度上形成了它的外形特点,建筑体型和立面就要反映并有意识地表现这些外形的特点,使其个性更鲜明、突出,从而有效区别其他建筑。

住宅建筑由于内部房间较小,通常体型上进深较小,立面上常以较小的窗户和入口、分组设置的楼梯和阳台反映其特征,如图 13-1 所示;影剧院建筑由于观演部分声响和灯光设施等的要求,以及观众场间休息所需的空间,在建筑体型上,常以高耸封闭的舞台部分和宽广开敞的休息厅形成对比;学校建筑中的教学楼,由于室内采光要求较高,人流出入多,立面上常形成高大明快、成组排列的窗户和宽敞的入口;商业建筑的立面特征是底层设置大片玻璃的陈列橱窗和大量人流的明显出入口。

图 13-1 某住宅楼

13.1.2 反映结构材料与施工技术特点

建筑具有物质产品和艺术创造的双重特点。建筑体型和立面必然受到物质技术条件的制约,并应反映和表现材料、结构和施工等技术的特点。

建筑结构体系是构成建筑物内部空间和外部空间的重要条件之一。由于结构体系的不同,建筑将会产生不同的外部形象和不同的建筑风格。在设计中要善于利用结构体系本身所具有的美学表现力,根据结构特点,巧妙地把结构体系与建筑造型有机地结合起来,使建筑物造型充分体现结构特点。如墙承重的砖混结构,立面开窗不能太大,窗间墙应有足够的宽度,砖混结构具有朴实、厚重的外形特点;钢筋混凝土框架结构,立面开窗灵活,可开设面积大的窗,形成简洁明快、轻巧灵活的外形。不同材料的空间结构,其结构自身所需的各种不同形式的曲面和折面,直接反映和表现在建筑体型与立面上,形成各自独特的外部形象。随着现代新结构、新材料、新技术的发展,特别是各种空间结构的大量运用,更加丰富了建筑物的外观形象,使建筑造型显现出千姿百态。

材料和施工技术对建筑体型和立面也有一定的影响,如清水墙、混水墙、贴面砖墙和玻璃幕墙等形成不同的外观,给人以不同的感受。施工技术的工艺特点,也常形成特有的外观形象。

13.1.3 适应城市规划和基地环境的要求

建筑是城市空间环境的重要构成部分,建筑外形不可避免地受到基地环境和城市规划的制约。因此建筑体型和立面应与基地大小、形状、地形条件以及周围建筑物和道路等环境协调一致,并符合城市总体规划的要求。

任何一幢建筑都处于外部空间环境之中,对建筑体型和立面设计提出了要求,即建筑体型和立面设计要与所在地区的地形、气候、道路、原有建筑物等基地环境相协调,如风景区的建筑,在造型设计上应结合地形的起伏变化,使建筑高低错落、层次分明,并与环境融为一体。如图13-2为一别墅,建于山泉峡谷之中,造型多变,平台纵横错落、互相穿插,与山石、流水、树木巧妙地结合在一起,使整个建筑融于环境之中。又如在山区或丘陵地区的住宅建筑,为了结合地形条件和布置于较好的朝向,往往采用错层布置,产生多变的体型。在南方炎热地区的建筑,为减轻阳光的辐射和满足室内的通风要求,常采用遮阳板及透空花格,形成特有的外形特征。

图 13-2 流水别墅

13.1.4　适应社会经济条件的要求

　　建筑作为物质产品,必然会受到社会经济条件的制约。在建筑体型和立面设计中,应充分掌握国家规定的建筑标准和相应的经济指标,根据建筑物的使用性质、建造规模、重要程度等,在造型、外观装饰和选材等方面区别对待。在满足功能使用要求的前提下,巧妙地运用物质技术手段和构图法则,设计出既经济又美观的建筑来。如图 13-3 所示为鸟巢建筑。

图 13-3　鸟巢

13.1.5　符合建筑构图的基本规律

　　建筑体型和立面受制于内部空间,但不是其简单反映或直接表现,而是在功能、技术、经济等制约下,根据建筑艺术表现的要求和形式美的构图规律,进行艺术上的加工创造而成的。不同时代、不同地区、不同民族,尽管建筑形式千差万别,尽管人们的审美观念各不相同,但这些建筑美的规律都是人们在长期的建筑创作历史发展中的总结,也是普遍被人们接受的。在设计中应遵循这些构图规律,创造出符合美的规律的建筑体型和立面。下面将分别介绍建筑构图的一些基本规律。

1. 统一与变化

　　建筑体型和立面设计,必须遵循形式美的构图规律。形式美的根本规律是多样统一,即在统一中求变化,在变化中求统一。建筑物是由不同的空间和不同的构件组成的。由于使用功能要求和结构技术要求不同,这些空间和构件的形式、材料、色彩和质感各不相同,为多样化提供了条件。而这些空间和构件在功能使用和结构系统上的内在联系又为统一提供了客观可能性。

　　建筑物在客观上普遍存在着统一与变化的因素。应巧妙处理它们之间的相互关系,就成为建筑构图中的一个非常重要的问题。所谓"多样统一"、"统一中有变化"、"变化中求统一"都是为了取得整齐、简洁、秩序而又不至于单调、呆板,体型丰富而又不致杂乱无章的建筑形象。统一与变化是一切形式美的基本规律,具有广泛的普遍性和概括性。

　　为了取得建筑处理的协调统一,可采用以简单的几何形体求统一和主次分明求统一等几种基本手法。

　　(1)以简单的几何形状求统一。以简单的几何形状求统一,就是利用容易被人们所辨认的几何形体,如圆柱体、圆锥体、长方体、正方体、球体等。由于它们的形状简单,很容易取得统一效果。如图 13-4、图 13-5 所示,都是以简单的几何形体为基本形体,达到统一、稳定的效果。

图 13-4 水立方

图 13-5 悉尼歌剧院

(2)主从分明,以陪衬求统一。复杂体量的建筑,根据功能的要求,常包括主要部分及附属部分。如果不加以区别对待,则使建筑显得平淡、松散,缺乏表现力。因此,要强调主从分明求统一。在建筑体型设计中常运用轴线处理(见图 13-6),以低衬高(见图 13-7)及体型变化等手法来突出主体,取得主次分明、完整统一的建筑形象。

图 13-6 轴线处理:对称手法

图 13-7 以低衬高主次分明

2. 均衡与稳定

建筑造型中的均衡是指建筑体型的左右、前后之间保持平衡的一种美学特征，它可以给人以安定、平衡和完整的感觉，均衡必须强调均衡中心，均衡往往是人们视线停留的地方，因此建筑物的均衡中心位置必须要进行重点处理。根据均衡中心位置的不同，可分为对称均衡和不对称均衡。

对称的均衡以中轴线为中心，并加以重点强调两侧对称，易取得完整统一的效果，给人以庄严肃穆的感觉，如图 13-8、图 13-9 所示。不对称均衡将均衡中心偏于建筑的一侧，利用不同体量、材料、色彩、虚实变化等的平衡达到不对称均衡的目的，这种形式显得轻巧活泼。如图13-10 所示。

图 13-8 对称的均衡

建筑由于各体量的大小和高低、材料的质感、色彩的深浅和虚实的变化不同，常表现出不同的轻重感。一般来说，体量大的、实体的、材料粗糙及色彩暗的，感觉要重些；体量小的、通透的、材料光洁及色彩明快的，感觉要轻一些。在设计中，要利用、调整好这些因素使建筑形象获得安定、平稳的感觉。

稳定是指建筑物上下之间的轻重关系。在人们的实际感受中，上小下大、上轻下重的处理能获得稳定感。随着现代新结构、新材料的发展和人们审美观念的变化，关于稳定的观念也随之发生了变化，创造出了上大下小、上重下轻、底层架空的稳定形式，比如北京的鸟巢和上海的中国馆，如图 13-11 所示。

图 13-9 对称的均衡

图 13-10 不对称的均衡

图 13-11 上大下小（中国馆）

3. 对比与微差

一个有机统一的整体,各种要素除按照一定秩序结合在一起外,必然还有各种差异,对比与微差所指的就是这种差异性。在体型及立面设计中,对比指的是建筑物各部分之间显著的差异,而微差则是指不显著的差异,即微弱的对比。对此可以借助相互之间的烘托、陪衬而突出各自的特点以求得变化;微差可以借彼此之间的连续性以求得协调。只有把这两方面巧妙地结合,才能获得统一性。

建筑造型设计中的对比与微差因素,主要有量的大小、长短、高低、粗细的对比,形的方圆、锐钝的对比,方向对比,虚实对比,色彩、质地、光影对比等。同一因素之间通过对比,互相衬托,就能产生不同的外观效果。对比强烈,则变化大,突出重点;对比小,则变化小,易于取得相互呼应、协调统一的效果。如巴西利亚的国会大厦,体型处理运用了竖向的两片板式办公楼与横向体量的政府宫的对比,上院和下院一正一反两个碗状的议会厅的对比,以及整个建筑体型的直与曲、高与低、虚与实的对比,给人留下强烈的印象。此外,这组建筑还充分运用了钢筋混凝土的雕塑感、玻璃窗洞的透明感以及大型坡道的流畅感,从而协调了整个建筑的统一氛围。如图 13-12 所示。

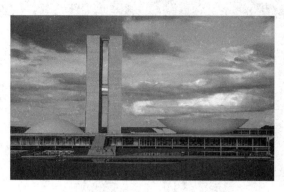

图 13-12 巴西利亚的国会大厦

4. 韵律

所谓韵律,常指建筑构图中有组织的变化和有规律的重复。变化与重复形成有节奏的韵律感,从而可以给人以美的感受。建筑造型中,常用的韵律手法有连续韵律、渐变韵律、起伏韵律和交错韵律等,建筑物的体型、门窗、墙柱等的形状、大小、色彩、质感的重复和有组织的变化,都可以形成韵律来加强和丰富建筑形象。

连续韵律的手法在建筑构图中,强调一种或几种组成部分的连续运用和重复出现的有组织排列所产生的韵律感。如图 13-13 所示。

图 13-13 连续的韵律

渐变的韵律是将某些组成部分如体量、大小、高低、色彩的冷暖、浓淡、质感的粗细轻重等作有规律的增减,以造成统一和谐的韵律感。如图 13-14 所示,建筑体型由下向上逐层缩小,取得渐变韵律。

图13-14　渐变的韵律

交错的韵律是指在建筑构图中,运用各种造型因素,如体型的大小、空间的虚实、细部的疏密等手法,作有规律的纵横交错、相互穿插的处理,形成一种丰富的韵律感。

起伏的韵律这种手法也是将某些组成部分作有规律的增减变化而形成的韵律感,但它与渐变的韵律有所不同,它是在体型处理中,更强调某一因素的变化,使体型组合或细部处理高低错落,起伏生动。

5.比例与尺度

比例是指长、宽、高三个方向之间的大小关系。建筑体型中,无论是整体或局部,还是整体与局部之间,局部与局部之间都存在着比例关系。如整幢建筑与单个房间长、宽、高之比,门窗或整个立面的高宽比,立面的门窗与墙面之比,门窗本身的高宽比等。良好的比例能给人以和谐、完美的感受,反之,比例失调就无法使人产生美感,如图13-15所示。

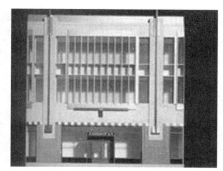

图13-15　良好的比例关系

尺度所研究的是建筑物整体与局部构件给人感觉上的大小印象和真实大小之间的关系。抽象的几何形体本身并没有尺度感,比例也只是一种相对的尺度,只有通过与人或常见的某些建筑构件,如踏步、栏杆、门等或其他参照物,如汽车、家具设备等来作为尺度标准进行比较,才能体现出建筑物的整体或局部的尺度感。

尺度的处理通常有以下三种方法:

(1)自然的尺度。对于大多数建筑,在设计中应使用具有真实的尺度感,如住宅、中小学、幼儿园、商店等建筑物,多以人体的大小来度量建筑物的实际大小,形成一种自然的尺度。从而给人的印象与建筑物真实大小一致。常用于住宅、办公楼、学校等建筑。如图 13 - 16(a)所示。

（2）夸张的尺度。对于某些特殊类型的建筑，如纪念性建筑，设计时往往运用夸张的尺度给人以超过真实大小的感觉，以表现庄严、雄伟的气氛。如图 13 - 16(b)所示。

（3）亲切的尺度。对于另一类建筑，如庭院建筑，则以较小的尺度获得小于真实的感觉，即设计得比实际需要小一些，形成一种亲切的尺度，从而给人以亲切宜人的尺度感，使人获得亲切、舒服的感受。如图 13 - 16(c)所示。

（a）自然的尺度　　　　　　　（b）夸张的尺度　　　　　　　（c）亲切的尺度图

图 13 - 16　尺度的种类

13.2　建筑体型的组合

建筑的体型和立面是建筑外形中两个不可分割的方面。体型是建筑的雏形，立面设计则是建筑体型的进一步深化。体型组合不好，对立面再加装饰也是徒劳。

13.2.1　建筑体型的组合设计

不论建筑体型的简单与复杂，它们都是由一些基本的几何形体组合而成，基本上可以归纳为单一体型和组合体型两大类，设计中，采用哪种形式的体型，并不是按建筑物的规模大小来区别的，如中小型建筑，不一定都是单一体型，大型公共建筑也不一定都是组合体型，而应根据具体功能要求和设计者的意图来确定。

1. 单一体型

所谓单一体型是指整幢房屋基本上是一个比较完整的、简单的几何形体。采用这类体型的建筑，其特点是平面和体型都较为完整单一，复杂的内部空间都组合在一个完整的体型中。平面形式多采用对称的正方形、三角形、圆形、多边形、风车形和 Y 形等单一几何形状。这类建筑带给人以统一、完整、简洁大方、轮廓鲜明和印象强烈的效果。

绝对单一几何体型的建筑通常并不是很多的，往往由于建筑地段、功能、技术等要求或建筑美观上的考虑，在体量上作适当的变化或加以凹凸起伏的处理，用以丰富房屋的外形。如住宅建筑，可通过阳台、凹廊和楼梯的凹凸处理，使简单的房屋体型产生韵律变化，有时结合一定的地形条件还可按单元处理成前后或高低错落的体型。

2. 组合体型

所谓组合体型是指由若干个简单体型组合在一起的体型。当建筑物规模较大或内部空间不易在一个简单的体量内组合，或者由于功能要求，内部空间组成若干相对独立的部分时，常采用组合体型。组合体型中,各体量之间存在着相互协调统一的问题,设计中应根据建筑内部功能的要求、体量大小和形状,遵循构图规律进行体量组合设计,组合体型通常有对称的组合和不对称的组合两种方式。

对称式体型组合具有明确的轴线和主从关系,主要体量及主要入口,一般都设在中轴线上,这种组合方式常给人以比较严谨、均匀、庄重和稳定的感觉。一些纪念性建筑、行政办公室或要求庄重一些的建筑常采用这种组合方式。

不对称体型是根据功能要求、地形条件等情况,常将几个大小、高低、形状不同的体型比较自由灵活地组合在一起,不对称式的体型组合没有明显的轴线关系,布置比较灵活自由,有利于解决功能要求和技术要求,给人以生动、活泼的感觉。

13.2.2 建筑体型的转折与转角处理

建筑体型的组合往往也受特定的地形条件限制,如丁字路口、十字路口或任意角落的转角地带等,设计时应结合地形特点,顺其自然做相应的转折与转角处理,做到与环境相协调。常采用单一体型等高处理、主附体相结合处理和以塔楼为重点的处理手法。如图 13-17 所示。

图 13-17 体型的转折与转角

(1)结合地形巧妙地进行转折与转角处理,可以增加组合的灵活性并使建筑物显得更加完整统一。

(2)转折主要是指建筑物顺道路或地形的变化作曲折变化。形成简洁流畅、自然大方、完整统一的外观形象。

(3)转角地带的建筑体型常采用主附体结合,主从分明的方式。也可采取局部体量升高以形成塔楼的形式。

总之,建筑体型的转折与转角处理,不局限于以上几种处理方式与手法,应根据设计要求,结合地形的具体情况,设计出新颖的建筑组合形体。

13.3　建筑立面设计

建筑立面是表示建筑物四周的外部形象,它是由许多部件组成的,这些部件包括门窗、墙柱、阳台、遮阳板、雨篷、檐口、勒脚、花饰等。建筑立面设计就是恰当地确定这些部件的尺寸大小、比例关系、材料质感和色彩等,运用节奏、韵律、虚实对比等构图规律设计出体型完整、形式与内容统一的建筑立面。它是对建筑体型设计的进一步深化。

在立面设计中,不能孤立地处理每个面,应考虑实际空间的效果,使每个立面之间相互协调,形成有机统一的整体。下面着重叙述有关建筑立面设计中的一些处理方法。

13.3.1　立面的比例尺度处理

立面的比例和尺度的处理是与建筑功能、材料性能和结构类型分不开的,由于使用性质、容纳人数、空间大小、层高等不同,形成全然不同的比例和尺度关系。建筑立面常借助于门窗、细部等的尺度处理反映出建筑物的真实大小。

立面的尺度恰当,可正确反映出建筑物的真实大小,否则便会出现失真现象。建筑立面常借助于门窗、踏步、栏杆等的尺度,反映建筑物的正确尺度感。

13.3.2　立面的虚实与凹凸处理

建筑立面中"虚"的部分是指立面上的玻璃、门窗洞口、门廊、空廊、凹廊等部分,能给人以轻巧、通透的感觉;"实"是指墙面、柱面、檐口、阳台、屋面、栏板等实体部分,给人以封闭、厚重坚实的感觉。根据建筑的功能、结构特点,巧妙地处理好立面的虚实关系,可取得不同的外观形象。以虚为主、虚多实少的处理手法能获得轻巧、开朗的效果;以实为主,则能给人以厚重、坚实的感觉;若采用虚实均匀分布的处理手法,将给人以平静安全的感受。

建筑立面上的凸凹部分,如凸出的阳台、雨篷、挑檐、凸柱等,凹进的凹廊、门洞等通过凹凸关系的处理,可加强光影变化,增强建筑物的体积感,突出重点,丰富立面效果,立面虚实与凹凸的几种处理方法如下:

(1)充分利用功能和结构要求巧妙地处理虚实关系,可以获得轻巧生动、坚实有力的外观形象。

(2)以虚为主、虚多实少的处理手法能获得轻巧、开朗的效果。常用于高层建筑、剧院门厅、餐厅、车站商店等大量人流聚集的建筑,如图 13 - 18(a)、(b)所示。

(3)以实为主、实多虚少能产生稳定、庄严、雄伟的效果。常用于纪念性建筑及重要的公共建筑,如图 13 - 18(c)所示。

(4)通过建筑外立面凹凸关系的处理可以加强光影变化,增强建筑物的立体感,丰富立面的效果,如图 13 - 18(d)所示。

（a）虚实结合的处理实例
（西昌武警支队大楼）

（b）以虚为主实例
（香港中银大厦）

（c）以实为主实例
（炎黄艺术馆）

（d）凹凸处理实例
（耶鲁大学建筑馆）

图 13-18　虚实与凹凸处理实例

13.3.3　立面的线条处理

任何线条本身都具有一种特殊的表现力和多种造型的功能。从方向变化来看，垂直线具有挺拔、高耸、向上的气氛；水平线使人感到舒展与连续、宁静与亲切；斜线具有动态的感觉；网格线有丰富的图案效果，给人以生动、活泼而有秩序的感觉。从粗细、曲折变化来看，粗线条表现厚重、有力；细线条具有精致、柔和的效果；直线表现刚强、坚定；曲线则显得优雅、轻盈。如图 13-19 所示。

建筑立面上客观存在着各种线条，如立柱、墙垛、窗台、遮阳板、檐口、通长的栏板、窗间墙、分格线等。

水平线条运用实例	纵横线条运用	竖线条运用

图 13-19　立面线条处理实例

13.3.4　立面的色彩与质感处理

色彩和质感都是材料表面的某种属性,建筑物立面的色彩和质感对人的感受影响极大,通过材料色彩和质感的恰当选择和配置,可产生丰富、生动的立面效果。

不同的色彩具有不同的表现力,给人以不同的感受。以浅色为基调的建筑给人以明快清新的感觉,深色显得稳重,橙黄等暖色调使人感到热烈、兴奋;青、蓝、紫、绿等色使人感到宁静。运用不同色彩的处理,可以表现出不同建筑的性格、地方特点及民族风格。

例如西昌某中学教学楼,用橙色和黄色,使建筑显得活泼,如图 13-20(a)所示。

例如凉山州图书馆,用白色和绿色,使人感到宁静,如图 13-20(b)所示。

(a) 西昌某中学教学楼	(b) 凉山州图书馆

图 13-20　立面色彩与质感处理实例

建筑外形色彩设计包括大面积墙面的基调色的选用和墙面上不同色彩的构图等两方面,设计中应注意以下问题:

(1)色彩处理必须协调统一且富有变化,在用色上可采取大面积基调色为主,局部运用其他色彩形成对比而突出重点。

（2）色彩的运用必须与建筑物性质相一致。

（3）色彩的运用必须注意与环境密切协调。

（4）基调色的选择应结合各地的气候特征。寒冷地区宜采用暖色调，炎热地区多偏于采用冷色调。

（5）立面设计中常常利用不同质感材料的处理来增强建筑物的表现力。

建筑立面由于材料的质感不同，也会给人以不同的感觉。如天然石材和砖的质地粗糙，具有厚重及坚固感；金属及光滑的表面感觉轻巧、细腻。立面设计中常常利用质感的处理来增强建筑物的表现力。

13.3.5 立面的重点与细部处理

根据功能和造型需要，在建筑物某些局部位置进行重点和细部处理，可以突出主体，打破单调感。立面的重点处理常常是通过对比手法取得的。

1. 建筑物立面重点处理

（1）建筑物的主要出入口及楼梯间是人流最多的部位。

（2）根据建筑造型上的特点，重点表现有特征的部分，如体量中转折、转角、立面的突出部分及上部结束部分，如车站钟楼、商店橱窗、房屋檐口等。

（3）为了使建筑统一中有变化，避免单调以达到一定的美观要求，也常在反映该建筑性格的重要部位，如住宅阳台、凹廊、公共建筑中的柱头、檐等部位进行处理。如图13-21所示。

<table>
<tr><td>(a) 巴士底歌剧院
（出入口处理）</td><td>(b) 法兰克福DG银行综合楼
（屋顶处理）</td></tr>
</table>

图13-21 立面重点处理实例

2. 建筑物立面细部处理

细部是建筑整体中不可分割的组成部分，如入口踏步、花台、阳台、檐口等，都具有许多细部的做法。在设计时要仔细推敲，精心设计，做到整体和细部的有机结合。建筑细部处理必须从整体出发,接近人体的细部应充分发挥材料色泽、纹理、质感和光泽度的美感作用。对于位置较高的细部,一般应着重于总体轮廓和注意色彩、线条等大效果,而不宜刻画得过于细腻。如图 13-22 所示。

图 13-22　立面细部处理

思考题

1. 建筑体型及立面设计要求有哪些?
2. 建筑构图的基本规律有哪些?
3. 建筑体型组合的方法有哪些?
4. 如何进行立面设计?

参考文献

[1] GB/T50001—2001 房屋建筑制图统一标准[S].北京:建筑工业出版社,2001.

[2] GB/T50104—2001 建筑制图标准[S].北京:建筑工业出版社,2001.

[3] 胡建琴,崔岩.房屋建筑学[M].北京:清华大学出版社,2008.

[4] 郝峻弘.房屋建筑学[M].北京:清华大学出版社,2010.

[5] 董千.房屋建筑学学习辅导与习题精解[M].北京:建筑工业出版社,2006.

[6] 李必瑜.房屋建筑学[M].武汉:武汉工业大学出版社,2000.

[7] 崔艳秋,吕树俭.房屋建筑学[M].北京:中国电力出版社,2006.

[8] 闫培明.房屋建筑构造[M].北京:机械工业出版社,2008.

[9] 赵研.房屋建筑学[M].北京:高等教育出版社,2002.

[10] 赵毅.房屋建筑学[M].重庆:重庆大学出版社,2007.

[11] 徐占发.房屋建筑学[M].北京:中国建材工业出版社,2004.

[12] 聂洪达,郗恩田.房屋建筑学[M].北京:北京大学出版社,2007.

[13] 袁雪峰,张海梅.房屋建筑学[M].北京:科学出版社,2005.

[14] 孙勇,苗蕾.建筑构造与识图[M].北京:化学工业出版社,2005.

[15] 杨维菊.建筑构造设计[M].北京:中国建筑工业出版社,2004.

[16] 舒秋华.房屋建筑学[M].武汉:武汉理工大学出版社,2008.

[17] 《建筑设计资料集》编委会.建筑设计资料集[M].北京:中国建筑工业出版社,1994.

[18] 赵研.建筑构造[M].北京:中国建筑出版社,2000.

[19] 孙玉红.房屋建筑构造[M].北京:机械工业出版社,2008.

[20] 于丽.房屋建筑学[M].福建:东南大学出版社,2010.

[21] 潘睿.房屋建筑学[M].武汉:华中科技大学出版社,2008.

[22] 冯美宇.房屋建筑学[M].武汉:武汉理工大学出版社,1997.

[23] 金虹.房屋建筑学[M].北京:科学出版社,2002.

[24] 李春亭,苏川.民用建筑设计与构造[M].北京:科学出版社,2006.

[25] 冯美宇.建筑设计原理[M].武汉:武汉理工大学出版社,2007.

[26] 王崇杰.房屋建筑学[M].北京:中国建筑工业出版社,2007.

[27] 李振霞,魏广龙.房屋建筑学概论[M].北京:中国建材工业出版社,2005.

[28] 林小松,舒光学.房屋建筑构造与设计[M].北京:冶金工业出版社,2002.

[29] 房志勇.房屋建筑构造学[M].上海:中国建材工业出版社,2003.

图书在版编目(CIP)数据

房屋建筑学/曹长礼,孙晓丽主编.—2 版.—西安:西安交通大学
出版社,2014.8(2019.2 重印)
高职高专"十二五"建筑及工程管理类专业系列规划教材
ISBN 978 - 7 - 5605 - 6623 - 8

Ⅰ.①房… Ⅱ.①曹… ②孙… Ⅲ.①房屋建筑学-高等职业教育
-教材 Ⅳ.①TU22

中国版本图书馆 CIP 数据核字(2014)第 194241 号

书　　名	房屋建筑学(第 2 版)	
主　　编	曹长礼　孙晓丽	
责任编辑	祝翠华　葛　欢	
出版发行	西安交通大学出版社	
	(西安市兴庆南路 10 号　邮政编码 710049)	
网　　址	http://www.xjtupress.com	
电　　话	(029)82668357　82667874(发行中心)	
	(029)82668315(总编办)	
传　　真	(029)82668280	
印　　刷	陕西日报社	
开　　本	787mm×1092mm　1/16　印张 16.125　字数 388 千字	
版次印次	2014 年 9 月第 2 版　2019 年 2 月第 5 次印刷	
书　　号	ISBN 978 - 7 - 5605 - 6623 - 8	
定　　价	30.80 元	

读者购书、书店添货,如发现印装质量问题,请与本社发行中心联系、调换。
订购热线:(029)82665248　(029)82665249
投稿热线:(029)82668133
读者信箱:xj_rwjg@126.com

版权所有　侵权必究